전기ㅣ공사
기사ㆍ산업기사

3

▶ 무료동영상 제공

전기
기기

HANSOL ACADEMY
ELECTRICITY

한 권으로 완벽하게 끝내는
한솔아카데미 전기시리즈 ❸

건축전기설비기술사 **김 대 호** 저

ELECTRICITY

KB134750

www.inup.co.kr

한솔아카데미 H/A/N/S/O/L/A/C/A/D/E/M/Y

한솔아카데미가 답이다
전기(산업)기사 필기 인터넷 강의 "전과목 0원"

24시간 이내
질의응답

무한반복
**동영상강의
무료수강권**

베스트 NO.1
강사진

학습관련 문의사항, 성심성의껏 답변드리겠습니다.
http://cafe.naver.com/qnacafe

도서 질의응답

전기기사·전기산업기사 필기 교수진 및 강의시간

구 분	과 목	담당강사	강의시간	동영상	교 재
필 기	전기자기학	김병석	약 31시간		
	전력공학	강동구	약 28시간		
	전기기기	강동구	약 34시간		
	회로이론	김병석	약 27시간		
	제어공학	송형무	약 12시간		
	전기설비기술기준	송형무	약 12시간		

전기(산업)기사 필기
무료동영상 수강방법

01
회원가입

카페 가입하기 _ 전기기사 · 전기산업기사 학습지원 센터에 가입합니다.

http://cafe.naver.com/qnacafe

전기기사 · 전기산업기사 필기
교재 인증하고 무료 동영상강의 듣자

02
도서촬영

도서 촬영하여 인증하기

전기기사 시리즈 필기 교재 표지와
카페 닉네임, ID를 적은 종이를 함께
인증!

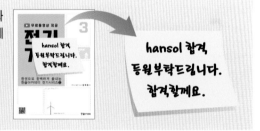

03
도서인증

카페에 도서인증 업로드하기 _ 등업게시판에 촬영한 교재 이미지를 올립니다.

04
동영상

무료동영상 시청하기

No	구분	강의내용	시간	진도	학습하기
1장 직류기					
1	이론	직류발전기의 원리 및 구조①	28분 15초	0%	수업듣기
2	이론	직류발전기의 원리 및 구조②	26분 59초	0%	수업듣기
3	이론	직류발전기의 원리 및 구조③	28분 17초	0%	수업듣기
4	이론	전기자권선법①	31분 24초	0%	수업듣기
5	이론	전기자권선법②	27분 38초	0%	수업듣기
6	이론	유기기전력	33분 32초	0%	수업듣기
7	이론	전기자 반작용	26분 21초	0%	수업듣기

Elctricity

꿈·은·이·루·어·진·다

2023

전기기기

한솔아카데미
www.inup.co.kr

첫째, 새로운 가치의 창조

많은 사람들은 꿈을 꾸고 그 꿈을 위해 노력합니다. 꿈을 이루기 위해서는 여러 가지 노력을 합니다. 결국 꿈의 목적은 경제적으로 윤택한 삶을 살기 위한 것이 됩니다. 그것을 위해 주식, 재테크, 펀드, 복권 등 여러 가지 가치창조를 위한 노력을 합니다. 이와 같은 노력의 성공 확률은 극히 낮습니다.

현실적으로 자신의 가치를 높일 수 있는 가장 확률이 높은 방법은 자격증입니다. 특히 전기분야의 자격증은 여러분을 기술자로서 새로운 가치를 부여하게 될 것입니다. 전기는 국가산업 전반에 걸쳐 없어서는 안 되는 중요한 분야입니다.

전기기사, 전기공사기사, 전기산업기사, 전기공사산업기사 자격증을 취득한다는 것은 여러분을 한 단계 업그레이드 하는 새로운 가치를 창조하는 행위입니다. 더불어 전기분야 기술사를 취득할 경우 여러분은 전문직으로서 최고의 기술자가 될 수 있습니다.

스스로의 가치(Value)를 만들어가는 것은 작은 실천부터 시작됩니다. 지금 준비하는 자격증이 바로 여러분의 Name Value를 만들어가는 과정이며 결과입니다.

둘째, 인생의 패러다임

고등학교, 대학교 등을 통해 여러분은 많은 학습을 하였습니다. 그리고 새로운 학습에 도전하고 있습니다. 현대 사회는 학습하지 않으면 도태되는 평생교육의 사회입니다. 새로운 지식과 급변하는 지식에 맞춰 평생학습을 해야 합니다. 이것은 평생 직업을 갖질 수 있는 기회가 됩니다.

노력한 만큼 그 결실은 큽니다. 링컨은 자기가 노력한 만큼 행복해진다고 했습니다. 저자는 여러분에게 권합니다. 꿈과 목표를 설정하세요.

"꿈꾸는 자만이 꿈을 이룰 수 있습니다. 꿈이 없으면 절대 꿈을 이룰 수 없습니다."

셋째, 학습을 위한 조언

이번에 발행하게 된 전기기사, 산업기사 필기 자격증의 기본서로서 필기시험에 필요한 핵심 요약과 과년도 상세해설을 제공합니다.

각 단원의 내용을 이해하고 문제를 풀어갈 경우 고득점은 물론 실기시험에서도 적용할 수 있는 지식을 쌓을 수 있습니다.

여러분은 합격을 위해 매일 매일 실천하는 학습을 하시길 권합니다. 일주일에 주말을 통해 학습하는 것보다 매일 학습하는 것이 효과가 좋고 합격률이 높다는 것을 저자는 수많은 교육과 사례를 통해 알고 있습니다. 따라서 독자 여러분에게 매일 일정한 시간을 정하고 학습하는 것을 권합니다.

시간이 부족하다는 것은 핑계입니다. 하루 8시간 잠을 잔다면, 평생의 1/3을 잠을 잔다는 것입니다. 잠자는 시간 1시간만 줄여보세요. 여러분은 충분히 공부할 수 있는 시간이 있습니다. 텔레비전 보는 시간 1시간만 줄여보세요. 여러분은 공부할 시간이 더 많아집니다. 시간은 여러분이 만들 수 있습니다. 여러분 마음먹기에 따라 충분한 시간이 생깁니다. 노력하고 실천하는 독자여러분이 되시길 바랍니다.

끝으로 이 도서를 작성하는데 있어 수많은 국내외 전문서적 및 전문기술회지 등을 참고하고 인용하면서 일일이 그 내용을 밝히지 못하였으나, 이 자리를 빌어 이들 저자 각위에게 깊은 감사를 드립니다.

전기분야 자격증을 준비하는 모든 분들에게 합격의 영광이 있기를 기원합니다.

이 도서를 출간하는데 있어 먼저는 하나님께 영광을 돌리며, 수고하여 주신 도서출판 한솔아카데미 임직원 여러분께 심심한 사의를 표합니다.

저자 씀

❶ 수험원서접수

- 접수기간 내 인터넷을 통한 원서접수(www.q-net.or.kr) 원서접수 기간 이전에 미리 회원가입 후 사진 등록 필수
- 원서접수시간은 원서접수 첫날 09:00부터 마지막 날 18:00까지

❷ 기사 시험과목

구 분		전기기사	전기공사기사	전기 철도 기사

필 기		1. 전기자기학
		2. 전력공학
		3. 전기기기
		4. 회로이론 및 제어공학
		5. 전기설비기술기준
		   (한국전기설비규정[KEC])
			1. 전기응용 및 공사재료
			2. 전력공학
			3. 전기기기
			4. 회로이론 및 제어공학
			5. 전기설비기술기준
			   (한국전기설비규정[KEC])
				1. 전기자기학
				2. 전기철도공학
				3. 전력공학
				4. 전기철도구조물공학

실 기		전기설비설계 및 관리	전기설비견적 및 관리	전기철도 실무

❸ 기사 응시자격

- 산업기사 + 1년 이상 경력자
- 타분야 기사자격 취득자
- 전문대학 졸업 + 2년 이상 경력자
- 교육훈련기관(산업기사 수준) 이수자 또는 이수예정자 + 2년 이상 경력자
- 동일 직무분야 4년 이상 실무경력자
- 기능사 + 3년 이상 경력자
- 4년제 관련학과 대학 졸업 및 졸업예정자
- 교육훈련기관(기사 수준) 이수자 또는 이수예정자

❹ 산업기사 시험과목

구 분		전기산업기사		전기공사산업기사	
필 기		1. 전기자기학 2. 전력공학 3. 전기기기 4. 회로이론 5. 전기설비기술기준(한국전기설비규정[KEC])		1. 전기응용 2. 전력공학 3. 전기기기 4. 회로이론 5. 전기설비기술기준(한국전기설비규정[KEC])	
실 기		전기설비설계 및 관리		전기설비 견적 및 시공	

❺ 산업기사 응시자격

- 기능사 + 1년 이상 경력자
- 전문대 관련학과 졸업 또는 졸업예정자
- 교육훈련기간(산업기사 수준) 이수자 또는 이수예정자
- 타분야 산업기사 자격취득자
- 동일 직무분야 2년 이상 실무경력자

❻ 전기기기 출제기준(2021.1.1~2023.12.31)

주요항목	세 부 항 목
1. 직류기	1. 직류발전기의 구조 및 원리　　2. 전기자 권선법 3. 정류 4. 직류발전기의 종류와 그 특성 및 운전 5. 직류발전기의 병렬운전　　6. 직류전동기의 구조 및 원리 7. 직류전동기의 종류와 특성 8. 직류전동기의 기동, 제동 및 속도제어 9. 직류기의 손실, 효율, 온도상승 및 정격 10. 직류기의 시험
2. 동기기	1. 동기발전기의 구조 및 원리　　2. 전기자 권선법 3. 동기발전기의 특성　　　　　4. 단락현상 5. 여자장치와 전압조정　　　　6. 동기발전기의 병렬운전 7. 동기전동기 특성 및 용도　　8. 동기조상기 9. 동기기의 손실, 효율, 온도상승 및 정격 10. 특수 동기기
3. 전력변환기	1. 정류용 반도체 소자　　　　　2. 각 정류회로의 특성 3. 제어정류기
4. 변압기	1. 변압기의 구조 및 원리　　　2. 변압기의 등가회로 3. 전압강하 및 전압변동률　　4. 변압기의 3상 결선 5. 상수의 변환　　　　　　　6. 변압기의 병렬운전 7. 변압기의 종류 및 그 특성 8. 변압기의 손실, 효율, 온도상승 및 정격 9. 변압기의 시험 및 보수　　10. 계기용변성기 11. 특수변압기
5. 유도전동기	1. 유도전동기의 구조 및 원리　　2. 유도전동기의 등가회로 및 특성 3. 유도전동기의 기동 및 제동　　4. 유도전동기제어 5. 특수 농형유도전동기　　　　6. 특수유도기 7. 단상유도전동기　　　　　　8. 유도전동기의 시험 9. 원선도
6. 교류정류자기	1. 교류정류자기의 종류, 구조 및 원리 2. 단상직권 정류자 전동기　　3. 단상반발 전동기 4. 단상분권 전동기　　　　　5. 3상 직권 정류자 전동기 6. 3상 분권 정류자 전동기　　7. 정류자형 주파수 변환기
7. 제어용 기기 및 　 보호기기	1. 제어기기의 종류　　　　　2. 제어기기의 구조 및 원리 3. 제어기기의 특성 및 시험　　4. 보호기기의 종류 5. 보호기기의 구조 및 원리　　6. 보호기기의 특성 및 시험 7. 제어장치 및 보호장치

❶ 전기기기 학습방법

전기기기는 기기 및 기계의 특성을 이해하는 과목이다. 이론을 세우고 정립하는 과목이 아니므로 복잡한 수식의 이해가 필요하지 않다. 특성을 잘 이해하는 쪽으로 공부하면 쉽다.

직류발전기 교류발전기 변압기 유도기 모두 유도기전력이 있다. 이를 비교하면서 공부하면 좋다. 기본적으로 구조를 이해하고, 특성을 이해하며, 회로도를 그리고 전압과 전류의 방정식을 세우는 연습이 필요하다.

각 기기의 특성곡선을 이해하고 문제에 적용할 수 있도록 해야 한다. 기본적으로 어려운 문제가 없으므로 공부하는 만큼 점수가 잘나오는 과목이다. 전략적으로 높은 점수를 얻도록 공부해야 한다.

전기기기의 변압기 승압기 전동기 등은 실기시험에도 출제되므로 잘 공부해 두는 것이 바람직하다.

❷ 전기기기 학습전략

암기중심으로 공부하기 시작하면 비슷한 내용이 많아 힘든 과목이 된다. 그러나 기초적인 이론을 중심으로 이해하고 식을 세우는 공부를 한다면 쉽게 공부할 수 있다. 첫 번째로 출제 비중이 가장 높은 말로 서술되는 문제를 집중적으로 공략하여야 한다. 서술형 문제도 기본적인 이론의 해설로 이해가 동반 되어야 쉽다. 그러나 이해가 안되는 문제들은 따로 정리하여 두는 것이 좋다. 마지막으로 계산 문제의 유형은 알기 쉬운 문제 위주로만 학습하는 것이 바람직하다.

❸ 전기기기 출제분석

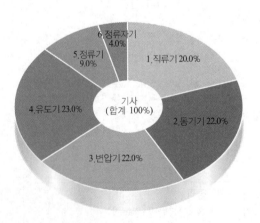
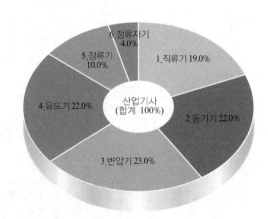

❹ 전기(산업)기사 필기 합격률

연도	기사 필기 합격률			산업기사 필기 합격률		
	응시	합격	합격률(%)	응시	합격	합격률(%)
2021	60,499	13,412	22.2%	37,892	7,011	18.5%
2020	56,376	15,970	28.3%	34,534	8,706	25.2%
2019	49,815	14,512	29.1%	37,091	6,629	17.9%
2018	44,920	12,329	27.4%	30,920	6,583	21.3%
2017	43,104	10,831	25.1%	29,428	5,779	19.6%
2016	38,632	9,085	23.5%	27,724	5,790	20.9%

❺ 필기시험 응시자 유의사항

① 수험자는 필기시험 시 (1)수험표 (2)신분증 (3)검정색 사인펜 (4)계산기 등을 지참하여 지정된 시험실에 입실 완료해야 합니다.

② 필기시험 합격자는 당해 필기시험 합격자 발표일로부터 2년간 필기시험을 면제받게 되며, 실기시험 응시자는 당해 실기시험의 발표 전까지는 동일종목의 실기시험에 중복하여 응시할 수 없습니다.

③ 기사 필기시험 전 종목은 답안카드 작성시 수정테이프(수험자 개별지참)를 사용할 수 있으나(수정액 및 스티커 사용 불가) 불완전한 수정처리로 인해 발생하는 불이익은 수험자에게 있습니다. (인적사항 마킹란을 제외한 답안만 수정가능)
※ 시험기간 중, 통신기기 및 전자기기를 소지할 수 없으며 부정행위 방지를 위해 금속탐지기를 사용하여 검색할 수 있음

④ 기사/산업기사/서비스분야(일부 제외) 시험은 응시자격이 미달되거나 정해진 기간까지 서류를 제출하지 않을 경우 필기시험 합격예정이 무효되오니 합격예정자께서는 반드시 기한 내에 서류를 공단 지사로 제출하시기 바랍니다.

■ 허용군 공학용계산기 사용을 원칙으로 하나, 허용군 외 공학용계산기를 사용하고자 하는 경우 수험자가 계산기 매뉴얼 등을 확인하여 직접 초기화(리셋) 및 감독위원 확인 후 사용가능
  ▶ 직접 초기화가 불가능한 계산기는 사용 불가 [2020.7.1부터 허용군 외 공학용계산기 사용불가 예정]

제조사	허용기종군
카시오(CASIO)	FX-901~999, FX-501~599, FX-301~399, FX-80~120
샤프(SHARP)	EL-501~599, EL-5100, EL-5230, EL-5250, EL-5500
유니원(UNIONE)	UC-400M, UC-600E, UC-800X
캐논(CANON)	F-715SG, F-788SG, F-792SGA
모닝글로리 (MORNING GLORY)	ECS-101

※ 위의 세부변경 사항에 대하여는 반드시 큐넷(Q-net) 홈페이지 공지사항 참조

이론정리로 시작하여 예제문제로 이해!!

이론정리 예제문제

- 학습길잡이 역할
- 각 장마다 이론정리와 예제문제를 연계하여 단원별 이론을 쉽게 이해 할 수 있도록 하여 각 장마다 이론정리를 마스터 하도록 하였다.

⊙ 핵심&이론길잡이 ⊙
핵심개념을 쉽게
이해하도록 설명하였습니다.

⊙ 예제&개념문제 ⊙
개념이해가 쉽도록 가장
대표적인 문제를
선별하였습니다.

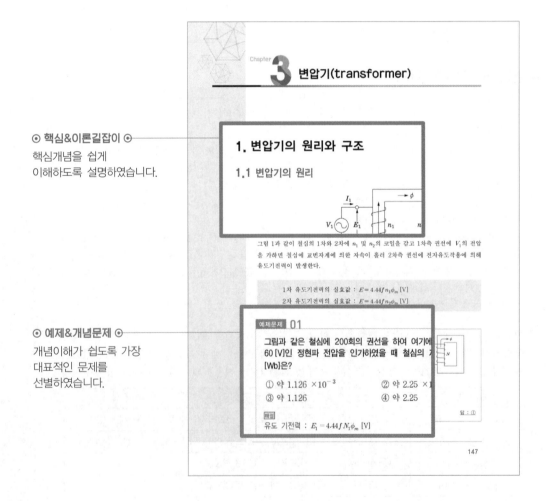

Chapter **3** 변압기(transformer)

1. 변압기의 원리와 구조

1.1 변압기의 원리

그림 1과 같이 철심의 1차와 2차에 n_1 및 n_2의 코일을 감고 1차측 권선에 V_1의 전압을 가하면 철심에 교번자계에 의한 자속이 흘러 2차측 권선에 전자유도작용에 의해 유도기전력이 발생한다.

1차 유도기전력의 실효값 : $E = 4.44 f n_1 \phi_m$ [V]
2차 유도기전력의 실효값 : $E = 4.44 f n_2 \phi_m$ [V]

예제문제 01

그림과 같은 철심에 200회의 권선을 하여 여기에 60 [V]인 정현파 전압을 인가하였을 때 철심의 [Wb]은?

① 약 1.126×10^{-3}　　② 약 $2.25 \times$
③ 약 1.126　　　　　　　④ 약 2.25

해설
유도 기전력 : $E_1 = 4.44 f N_1 \phi_m$ [V]

답 : ①

147

기본 문제풀이부터 고난도 심화문제까지!!

**핵심
과년도구성**

• 반복적인 학습문제
• 각 장마다 핵심과년도를 집중적이고 반복적으로 문제풀이를 학습하여
  출제경향을 한 눈에 알 수 있게 하였다.

**심화학습
문제구성**

• 고난도 문제풀이
• 심화학습문제를 엄선하여 정답 및 풀이에서 고난도 문제를 해결하는
  노하우를 확인할 수 있게 하였다.

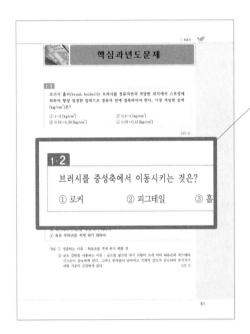

⊙ 반복적인 학습문제 ⊙
집중적이고 반복적인
문제풀이로 출제경향을
파악하도록 하였습니다.

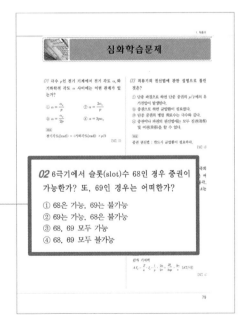

⊙ 고난도 심화문제 ⊙
문제 해결능력을 강화할 수
있도록 고난도 문제를
구성하였습니다.

목차 CONTENTS

PART 01   이론정리

CHAPTER 01 | 직류기   3

1. 직류발전기의 원리 및 구조 ············· 3
2. 전기자권선법 ························· 7
3. 유기기전력 ························· 11
4. 전기자 반작용(armature reaction) ······· 13
5. 정류 ····························· 17
6. 직류발전기의 종류와 특성 ········· 21
7. 직류발전기의 병렬운전 ··········· 34
8. 직류전동기의 원리와 구조 ········· 37

9. 직류전동기의 종류와 특성 ········· 42
10. 직류전동기의 기동 및
     속도제어, 제동법 ··············· 50
11. 손실 효율 및 정격 ··············· 55
12. 특수 직류기 ····················· 59
핵심과년도문제 ······················· 61
심화학습문제 ························· 79

CHAPTER 02 | 동기기   89

1. 동기발전기의 원리 및 구조 ········· 89
2. 동기 발전기의 분류 ··············· 91
3. 유기기전력 ······················· 93
4. 전기자권선법 ····················· 94
5. 동기발전기의 특성 ··············· 99
6. 출력 ···························· 102
7. 동기발전기의 특성 ··············· 105

8. 단락현상 ························ 111
9. 병렬운전 ························ 113
10. 동기전동기 ···················· 119
11. 손실 및 효율 ·················· 125
핵심과년도문제 ····················· 127
심화학습문제 ······················ 138

CHAPTER 03 | 변압기(transformer)   147

1. 변압기의 원리와 구조 ············ 147
2. 여자회로 ························ 154
3. 변압기의 등가회로 ·············· 156
4. 변압기의 특성 ·················· 160
5. 변압기의 결선 ·················· 165
6. 변압기의 병렬운전 ·············· 173

7. 특수변압기 ···················· 177
8. 손실 및 효율 ·················· 188
9. 시험법 ························ 193
핵심과년도문제 ····················· 198
심화학습문제 ······················ 220

CHAPTER 04 | 유도전동기   229

1. 유도전동기의 원리 …………………… 229
2. 유도전동기의 구조 …………………… 232
3. 유도 전동기의 특성 …………………… 234
4. 유도전동기 전력의 변환 …………… 237
5. 유도전동기의 토크와 비례추이 …… 240
6. 원선도 …………………………………… 248
7. 기동법 …………………………………… 249
8. 이상 기동현상 ………………………… 256
9. 속도제어 ………………………………… 258
10. 특수유도기 …………………………… 263
11. 단상 유도전동기 …………………… 264
핵심과년도문제 …………………………… 268
심화학습문제 ……………………………… 280

CHAPTER 05 | 정류기   297

1. 회전변류기(Rotary converter) …………… 297
2. 수은정류기(Mercury arc valve) ………… 299
3. 반도체 정류기 ………………………… 303
핵심과년도문제 …………………………… 315
심화학습문제 ……………………………… 325

CHAPTER 06 | 교류 정류자기   335

1. 단상 직권 정류자 전동기 …………… 335
2. 단상 반발 전동기 …………………… 337
3. 3상 직권 정류자 전동기 …………… 338
4. 3상 분권 정류자 전동기 …………… 338

CHAPTER 07 | 특수모터   341

1. 서보모터 ………………………………… 341
2. 리니어모터 ……………………………… 342
3. BLDC 모터 …………………………… 344
심화학습문제 ……………………………… 345

Electricity

꿈·은·이·루·어·진·다

PART 1

이론정리

chapter 01   직류기
chapter 02   동기기
chapter 03   변압기(transformer)
chapter 04   유도전동기
chapter 05   정류기
chapter 06   교류 정류자기
chapter 07   특수모터

직류기

1. 직류발전기의 원리 및 구조

1.1 직류발전기의 원리

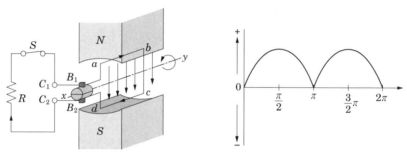

그림 1 직류발전기의 원리

그림 1과 같이 자장 중에 코일을 놓고 일정한 속도로 회전시키면 플레밍의 오른손 법칙(Fleming's right hand low)에 의해 기전력이 유기되어 정류자(commutator)를 통하여 맥류를 출력한다. 이 맥류를 평활화 하여 직류로 만들기 위해서는 여러개의 자극을 설치하여야 하여야 한다.

발전기의 기전력이 유기되는 것에는 전자유도 법칙이 적용된다. 전자유도법칙은 발전기의 기전력을 유도한다던지, 코일에 양단에 걸리는 전압을 구하는 경우 등 적용되는 법칙이다. 이 법칙은 다음과 같은 의미를 갖는다.

"유도 기전력의 크기는 폐회로에 쇄교하는 자속의 시간적 변화율에 비례한다."

이것을 패러데이 법칙(Faraday's law) 또는 노이만 법칙(Neumann's law)이라 한다. 유도 기전력을 정량적으로 나타내면 다음과 같다.

$$e = -\frac{d\Phi}{dt} \text{ [V]}$$

여기서 (−)는 기전력의 방향이 쇄교 자속의 변화를 방해하는 방향으로 발생하는 것을 의미하며 렌쯔의 법칙을 적용한 것이다.

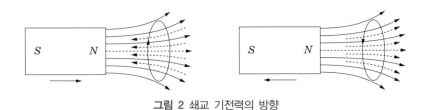

그림 2 쇄교 기전력의 방향

자속 ϕ 가 N회의 코일을 통과할 때 유도 기전력은 식

$$e = -\frac{d\Phi}{dt} = -N\frac{d\phi}{dt} \ [\text{V}]$$

가 얻어진다. 단, $\Phi = N\phi$ 를 쇄교 자속수라고 한다.

전자유도 현상을 응용한 분야는 일정한 자계 속에서 코일을 회전시키면 기전력이 발생하는 발전기의 기본 원리와 철심에 감은 1, 2차 코일의 1차 코일에 교번자속을 주면 두 코일의 권수비에 비례하는 전압이 2차 코일에 유도되는 변압기, 그 외 적산전력계 등 응용 분야는 매우 많다.

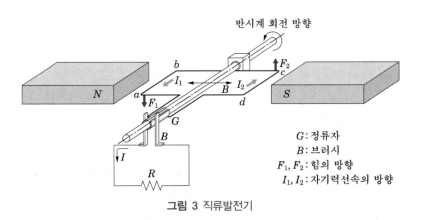

G : 정류자
B : 브러시
F_1, F_2 : 힘의 방향
I_1, I_2 : 자기력선속의 방향

그림 3 직류발전기

1.2 직류발전기의 구조

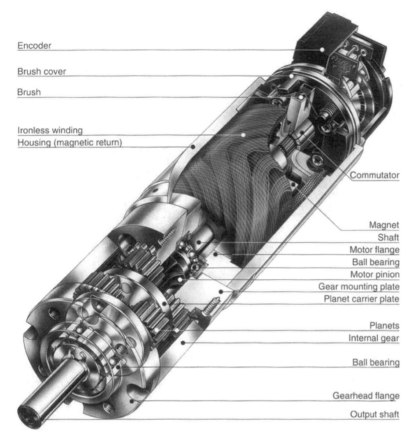

Encoder
Brush cover
Brush
Ironless winding
Housing (magnetic return)
Commutator
Magnet
Shaft
Motor flange
Ball bearing
Motor pinion
Gear mounting plate
Planet carrier plate
Planets
Internal gear
Ball bearing
Gearhead flange
Output shaft

그림 4 직류발전기의 구조

(1) 전기자(armature)

자속을 끊어서 기전력을 유기하는 부분으로 규소강판을 이용하므로써 히스테리시스 손을 감소시키며, 와류손을 적게 하기 위하여 성층철심을 사용한다.

전기자 권선은 도전률 98[%] 이상인 연동의 둥근선 또는 평각동선을 이용하며, 절연물은 기계적으로 충분한 강도가 있어야 하며 프레스보드(press board), 파이버 (fiber), 파치먼트(parch ment) 등이 사용된다.

그림 5 전기자

(2) 계자(field)

전기자가 쇄교하는 자속을 공급하는 부분으로 계자권선, 계자철심, 계철, 자극편 등으로 구성되어 있으며 자극편은 전기자에 자속을 적당히 분포시키는 역할을 하는 것이므로 두께 0.8~1.6 [mm]의 연강판을 성층해서 만든다.

그림 6 계자와 보상권선

(3) 정류자(commutator)와 브러시(brush)

정류자는 발전기의 기전력인 교류를 직류로 변환시키는 부분으로 경동의 정류자편과 두께 0.8 [mm] 정도의 정류자용 mica판을 서로 번갈아서 원통형으로 조립한 것이다. 브러시는 전기자 권선과 외부 회로가 연결되어 전력을 전달하는 작용을 하므로 탄소질이나 흑연질을 사용하는 것이 대부분이다.

- 탄소질 브러시는 저항률, 마찰계수가 크고 허용전류가 작아 소형기, 저속기에 사용한다.
- 흑연질 브러시는 천연흑연을 원료로 하며 질이 부드럽고 윤활성이 풍부하고 대전류, 고속기에 많이 사용한다.
- 전기 흑연질 브러시는 고온으로 열처리한 흑연으로 사용되며 정류능력이 좋고, 마찰계수가 적고, 전류용량이 커서 일반 직류기에 사용한다.
- 금속흑연질 브러시는 동과 흑연을 섞어서 만들고, 저전압, 대전류의 기계류에 사용한다.

그림 7 정류자

예제문제 01

전기 분해 등에 사용되는 저전압 대전류의 직류기에는 어떤 질의 브러시가 가장 적당한가?

① 탄소질   ② 흑연질   ③ 금속 흑연질   ④ 금속

해설
전기 분해 : 저전압 대전류 발전기가 적당하며 브러시 자체의 전압 강하가 작은 것이 좋다.

답 : ③

예제문제 02

전기 기계에 있어서 히스테리시스손을 감소시키기 위하여 어떻게 하는 것이 좋은가?

① 성층 철심 사용   ② 규소 강판 사용
③ 보극 설치   ④ 보상 권선 설치

해설
① 성층하는 이유 : 와류손을 적게 하기 위한 것
② 규소 강판을 사용하는 이유 : 규소를 넣으면 자기 저항이 크게 되어 와류손과 히스테리시스손이
  감소하게 된다. 그러나 투자율이 낮아지고 기계적 강도가 감소되어 부서지기 쉬워 가공이 곤란하
  게 된다.

답 : ②

예제문제 03

직류 발전기에서 브러시간에 유기되는 기전력의 파형의 맥동을 방지하는 대책이 될 수 없는
것은?

① 사구(斜溝, skewed slot)를 채용할 것   ② 갭의 길이를 균일하게 할 것
③ 슬롯폭에 대하여 캡을 크게 할 것   ④ 정류자 편수를 적게 할 것

해설
정류자 편수는 커야 맥동이 작아진다. 그러나 맥동 주파수는 커진다.

답 : ④

2. 전기자권선법

전기자 권선법의 목적은 유효하게 기전력을 유기하여 정류작용이 손쉽게 이루어지게
하는 것을 목적으로 한다.

2.1 환상권(ring winding)과 고상권(drum winding)

환상권은 철심내측의 도체에는 기전력이 발생하지 않으며 권선을 감기가 불편하다.

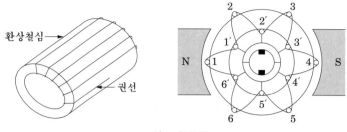

그림 8 환상권

고상권은 슬롯을 통해 도체를 전기자 표면에만 감을 수 있어 모든 도체에 자속을 끊게 하여 기전력을 유기시키며 제작, 수리 등이 편리하다. 도체가 표면에 위치하므로 환상권에 비해 유기되는 기전력이 크다.

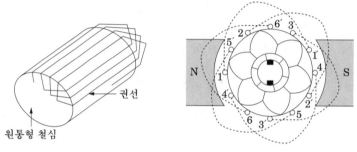

그림 9 고상권

2.2 개로권과 폐로권

모든 권선이 어떤 한 점으로부터 출발하여 권선 도체를 따라가면 처음 출발한 점으로 되돌아와서 닫혀지되면 폐로권(closed circuit winding)이라고 한다. 여러 개의 열린 독립권선을 철심에 감아 이것이 외부회로에 접속되도록 한 권선을 개로권(open circuit winding)이라 한다.

2.3 단층권과 2층권

하나의 슬롯에 1개의 코일변을 넣는 방법을 단층권이라 하고, 2층권은 하나의 슬롯에 2개의 코일변을 넣는 방법을 2층권이라 한다.

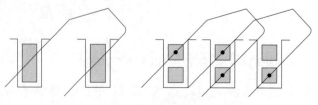

그림 10 단층권과 2층권

2.4 중권과 파권

그림 11과 같이 어떤 코일의 상층 코일변에서 하층 코일변을 따라가면 다음 코일의 상층이 바로 옆에 있게 나열된 권선을 중권(lap winding)이라 한다. 단중권은 권선을 따라서 전기자를 일주하면 처음으로 다시 되돌아와 폐회로를 구성하는 권선법을 말하며, 다중권은 전기자를 2~3 바퀴 일주하여 폐회로를 구성하는 권선법을 말한다.

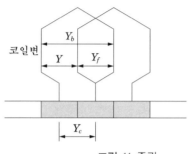

Y_b : 후절(back pitch)

Y_f : 전절(front pitch)

Y : 합성절(resultant pitch)

$Y = Y_b - Y_f$: 중권(lap winding)

Y_c : 정류자절(commutator pitch)

그림 11 중권

그림 12와 같이 권선을 직렬로 연결한 형태로 파도 모양을 형성하는 권선을 파권이라 한다.

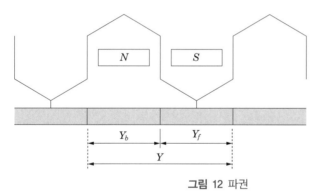

Y_b : 후절(back pitch)

Y_f : 전절(front pitch)

Y : 합성절(resultant pitch)

$Y = Y_b + Y_f$

: 파권(wave winding)

그림 12 파권

중권의 전기자 권선의 전개도를 보면 (+), (−), 브러시 사이에 코일변을 오른쪽으로 따라가는 회로와 왼쪽으로 따라가는 회로에 2개의 병렬회로가 있으므로 (+) 브러시를 묶은 (+) 단자와 (−) 브러시를 묶은 (−) 단자 사이에 극수와 같은 병렬회로가 생긴다.

중권으로 하여 p극인 경우 브러시 수 및 (+), (−) 브러시 사이의 병렬회로수는 다 같이 p개이며, (+), (−) 브러시 사이에 직렬로 연결된 코일 변수는 Z_c / p이다. 여기서 Z_c를 코일변수 p를 극수라 한다.

파권인 경우 어떤 (+) 브러시에서 출발하면 전부의 코일변을 차례로 직렬로 이어가서 브러시에 이르므로 병렬회로는 극수에 관계없이 늘 왼쪽 및 오른쪽 회로 2개뿐이다. (+), (−) 각 1개씩의 브러시만 두고 나머지는 빼도 된다. 이것은 (+) 브러시 끼리,

(−) 브러시끼리는 서로 중성점에 있는 코일변으로 연결되기 때문에 파권으로 하면 중권의 $p/2$배의 전압을 내므로 고전압 소전류에는 파권을 저전압 대전류용에는 중권을 많이 사용한다.

표 1 중권과 파권의 비교

구 분	중 권	파 권
전기자 병렬 회로수 a	극수와 같다($a = p$) 단, 다중도 m이면 $a = mp$	항상 2이다.
브러시수 b	극수와 같다($b = p$)	2이다. (극수와 같게 해도 된다.)
전압 · 전류 관계	저전압 대전류	고전압 소전류
권선 조건	$\dfrac{슬롯수}{극수} = 정수$	$\dfrac{슬롯수}{극수} = 정수$
균압선	필요(4극 이상일 때)	불필요

예제문제 04

다음 권선법 중에서 직류기에 주로 사용되는 것은?

① 폐로권, 환상권, 이층권
② 폐로권, 고상권, 이층권
③ 개로권, 환상권, 단층권
④ 개로권, 고상권, 이층권

해설
직류기 권선법 : 코일의 제작 및 권선 작업이 용이하여 직류기는 거의 고상권, 폐로권, 이층권이 사용된다. 단층권이나 환상권은 사용되지 않는다.

답 : ②

예제문제 05

직류 분권 발전기의 전기자 권선을 단중 중권으로 감으면?

① 병렬 회로수는 항상 2이다.
② 높은 전압, 작은 전류에 적당하다.
③ 균압선이 필요 없다.
④ 브러시 수는 극수와 같아야 한다.

해설
전기자 권선을 중권과 파권에 대하여 비교

비교 항목	단중 중권	단중 파권
전기자의 병렬 회로수	극수와 같다.	항상 2이다.
브러시 수	극수와 같다.	2개로 되나, 극수만큼의 브러시를 둘 수도 있다.
전기자 도체의 굵기, 권수, 극수가 모두 같을 때	저전압, 대전류를 얻을 수 있다.	전류는 작지만 고전압을 얻을 수 있다.
균압 접속의 필요성	4극 이상이면 균압 접속을 하여야 한다.	균압 접속은 필요 없다.

답 : ④

예제문제 06

직류기의 다중 중권 권선법에서 전기자 병렬 회로수 a와 극수 p 사이에는 어떤 관계가 있는가? 단, 다중도는 m이다.

① $a = 2$　　　　② $a = 2m$　　　　③ $a = p$　　　　④ $a = mp$

해설
• 다중도가 m인 경우 : 전기자 병렬 회로수 a와 극수 p 사이에는 $a = mp$의 관계가 있다.
• 다중도가 1 인 경우 : 단중중권은 $a = p$의 관계가 있다.

답 : ④

---

3. 유기기전력

전기자 도체 1개에 유도되는 유기기전력(e)는 $e = Blv$ [V] 이며, 속도는 $v = \pi Dn$ [m/sec] 이므로

$$e = Bl\pi Dn \ [V]$$

자속밀도는 $B = \dfrac{p\phi}{\pi Dl}$ 이므로 $e = \dfrac{p\phi}{\pi Dl}l\pi Dn = p\phi n$ [V]가 된다.

예제문제 07

전기자 지름 0.2 [m]의 직류 발전기가 1.5 [kW]의 출력에서 1,800 [rpm]으로 회전하고 있을 때 전기자 주변 속도[m/sec]는?

① 18.84　　　　② 21.96　　　　③ 32.74　　　　④ 42.85

해설
전기자 주변속도 : $V = \pi D \dfrac{N}{60} = 3.14 \times 0.2 \times \dfrac{1,800}{60} = 18.84 \ [m/s]$

답 : ①

전기자 도체의 총수를 Z (= 2 × 전기자 코일 수 × 한 개의 코일 권수 = 슬롯수 × 슬롯 내부 도체 수), 병렬회로 수를 a라 하면 정(+), 부(−)의 브러시 사이의 직렬로 접속되는 도체 수는 Z/a이므로 브러시 사이에서 얻어지는 유기기전력 E [V]는 다음과 같다.

$$E = p\phi n \times \frac{Z}{a} \; [\text{V}]$$

$$E = \frac{p}{a} Z\phi \frac{N}{60} = K\phi N \; [\text{V}]$$

여기서, Z : 전기자 도체수, ϕ : 자속수 [Wb], N : 회전속도 [rpm],
K : 비례상수 $\left(\because K = \dfrac{pZ}{60a} \right)$,
a : 브러시간 병렬 회로수(중권 $a = p$, 파권 $a = 2$), p : 극수

인접한 2개의 정류자 편 사이에 접속된 코일에 발생하는 전압을 정류자 편간 전압이라 한다. 브러시 사이의 기전력을 E [V], 정류자편수를 K, 극수를 p 라 하면 정류자편 사이의 평균전압 V_e [V]는 다음과 같다.

$$V_e = \frac{pE}{K} \; [\text{V}]$$

여기서, K : 정류자편수, p: 극수, E : 기전력

예제문제 08

6극 직류발전기의 정류자 편수가 132, 단자 전압이 220 [V], 직렬 도체수가 132개이고 중권이다. 정류자 편간 전압[V]은?

① 10   ② 20   ③ 30   ④ 40

해설
e_{sa} : 정류자 편간 전압, E : 유기 기전력, K : 정류자 편수, p : 극수
정류자 편간 평균전압 : $e_{sa} = \dfrac{pE}{K} = \dfrac{220 \times 6}{132} = 10 \; [\text{V}]$

답 : ①

예제문제 09

매극 유효 자속 0.035 [Wb], 전기자 총도체수 152인 4극 중권 발전기를 매분 1,200회의 속도로 회전할 때의 기전력[V]을 구하면?

① 약 106   ② 약 86   ③ 약 66   ④ 약 53

해설
중권 : $a = p = 4$
직류 발전기의 기전력 : $E = \dfrac{pZ}{a}\phi n = \dfrac{pZ}{a}\phi\dfrac{N}{60} = \dfrac{4 \times 152}{4} \times 0.035 \times \dfrac{1,200}{60} ≒ 106.4 \; [\text{V}]$

답 : ①

10

직류 발전기의 극수가 10이고, 전기자 도체수가 500이며, 단중 파권일 때 매극의 자속수가 0.01 [Wb]이면 600 [rpm]때의 기전력[V]은?

① 150　　　　　② 200　　　　　③ 250　　　　　④ 300

해설
파권 : $a = 2$

직류 발전기의 기전력 : $E = \dfrac{pZ}{a}\phi\dfrac{N}{60} = \dfrac{10 \times 500}{2} \times 0.01 \times \dfrac{600}{60} = 250\,[\mathrm{V}]$

답 : ③

4. 전기자 반작용(armature reaction)

발전기에 부하를 연결하여 전기자 권선에 전류가 흐르게 되면, 기자력이 발생하여 계자 기자력에 영향을 미치고 자속분포가 왜곡되게 되는데 이를 전기자반작용이라 한다.

예제문제 **11**

직류기에서 전기자 반작용이란 전기자 권선에 흐르는 전류로 인하여 생긴 자속이 무엇에 영향을 주는 현상인가?

① 모든 부문에 영향을 주는 현상
② 계자극에 영향을 주는 현상
③ 감자 작용만을 하는 현상
④ 편자 작용만을 하는 현상

해설
전기자 반작용 : 전기자 전류에 의한 자속이 주자극(계자)의 자속 분포에 영향을 주는 현상이다.

답 : ②

4.1 영향

(1) 편자작용

부하전류에 의한 전기자 기자력이 계자기자력에 영향을 주어 불균형 자속분포가 되게 하고 자속이 감소되는 감자작용이 일어난다. 그림 13과 같이 자속의 분포가 회전 방향 쪽으로 기울어진다. 이와 같은 작용을 편자작용이라 한다.

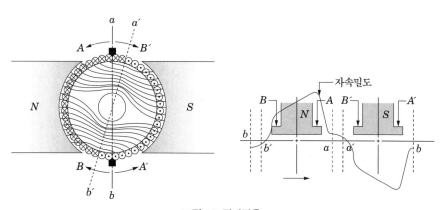

그림 13 편자작용

(2) 교차 자화작용

그림 14와 같이 전기자에 전류가 흐르지 않을 경우 (무부하시) ab 축을 중심으로 좌우 대칭으로 분포한다. 그러나 전기자에 전류가 흐르면 중성축 ab의 부분에서 기전력은 최대로 되며 자기저항이 이 부분은 크므로 자속 분포는 이 부분에서 저하하여 직선으로 나타나고 계자기자력과 전기각으로 $\pi/2$의 방향에 나타난다. 전기자 기자력이 계자 기자력에 수직방향으로 작용하는 현상을 교차기자력(cross magnetomotive force)이라고 한다.

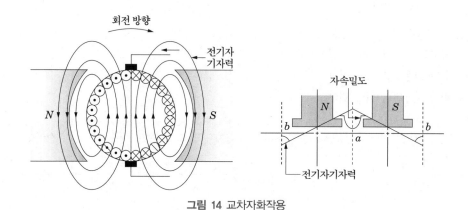

그림 14 교차자화작용

4.2 중성축의 이동

직류 발전기는 전기자 반작용영향으로 전기적 중성축이 회전방향으로 이동한다. 따라서 브러시가 중성축에 위치하지 않으므로 불꽃이 생기고 정류가 불량해 진다.

그러므로 보극이 없는 직류기는 브러시를 이동하여 중성축에 위치시켜야 양호한 정류를 얻을 수 있다. 전기자 반작용은 주자속을 감소시키며 자속의 감소로 인한 유기 기전력과 출력이 감소한다. 자속분포의 불균형(편자작용)으로 국부적으로 섬락이 생기며, 정류가 불량 해진다.

직류기의 전기자 반작용의 영향이 아닌 것은?

① 전기적 중성축이 이동한다.

② 주자속이 증가한다.

③ 정류자편 사이의 전압이 불균일하게 된다.

④ 정류 작용에 악영향을 준다.

해설

전기자 반작용의 영향

① 전기자 중성축의 이동(발전기는 회전 방향으로 전동기 회전자 반대 방향으로 이동한다)

② 주자속 감소한다.

③ 정류자편 사이 국부적 전압 상승하여 flashover(섬락발생) 현상이 생긴다.

답 : ②

4.3 전기자 기자력

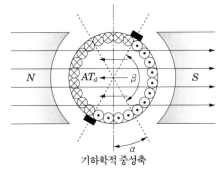

기하학적 중성축

그림 15 전기자기자력

(1) 전기자 감자 기자력(직축 기자력)

$$A T_d = \frac{Z}{a} \cdot I_a \cdot \frac{1}{p} \cdot \frac{2\alpha}{2\pi} = \frac{ZI_a}{2ap} \cdot \frac{2\alpha}{\pi} \, [\text{AT/극}]$$

(2) 전기자 교차 기자력

$$A T_d = \frac{Z}{a} \cdot I_a \cdot \frac{1}{p} \cdot \frac{\beta}{2\pi} = \frac{ZI_a}{2ap} \cdot \frac{\beta}{\pi} \, [\text{AT/극}]$$

여기서, α : 브러시 이동각, β: $\pi - 2\alpha$, I_a : 전기자 전류,

Z : 총 도체수, p : 극수

예제문제 **13**

직류 발전기에서 기하학적 중성축과 α [rad]만큼 브러시의 위치가 이동되었을 때 극당 감자 기자력은 몇 [AT]인가? 단, 극수 p, 전기자 전류 I_a, 전기자 도체수 Z, 병렬 회로수 a이다.

① $\dfrac{I_a Z}{2pa} \cdot \dfrac{\alpha}{180}$ ② $\dfrac{2pa}{I_a Z} \cdot \dfrac{\alpha}{180}$ ③ $\dfrac{I_a Z}{2pa} \cdot \dfrac{2\alpha}{180}$ ④ $\dfrac{2pa}{I_a Z} \cdot \dfrac{2\alpha}{180}$

해설

감자 기자력 : $AT_d = \dfrac{Z}{a} \cdot I_a \cdot \dfrac{1}{p} \cdot \dfrac{2\alpha}{2\pi} = \dfrac{ZI_a}{2ap} \cdot \dfrac{2\alpha}{\pi}$ [AT/극]

답 : ③

예제문제 **14**

도체수 500, 부하 전류 200 [A], 극수 4, 전기자 병렬 회로수 2인 직류 발전기의 매극당 감자 기자력[AT]은 얼마인가? 단, 브러시의 이동각은 전기 각도 20°이다.

① 11,100   ② 5,550   ③ 2,777   ④ 1,388

해설

$p=4$, $Z=500$, $a=2$, $I_a=200$ [A], $\alpha=20°$

감자 기자력 : $AT_d = \dfrac{I_a Z}{2ap} \cdot \dfrac{2\alpha}{180} = \dfrac{200 \times 500}{2 \times 2 \times 4} \cdot \dfrac{2 \times 20}{180} = 1,388.89$ [AT/극]

답 : ④

4.4 방지대책

전기자 반작용을 방지하기 위해서는 보극과 보상권선을 설치하는 방법이 있는데 보상 권선은 자극편에 슬롯을 만들어 여기에 전기자 권선과 같은 권선을 하고 전기자전류와 반대 방향으로 전류를 통하여 전기자의 기자력을 상쇄 하도록 한다.

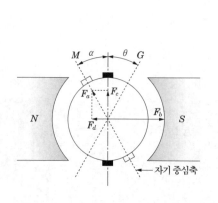
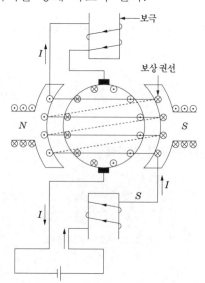

그림 16 보극과 보상권선 설치

이와 같은 결과로서 중성축 이동방지, 정류작용에 도움을 주며 대부분의 전기자 반작용을 제거한다.

이와 같이 보상권선을 설치해도 중성축 부근에는 전기자 반작용이 존재 하므로 보극을 설치하여 전기자 전류에 의한 자속을 상쇄 시켜준다. 보극은 그림 16과 같다.

예제문제 15

직류 발전기의 전기자 반작용을 설명함에 있어서 그 영향을 없애는데 가장 유효한 것은?

① 균압환　　　　② 탄소 브러시　　　　③ 보상 권선　　　　④ 보극

해설
① 보극 : 중성축 부근의 반작용을 없애는 데는 유효하다.
② 보상 권선 : 전기자 전면에 분포되어 있는 보상권선에 보극은 비교가 되지 않는다.
③ 균압환 : 국부 전류가 브러시를 통하여 흐르지 못하게 하는 작용을 한다.
④ 탄소 브러시 : 저항 정류시에 쓰여진다.

답 : ③

---

5. 정류

전기자 도체가 브러시를 통과하는 기간에 도체에 흐르는 전류가 정류자에 의해서 반전되는 작용을 정류(commutation)라 한다.

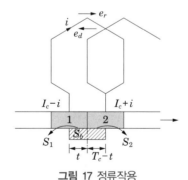

그림 17 정류작용

① 평균리액턴스 전압

정류진행시 L에 대한 리액턴스 전압은 $e_r = -L\dfrac{di}{dt}$이며 계산하면 다음과 같다.

$$e_{r_{mean}} = -L\frac{-I_c - I_c}{T_c} = L\frac{2I_c}{T_c} = L\frac{i_a}{T_c}\,[\text{V}]$$

예제문제 16

직류기에서 정류 코일의 자기 인덕턴스를 L이라 할 때 정류 코일의 전류가 정류 기간 T_c 사이에 I_c에서 $-I_c$로 변한다면 정류 코일의 리액턴스 전압(평균값)은?

① $L\dfrac{2I_c}{T_c}$　　　② $L\dfrac{I_c}{T_c}$　　　③ $L\dfrac{2T_c}{I_c}$　　　④ $L\dfrac{T_c}{I_c}$

해설

• 전류의 변화 : $I_c - (-I_c) = 2I_c$

• 평균 리액턴스 전압 : $e_L = L\dfrac{di}{dt} = L\dfrac{2I_c}{T_c}$ [V]

답 : ①

② 정류시간(주기)

브러시 두께 b [m], 정류자 편간 절연물 두께 δ [m], 정류자 주변속도 v_c [m/s]라 할 때 다음 식과 같이 시간 T_c 사이에 정류가 완료되어야 하므로

$$T_c = \frac{b-\delta}{v_c} \ [\text{s}]$$

의 시간이 필요하게 된다. 이를 정류시간(주기)(commutation period)이라 한다.

예제문제 17

4극 직류 발전기가 있다. 정류자의 지름이 15 [cm]이고, 정류자 권수 92개, 브러시의 두께 0.96 [cm], 중권인 이 발전기가 1,760 [rpm]으로 운전되고 있을 때 1개 코일의 정류주기[s]를 구하면?

① 약 1.018×10^{-3} 　　　　　② 약 3.76×10^{-3}

③ 약 1.08×10^{-4} 　　　　　④ 약 3.25×10^{-4}

해설

브러시의 두께를 b [m], 정류자편 사이의 절연물의 두께를 δ [m], 정류자의 주변 속도를 v_c [m/s]

정류 주기 : $T_c = \dfrac{b-\delta}{v_c}$ [s]

주변 속도 v_c, 전기자의 회전수 N [rpm], 정류자의 지름 D 이면

$\therefore T_c = \dfrac{b-\delta}{\pi DN} \times 60$ [s]

$\therefore b = 0.96$ [cm], $D = 15$ [cm], $N = 1,760$ [rpm], $d = b + \delta = \dfrac{\pi D}{92}$

$\therefore T_c = \dfrac{2b - \dfrac{\pi D}{92}}{\pi DN} \times 60 = \dfrac{2 \times 0.96 - \dfrac{15\pi}{92}}{15 \times 1,760\pi} \times 60 = 0.0010184 = 1.0184 \times 10^{-3}$ [s]

답 : ①

5.1 정류곡선

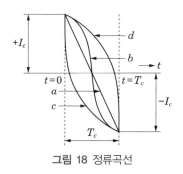

그림 18 정류곡선

정류주기 T_c 사이에 $+I_c$ 에서 $-I_c$ 로 변화하는 곡선을 정류곡선이라한다.

- a : 직선적으로 변화하는 것으로 직선정류(straight line commutation)라 하고 브러시 접촉면에서의 전류밀도가 항상 균일하여 이상적이다.
- b : 정현파 정류(sinusoidal commutation)라 하여 정류의 개시, 종료 때의 전류변화가 없으므로 불꽃이 생기지 않는다.
- c : 전류변화가 빠른 과정류(over commutation)
- d : 전류변화가 늦은 부족정류(under commutation)

과정류는 브러시 앞쪽, 부족정류는 뒤쪽에서 불꽃이 발생하게 된다.

예제문제 **18**

그림과 같은 정류 곡선에서 양호한 정류를 얻을 수 있는 곡선은?

① a, b

② c, d

③ a, f

④ b, e

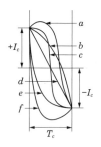

해설
부족 정류(브러시의 뒤쪽에서 불꽃이 발생) : a, b
정현파 정류(전류의 변화가 정현파로 표시되는 것) : c
직선 정류(전류가 직선적으로 변화하는 것) : d
과정류(브러시의 앞쪽에서 불꽃이 발생) : e, f
∴ 정현파 정류, 직선 정류가 양호한 정류에 속한다.

답 : ②

예제문제 19

다음은 직류 발전기의 정류 곡선이다. 이 중에서 정류 말기에 정류의 상태가 좋지 않은 것은?

① 1
② 2
③ 3
④ 4

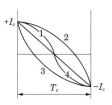

해설
부족 정류 : 브러시의 뒤쪽에서 불꽃이 발생하며, 정류 말기에 정류의 상태가 좋지 않다.

답 : ②

5.2 불꽃없는 정류

접촉저항이 큰 탄소 브러시를 사용하여 정류코일의 단락전류를 억제해서 양호한 정류를 얻는 방법과 보극을 설치하여 정류 코일 내에 유기되는 리액턴스 전압과 반대방향으로 정류전압을 유기시켜 양호한 정류를 얻는 방법이 있다. 이것을 저항 정류와 전압 정류라 한다.

또 평균 리액턴스 전압을 감소시켜 양호한 정류를 얻는다.

• 정류주기를 길게 한다.
• 단절권 채용
• 저항정류(탄소브러시)
• 전압정류(보극)

예제문제 20

불꽃 없는 정류를 하기 위해 평균 리액턴스 전압(A)과 브러시 접촉면 전압 강하(B) 사이에 필요한 조건은?

① A > B
② A < B
③ A = B
④ A, B에 관계없다.

해설
불꽃이 없는 정류가 되기 위해서는 평균 리액턴스 전압이 브러시 접촉면 전압강하보다 작아야 한다.

답 : ②

예제문제 21

직류기의 정류(整流) 불량이 되는 원인은 다음과 같다. 이중 틀린 것은 어느 것인가?

① 리액턴스 전압이 과대하다.　　② 보극 권선과 전기자 권선을 직렬로 한다.

③ 보극의 부적당　　④ 브러시 위치 및 재질이 나쁘다.

해설

보극과 보상 권선은 전기자 권선과 직렬로 연결하여야 한다.

답 : ②

예제문제 22

직류기에서 양호한 정류를 얻는 조건이 아닌 것은?

① 정류 주기를 크게 한다.

② 전기자 코일의 인덕턴스를 작게 한다.

③ 평균 리액턴스 전압을 브러시 접촉면 전압 강하보다 크게 한다.

④ 브러시의 접촉 저항을 크게 한다.

해설

$e_r = -L\dfrac{di}{dt}$ 을 작게할 경우 양호한 정류가 얻어진다.

① 정류 주기를 크게 하면 전류의 변화율, 즉 $\dfrac{di}{dt}$ 가 작아져서 불꽃 발생이 작아진다.

② L이 작아지면 불꽃 발생의 근본 원인인 평균 리액턴스 전압이 작아진다.

③ 브러시의 접촉 저항이 크면 저항 정류가 이루어져서 양호한 정류가 이루어진다.

답 : ③

6. 직류발전기의 종류와 특성

6.1 종류

직류 발전기는 여자 방식에 따라 분류한다. 즉, 계자회로에 전류를 인가하는 방법에 따라 자여자 방식과 타여자 방식으로 분류한다. 또 자여자 방식은 스스로 여자하기 위해서는 전기자에 계자를 연결하여 계자전류를 흘려주어야 하는데 전기자와 계자를 연결하는 방법에 따라 분권, 직권, 복권 등으로 분류된다. 복권은 직권계자와 분권계자의 연결방법에 따라 내분권과 외분권으로 구분되며, 직권자속과 분권자속의 합 또는 차에 따라 가동복권(과복권, 평복권, 부족복권)과 차동복권으로 구분된다.

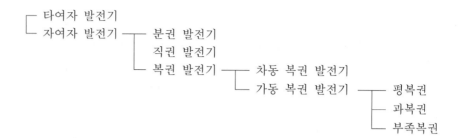

```
┌─ 타여자 발전기
└─ 자여자 발전기 ──┬─ 분권 발전기
                   ├─ 직권 발전기
                   └─ 복권 발전기 ──┬─ 차동 복권 발전기
                                    └─ 가동 복권 발전기 ──┬─ 평복권
                                                          ├─ 과복권
                                                          └─ 부족복권
```

6.2 직류발전기의 특성

(1) 타여자 발전기

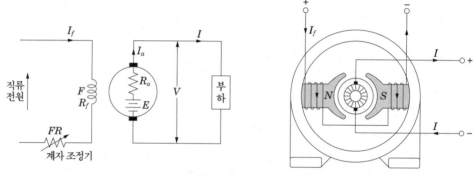

그림 19 타여자 발전기

그림 19와 같이 외부에 별도의 독립된 회로로부터 여자전류를 공급하는 발전기를 타여자 발전기라 한다. 그림 19의 회로에서 키르히호프의 법칙을 적용하여 방정식을 세우면 다음과 같다.

$$E = V + I_a R_a + e_a + e_b \ [\text{V}]$$

$$I_a = I, P = VI$$

여기서, E : 유기 기전력[V], V : 단자 전압[V], I_a : 전기자 전류[A],

I_f : 계자 전류[A], I : 부하전류[A], R_a : 전기자 권선 저항[Ω],

e_a : 전기자 반작용에 의한 전압 강하[V],

e_b : 브러시의 접촉저항에 의한 전압 강하[V]

무부하 특성곡선은 유기 기전력 E와 계자 전류 I_f 의 관계 곡선을 말한다. AB 구간은 계자전류에 비례하여 유도전압이 증가하게 되며, BC 구간에서는 철심의 자기포화현상으로 직선적으로 증가하지 못하며, 완만하게 증가하다 일정해 진다.

OA 구간은 계자 전류가 0이어도 잔류자기에 의해 유도되는 전압을 나타낸 것이다.

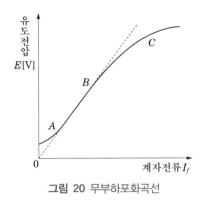

그림 20 무부하포화곡선

타여자 발전기의 특징은 잔류자기가 없어도 발전이 가능하며, 발전기의 회전방향을 반대로 하면 +, − 극성이 반대되어 발전을 할 수 있다.

예제문제 23

계자 철심에 잔류 자기가 없어도 발전되는 직류기는?

① 직권기　　　　② 타여자기　　　　③ 분권기　　　　④ 복권기

해설
타여자 발전기 : 외부에서 계자 F에 직류 전원을 공급하는 방식의 발전기를 말한다.

답 : ②

외부특성곡선은 단자 전압 V와 부하 전류 I의 관계를 말한다.

$E = V + I_a R_a + e_a + e_b$ 식에서 $V = E - (I_a R_a + e_a + e_b)$이므로 부하전류의 증가에 따라 단자전압이 점차 감소하게 되어 그림 21과 같이 된다. 그러나 전압강하의 값이 정격부하에서는 크지 않아 타여자 발전기는 정전압 발전기로 구분된다.

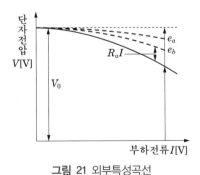

그림 21 외부특성곡선

예제문제 24

정격이 5 [kW], 100 [V], 50 [A], 1,800 [rpm]인 타여자 직류 발전기가 있다. 무부하시의 단자 전압은 얼마인가? 단, 계자 전압은 50 [V], 계자 전류 5 [A], 전기자 저항은 0.2 [Ω]이고 브러시의 전압 강하는 2 [V]이다.

① 100 [V]   ② 112 [V]   ③ 115 [V]   ④ 120 [V]

해설

전기자전류 : $I = I_a = \dfrac{P}{V} = \dfrac{5 \times 10^3}{100} = 50$ [A]

$\therefore E = V + I_a R_a + e_b = 100 + 50 \times 0.2 + 2 = 112$ [V]

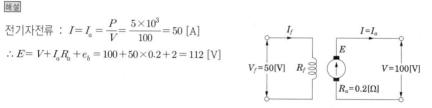

답 : ②

예제문제 25

25 [kW], 125 [V], 1,200 [rpm]의 타여자 발전기가 있다. 전기자 저항(브러시 포함)은 0.04 [Ω]이다. 정격 상태에서 운전하고 있을 때 속도를 200 [rpm]으로 늦추었을 경우 부하 전류 [A]는 어떻게 변화하는가? 단, 전기자 반작용은 무시하고 전기자 회로 및 부하 저항은 변하지 않는다고 한다.

① 33.3   ② 200   ③ 12,000   ④ 3,125

해설

1,200 [rpm]에서 200 [rpm]으로 속도가 $\dfrac{1}{6}$이 된다.

$E = K\Phi N$ 식에서 $E' = \dfrac{N'}{N} \times E = \dfrac{200}{1,200} \times E = \dfrac{1}{6} E$ 이 된다.

$\therefore$ 속도가 $\dfrac{1}{6}$이 되면 유기 기전력도 $\dfrac{1}{6}$이 되고, 또한 부하 전류도 $\dfrac{1}{6}$이 되며, 단자 전압도 $\dfrac{1}{6}$이 된다.

$\therefore I' = \dfrac{1}{6} I = \dfrac{1}{6} \times \dfrac{25 \times 10^3}{125} = 33.3$ [A]

$\therefore V' = \dfrac{1}{6} V = \dfrac{1}{6} \times 125 = 20.8$ [V]

답 : ①

(2) 분권 발전기

분권발전기는 전기자권선과 계자권선이 병렬로 접속된 발전기를 말한다.

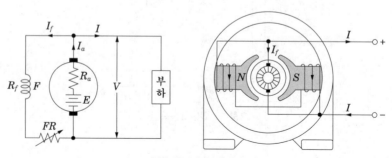

그림 22 분권 발전기

예제문제 26

계자 권선이 전기자에 병렬로 연결된 직류기는?

① 분권기   ② 직권기   ③ 복권기   ④ 타여자

해설
분권기(발전기) : 계자권선이 전기자 권선에 병렬로 연결된다.

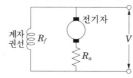

답 : ①

그림 22와 같이 전기자 권선과 계자 권선이 병렬로 연결된 자여자 발전기를 분권발전기라 한다. 그림 22에서 전기자 양단의 전압은 부하 전압과 같다.

$$V = E - I_a R_a - e_a - e_b = E - (I_f + I)R_a - e_a - e_b \, [\text{V}]$$

또 계자 양단의 전압과도 같다.

$$V = I_f R_f$$

따라서 기전력은 다음과 같다.

$$E = V + I_a R_a + e_a + e_b \, [\text{V}]$$
$$I_a = I_f + I$$
$$I = \frac{P}{V}$$

예제문제 27

100 [kW], 230 [V] 자여자식 분권 발전기에서 전기자 회로 저항이 0.05 [Ω]이고 계자 회로 저항이 57.5 [Ω]이다. 이 발전기가 정격 전압 전부하에서 운전할 때 유기 전압을 계산하면?

① 232 [V]   ② 242 [V]   ③ 252 [V]   ④ 262 [V]

해설
• 부하전류 : $I = \frac{100 \times 10^3}{230} = 434.7 \, [\text{A}]$

• 계자전류 : $I_f = \frac{230}{57.5} = 4 \, [\text{A}]$

• 유기 기전력 : $E = V + I_a R_a = 230 + (434.7 + 4) \times 0.05 = 251.93 \, [\text{V}]$

답 : ③

예제문제 **28**

정격 속도로 회전하고 있는 무부하의 분권 발전기가 있다. 계자 권선의 저항이 50 [Ω], 계자 전류 2 [A], 전기자 저항 1.5 [Ω]일 때 유기 기전력[V]은?

① 97   ② 100   ③ 103   ④ 106

해설
- 단자 전압 : $V = R_f I_f = 50 \times 2 = 100$ [V]
- 유기 기전력 : $E = V + I_a R_a$, 무부하이므로 $I_a = I_f$가 된다.
∴ 유기 기전력 $E = V + I_f R_a = 100 + 2 \times 1.5 = 103$ [V]

<u>답 : ③</u>

예제문제 **29**

유기 기전력 210 [V], 단자 전압 200 [V]인 5 [kW] 분권 발전기의 계자 저항이 500 [Ω]이면 그 전기자 저항[Ω]은?

① 0.2   ② 0.4   ③ 0.6   ④ 0.8

해설
- 계자전류 : $I_f = \dfrac{V}{r_f} = \dfrac{200}{500} = 0.4$ [A]
- 부하전류 : $I = \dfrac{P}{V} = \dfrac{5 \times 10^3}{200} = 25$ [A]
- 전기자 전류 : $I_a = I + I_f = 25 + 0.4 = 25.4$ [A]
- 단자전압 : $V = E - I_a R_a$ 이므로

$$\therefore R_a = \frac{E - V}{I_a} = \frac{210 - 200}{25.4} = \frac{10}{25.4} ≒ 0.4 \ [\Omega]$$

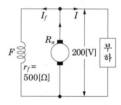

<u>답 : ②</u>

분권 발전기는 계자회로에 잔류자기가 존재하는 상태에서 서서히 계자전류를 증가하면 그림 23의 m까지 전압이 상승되고 전압이 E_0로 확립된다.

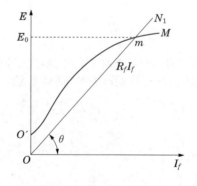

그림 23 무부하 포화곡선

그러나 잔류자기가 없거나 회전방향을 반대로 하여 잔류자기를 소멸하는 경우 외부에서

발전기가 회전하더라도 발전기를 전압을 확립할 수 없게 된다.

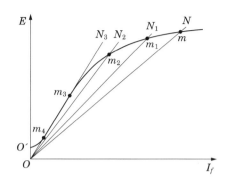

그림 24 전압확립점

그림 24에서 N부터 N_3까지는 기울기가 $\dfrac{V}{I_f}$이므로 계자저항을 의미한다. 특히 N_3는 전압확립이 일정한 점으로 유지할 수 없는 상태가 되므로 이를 임계저항선이라 한다. 즉, 계자저항과 임계저항이 같아지면 전압확립점이 무수히 많은 상태가 되어 일정전압을 유지할 수 없게되며, 계저저항이 임계저항 값보다 크면 잔류자기에 의한 전압만이 확립되어 발전하지 않는 상태가 된다.

즉, 전압을 확립하기 위해서는 다음조건을 만족해야 한다.

• 임계저항이 계자저항보다 커야 한다.
• 잔류자기가 있어야 한다.
• 회전방향은 잔류자기를 강화하는 방향이 되어야 한다.
• 자기포화가 있어야 한다.

예제문제 30

직류 분권 발전기에 대하여 설명한 것 중 옳은 것은?

① 단자 전압이 강하하면 계자 전류가 증가한다.
② 타여자 발전기의 경우보다 외부 특성 곡선이 상향으로 된다.
③ 분권 권선의 접속 방법에 관계없이 자기 여자로 전압을 올릴 수가 있다.
④ 부하에 의한 전압의 변동이 타여자 발전기에 비하여 크다.

해설
분권 발전기의 경우 단자 전압이 강하하면 계자 전류가 감소하여 전압이 더욱 떨어진다. 따라서 타여자 발전기보다 전압 강하가 크게 된다.

<u>답 : ④</u>

예제문제 **31**

직류 분권 발전기의 무부하 특성 시험을 할 때 계자 저항기의 저항을 증감하여 무부하 전압을 증감시키면 어느 값에 도달하면 전압을 안정하게 유지할 수 없다. 그 이유는?

① 전압계 및 전류계의 고장　　　　② 잔류 자기의 부족

③ 임계 저항값으로 되었기 때문에　④ 계자 저항기의 고장

해설
본문 그림 24에서 N_3는 전압확립이 일정한 점으로 유지할 수 없는 상태가 되므로 이를 임계저항선이라 한다.

답 : ③

예제문제 **32**

직류 분권 발전기를 역회전하면?

① 발전되지 않는다.　　　　　　　② 정회전 때와 마찬가지이다.

③ 과대 전압이 유기된다.　　　　　④ 섬락이 일어난다.

해설
역회전시 잔류자기와 반대방향으로 여자전류가 공급되므로 잔류자기가 소멸되어 발전불능이 된다.

답 : ①

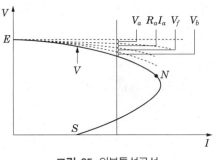

그림 25 외부특성곡선

그림 25는 분권발전기 외부특성곡선이다.

$$V = E - I_a R_a - V_f - V_b - V_a$$

이므로 부하전류가 증가하면 전압이 감소한다.

$$I_a = I + I_f = I + \frac{V}{R_f}$$

가 된다. 운전중 서서히 다락하면 초기의 큰 단락 전류에 의한 전압 강하($I_a R_a + e_a + e_b$)에서 단자 전압 감소하고

$$I_f = \frac{V}{R_f}$$

에 의해 계자 전류 및 자속 감소하며,

$$E = p\phi n \frac{Z}{a}$$

에서 유기 기전력 감소하므로 단자 전압 더욱 더 감소하여 소전류가 흐르게 된다.

예제문제 33

직류 분권 발전기를 서서히 단락 상태로 하면 다음 중 어떠한 상태로 되는가?

① 과전류로 소손된다.　　　　　② 과전압이 된다.

③ 소전류가 흐른다.　　　　　　④ 운전이 정지된다.

해설

분권 발전기를 서서히 단락하게 되면 단락으로 인해 부하 전류가 증가하여 전기자 저항 강하와 전기자 반작용에 의한 감자 현상으로 단자 전압이 떨어지고 부하 전류가 어느 값 이상으로 증가하게 되면 단자 전압은 급격히 저하하여 매우 작은 단락 전류에 머무르게 된다.

답 : ③

(3) 직권 발전기

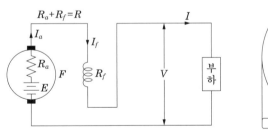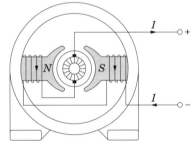

그림 26 직권 발전기

그림 26과 같이 전기자와 계자를 직렬로 연결한 발전기를 직권발전기라 한다. 직권발전기는 전기자와 계자가 직렬로 연결된 상태이므로 전류가 같아진다.

$$I_a = I_f = I$$

그림 26에서 키르히호프의 전압 방정식을 세우면 다음과 같다.

$$V = E - I_a R_a - I_f R_f - e_a - e_b = E - IR_a - IR_f - e_a - e_b$$

$$I = \frac{P}{V}$$

예제문제 34

직류 직권 발전기가 있다. 정격 출력 10 [kW], 정격 전압 100 [V], 정격 회전수 1,500 [rpm]
이라 한다. 지금 정격 상태로 운전하고 있을 때의 회전수를 1,200 [rpm]으로 내리고 먼저와
같은 부하 전류를 흘렸을 경우에 단자 전압은 얼마인가? 단, 전기자 회로의 저항은 0.05 [Ω]
이라 하고 전기자 반작용은 무시한다.

① 105 [V]　　　　　② 84 [V]　　　　　③ 80 [V]　　　　　④ 79 [V]

해설

- 부하전류 : $I = \dfrac{P}{V} = \dfrac{10,000}{100} = 100$ [A]
- 유기 기전력 : $E = V + R_a I_a = 100 + 0.05 \times 100 = 105$ [V]
- 속도 변화 후 유기 기전력 : $E' = K\phi n = K\phi(1200/60)$

  $\therefore E = K\phi(1,500/60)$

  $\therefore E' = E \times (1,200/1,500) = \dfrac{4}{5} E = \dfrac{4}{5} \times 105 = 84$ [V]

  $\therefore$ 단자 전압 $V = E' - IR_a = 84 - (100 \times 0.05) = 79$ [V]

　　　　　　　　　　　　　　　　　　　　　　　　　　　　　　답 : ④

전기자 권선과 계자 권선이 직렬로 연결되어 있으므로 무부하시 $I = I_f = I_a = 0$이 되
어 전압을 확립할 수 없다. 따라서 그림 25의 외부 특성곡선을 그릴 수 있다.

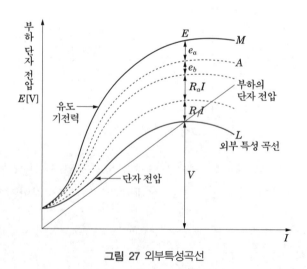

그림 27 외부특성곡선

무부하시에는 부하전류가 거의 흐르지 않아 전압강하가 작게 된다. 그러나 점차 부하
가 증가할수록 부하전류가 많이 흐르게 되며, 이 전류로 인하여 계자자속이 증가하고,
기전력이 증가한다.

(4) 복권 발전기

그림 28과 같이 직권계자와 분권계자가 있으며, 분권계자가 직권계자 외부에 연결되는 발전기를 외분권 복권 발전기라 한다.

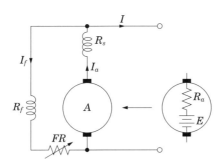

그림 28 외분권 복권 발전기

복권 발전기는 직권계자의 자속과 분권계자의 자속이 합하는 경우는 가동복권 발전기라하며, 직권계자의 자속과 분권계자의 자속이 차가 되는 경우는 차동복권 발전기라한다.

예제문제 35

복권 직류기에서 직권도(直捲度)란 정격 전압, 정격 전류, 정격 회전수에 있어서의 다음 중 어느 것과 어느 것의 비인가?

① 직권 권선의 기자력과 전기자 권선의 기자력의 비
② 직권 권선의 기자력과 기동 권선의 기자력의 비
③ 직권 권선의 기자력과 전 계자 권선의 기자력의 비
④ 직권 권선의 기자력과 보상 권선의 기자력의 비

해설
직권도란 전계자 기자력에 대하여 직권계자 기자력이 얼마나 포함되어 있는가를 나타낸 것을 말한다.

답 : ③

가동복권 발전기는 자속이 증가되므로 전부하 전압이 무부하 전압보다 크게 나타날수 도 있으며 전부하 전압과 무부하전압이 같게 될 수 도 있다. 자속의 증가량에 따라평복권, 과복권, 부족복권으로 분류할 수 있다.

평복권(flat compound)은 직권계자권선의 기자력을 적당하게 하여 부하의 증감에 관계없이 무부하 전압과 전부하 전압을 같게 만드는 상태이며, 과복권(over compound)은 부하시 단자전압을 무부하전압보다 높게 한 상태로 정격전압보다 높게 나타난다.부족복권(under compound)은 평복권보다 직권계자의 기자력이 약하여 분권발전기의특성에 가까운 상태를 갖게 된다.

차동복권 발전기의 경우는 자속이 감소하므로 수하특성을 가지고 있어 아크용접용 전원으로 사용되기도 한다.

예제문제 36

용접용으로 사용되는 직류 발전기의 특성 중에서 가장 중요한 것은?

① 과부하에 견딜 것　　　　　　　② 경부하일 때 효력이 좋을 것
③ 전압 변동률이 작을 것　　　　　④ 전류에 대한 전압 특성이 수하특성일 것

해설
전기 기계 중 아크 부하의 전원으로 쓰이는 기계는 반드시 정전류 특성을 가져야 한다. 정전류 특성은 전류가 증가하면 전압이 저하하는 수하 특성을 말한다.

답 : ④

그림 28의 회로에서 키르히호프의 법칙을 적용하여 방정식을 세우면 다음과 같다.

$$V = E - I_a R_a - I_a R_s - e_a - e_b$$
$$= E - (I + I_f)R_a - (I + I_f)R_s - e_a - e_b$$
$$I_a = I_f + I$$
$$I = \frac{P}{V}$$

예제문제 37

전기자 권선의 저항 0.08 [Ω], 직권 계자 권선 및 분권 계자 회로의 저항이 각각 0.07 [Ω]과 100 [Ω]인 외분권 가동 복권 발전기의 부하 전류가 18 [A]일 때, 그 단자 전압이 V=200 [V]라 하면 유기 기전력[V]은? 단, 전기자 반작용과 브러시 접촉 저항은 무시한다.

① 201.5　　　　② 203　　　　③ 205.4　　　　④ 207

해설
• 계자전류 : $I_f = \dfrac{V}{R_f} = \dfrac{200}{100} = 2\,[\text{A}]$

• 전기자 전류 : $I_a = I_f + I = 2 + 18 = 20\,[\text{A}]$

• 유기 기전력 : $E = V + (R_a + R_s)I_a$

∴ $E = 200 + (0.08 + 0.07) \times 20$
　　$= 200 + 0.15 \times 20 = 203\,[\text{V}]$

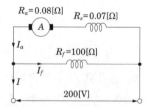

답 : ②

6.3 전압 변동률

전압변동률은 다음 식으로 나타낸다.

$$\epsilon = \frac{V_0 - V_n}{V_n} \times 100 \ [\%]$$

여기서, V_n : 정격 전압[V], V_0 : 무부하 전압[V]

전압변동률이 (+)의 값을 가지기 위해서는 무부하 전압이 커야 한다. 이러한 발전기는 타여자 발전기, 분권 발전기 등이 해당된다.

- 전압 변동률 ϵ ⊕ : 타여자, 분권 발전기, 차동복권(부족복권)
- 전압 변동률 ϵ ⊖ : 과복권 발전기
- 전압 변동률 $\epsilon = 0$: 평복권 발전기

표 2 전동기의 특성곡선의 분류

구분	횡축	종축	조건	
(a) 무부하 포화곡선	I_f	$V(=E)$	$n=$일정	$I=0$
(b) 외부 특성곡선	I	V	$n=$일정	$r_f=$일정
(c) 부하 포화곡선	I_f	V	$n=$일정	$I=0$일정
(d) 계자 조정곡선	I	I_f	$n=$일정	$V=$일정

예제문제 38

무부하 전압 250 [V], 정격 전압 210 [V]인 발전기의 전압 변동률[%]은?

① 16　　　　② 17　　　　③ 19　　　　④ 22

해설

전압 변동률 : $\epsilon = \frac{V_0 - V_n}{V_n} \times 100$　　　$\therefore \epsilon = \frac{250-210}{210} \times 100 = 19.05 \ [\%]$

답 : ③

예제문제 39

무부하에서 119 [V]되는 분권 발전기의 전압 변동률이 6 [%]이다. 정격 전 부하 전압[V]은?

① 11.22　　　　② 112.3　　　　③ 12.5　　　　④ 125

해설

- 전압 변동률 : $\epsilon = \frac{V_0 - V_n}{V_n} \times 100 \ [\%]$
- 무부하 전압 : $V_0 = 119 \ [V]$
- 전압 변동률 : $\epsilon = 6 \ [\%]$

$\therefore 6 = \frac{119 - V_n}{V_n} \times 100$ 에서　$V_n + 0.06 V_n = 119$　　$\therefore V_n ≒ 112.3 \ [V]$

답 : ②

직류기에서 전압 변동률이 (+)값으로 표시되는 발전기는?

① 과복권 발전기　　　　　　　　② 직권 발전기
③ 평복권 발전기　　　　　　　　④ 분권 발전기

해설
① 전압 변동률 $\epsilon \oplus$: 타여자, 분권 발전기, 차동복권
② 전압 변동률 $\epsilon \ominus$: 과복권 발전기
③ 전압 변동률 $\epsilon = 0$: 평복권 발전기

답 : ④

7. 직류발전기의 병렬운전

1대의 발전기로 용량이 부족할 경우 또는 경부하에 대하여 효율을 좋게 운전(전부하시 2대로 병렬운전하고 경부하시 1대만을 운전한다)하기 위한 경우 또는 예비기로 설치할 경우 병렬운전을 적용한다. 병렬운전에는 같은 용량, 같은 특성의 발전기를 사용하는 것이 좋다.

7.1 조건

병렬운전을 하기 위해서는 다음과 같은 조건을 만족해야 한다.

• 정격전압과 극성이 같을 것
• 외부 특성곡선이 어느 정도 수하특성일 것. 만일 수하특성이 아닌 직권과 복권기는 균압선을 접속할 것
• 용량이 다를 경우 % 부하전류로 나타낸 외부 특성곡선이 거의 일치할 것

예제문제 41

직류 발전기의 병렬 운전 조건 중 잘못된 것은?

① 단자 전압이 같을 것　　　　　② 외부 특성이 같을 것
③ 극성을 같게 할 것　　　　　　④ 유도 기전력이 같을 것

해설
① 정격전압과 극성이 같을 것
② 외부 특성곡선이 어느 정도 수하특성일 것. 수하특성이 아닌 직권과 복권기는 균압선을 접속할 것
③ 용량이 다를 경우 % 부하전류로 나타낸 외부 특성곡선이 거의 일치할 것

답 : ④

예제문제 42

직류 분권 발전기를 병렬 운전을 하기 위해서는 발전기 용량 P와 정격 전압 V는?

① P는 임의, V는 같아야 한다.　　　② P와 V가 임의

③ P는 같고 V는 임의　　　　　　　④ P와 V가 모두 같아야 한다.

해설
정격 전압은 같아야 하지만 용량은 달라도 병렬운전은 가능하다.

답 : ①

7.2 부하분담의 식

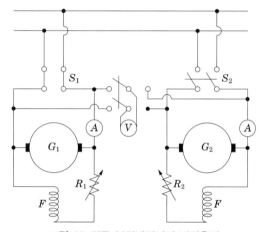

그림 29 직류 분권발전기의 병렬운전

그림 29와 같이 분권발전기를 병렬로 연결하여 운전하는 경우 병렬운전 조건에 의해 발전기 단자전압은 같게 된다.

$$V = E_1 - I_{a1} R_{a1} = E_2 - I_{a2} R_{a2}$$
$$= E_1 - (I_1 + I_{f1})R_{a1} = E_2 - (I_2 + I_{f2})R_{a2}$$

따라서 각 발전기에 흐르는 전류는 다음과 같다.

$$I_1 = \frac{E_1 - V}{R_{a1}}, \quad I_2 = \frac{E_2 - V}{R_{a2}}$$
$$I = I_1 + I_2$$

각 발전기에 흐르는 전류는 전기자 저항이 같은 경우에는 기전력에 비례하며, 기전력이 같은 경우에는 전기자 저항에 반비례하여 부하가 분담되는 것을 알 수 있다.

- 용량에 비례해서 부하분배(무부하 전압과 전압 변동률이 같을 경우)
- 계자전류를 증가하면 부하분담이 증가하고, 계자전류를 감소하면 부하분담이 감소한다.

예제문제 43

직류 발전기의 병렬 운전에서는 계자 전류를 변화시키면 부하 분담은?

① 계자 전류를 감소시키면 부하 분담이 적어진다.
② 계자 전류를 증가시키면 부하 분담이 적어진다.
③ 계자 전류를 감소시키면 부하 분담이 커진다.
④ 계자 전류와는 무관하다.

해설
부하의 분담을 변화
- 부하 분담을 증가시키려고 하는 발전기 : 계자 조정기를 조정해서 계자 전류를 증가시킨다.
- 부하 분담을 감소시키려고 하는 발전기 : 계자 조정기를 조정해서 계자 전류를 감소시킨다.

답 : ①

예제문제 44

종축에 단자 전압, 횡축에 정격 전류의 [%]로 눈금을 적은 외부 특성 곡선이 겹쳐지는 두 대의 분권 발전기가 있다. 각각의 정격이 100 [kW]와 200 [kW]이고, 부하 전류가 150 [A]일 때 각 발전기의 분담 전류[A]는?

① $I_1 = 77,\ I_2 = 75$ ② $I_1 = 50,\ I_2 = 100$

③ $I_1 = 100,\ I_2 = 50$ ④ $I_1 = 70,\ I_2 = 80$

해설
두 발전기는 외부 특성 곡선이 일치하므로 용량에 비례하는 부하를 분담한다.
부하분담은 $100\ :\ 200 = I_1 : (150 - I_1)$

$\therefore I_1 = 150 \times \dfrac{1}{3} = 50\ [\text{A}]$

$\therefore I_2 = 150 - 50 = 100\ [\text{A}]$

답 : ②

7.3 직권발전기의 병렬운전

직권발전기는 부하전류가 증가하면 단자전압이 상승하게 되므로, 한쪽의 전류가 증가되면 전압도 상승하여 점차전류가 증가하게 되어 분권발전기와 같이 안정한 병렬운전을 할 수 없게 된다. 따라서 병렬운전을 안정하게 하기 위해 두 발전기의 직권계자권선이 접속된 전기자측의 끝을 균압모선으로 연결하여 계자를 병렬로 하여 항상 여자전류를 두 발전기에 같게 배분이 되게 하여 병렬운전을 한다.

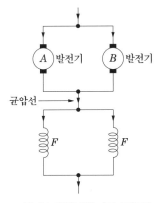

그림 30 직권발전기의 균압선

직권계자가 있는 복권발전기에도 병렬운전을 안정히 하기 위하여 균압선을 설치해야 한다.

예제문제 45

직류 복권 발전기를 병렬 운전할 때 반드시 필요한 것은?

① 과부하 계전기   ② 균압선

③ 용량이 같을 것   ④ 외부 특성 곡선이 일치할 것

해설
복권 발전기는 직권 계자 권선이 있으므로 균압선 병렬 운전시 균압선을 설치하여야 한다.

답 : ②

---

8. 직류전동기의 원리와 구조

8.1 직류전동기의 역기전력

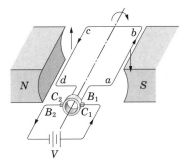

그림 31 직류전동기의 원리

그림 31과 같이 N, S 극 사이에 코일 $abcd$를 놓고 여기에 직류 전원을 브러시 B_1, B_2를 통해 정류자편 C_1, C_2를 거쳐 전류를 흘리면 코일변 ab와 cd에는 각각 시계 방향의 토크가 생겨 플레밍의 왼손법칙에 의해 코일 전체가 시계 방향으로 회전한다.

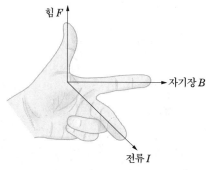
그림 32 플레밍의 왼손법칙

공극의 자속밀도가 B [Wb/m^2]인 평등 자계 내에 놓여있는 도체의 외부로부터 V [V]의 전압을 인가하여 I [A]의 전류를 흘렸다고 하면 이 도체는 $F = Bil$ [N]힘으로 회전하게 된다. 전동기는 구조가 발전기와 같은 구조로 되어 있으며, 속도가 v [m/s]로 운동을 하고 있으므로 자계 내에 있는 도체가 기전력을 만드는 작용을 하게 된다. $e = Blv$ 만큼의 기전력이 유기되는데 외부에서 가한 전압과 반대방향 기전력이므로 이를 역기전력이라 한다.

역기전력의 크기는

$$E_c = \frac{Z}{a}p\phi n\,[\mathrm{V}]$$

가 된다. 이것은 발전기의 유기기전력의 식과 같다. 전동기의 단자전압은 역기전력과 전압강하의 합이 되므로

$$V = E_c + R_a I_a$$
$$I_a = \frac{V - E_c}{R_a}$$

가 된다.

8.2 회전속도와 토크

회전속도는 역기전력의 식으로부터 구할 수 있다.

$$V = \frac{Z}{a} p \phi n + R_a I_a$$

$$n = \frac{a}{Zp} \cdot \frac{V - R_a I_a}{\phi} = k' \frac{V - R_a I_a}{\phi} \,[\text{rps}]$$

여기서, $k' = \dfrac{a}{Zp}$

속도변동률은 다음과 같이 표시한다.

속도 변동률

$$\epsilon = \frac{N_0 - N}{N} \times 100 \,[\%]$$

여기서, N_0 : 무부하속도, N : 정격부하시 속도

예제문제 **46**

직류 전동기의 공급 전압을 V [V], 자속을 ϕ [Wb], 전기자 전류를 I [A], 전기자 저항을 R_a [Ω], 속도를 N [rps]라 할 때 속도식은? 단, k는 상수이다.

① $N = k\dfrac{V + R_a I_a}{\phi}$ ② $N = k\dfrac{V - R_a I_a}{\phi}$

③ $N = k\dfrac{\phi}{V + R_a I_a}$ ④ $N = k\dfrac{\phi}{V - R_a I_a}$

해설
역기전력은 속도에 비례한다.
$\therefore E = K\phi N$ 에서 $E = V - R_a I_a$
$\therefore N = \dfrac{E}{K\phi} = \dfrac{V - R_a I_a}{K\phi} = k\dfrac{V - R_a I_a}{\phi}$

답 : ②

예제문제 **47**

어느 분권 전동기의 정격 회전수가 1,500 [rpm]이다. 속도 변동률이 5 [%]이면 공급 전압과 계자 저항의 값을 변화시키지 않고 이것을 무부하로 하였을 때의 회전수[rpm]는?

① 3,257   ② 2,360   ③ 1,575   ④ 1,165

해설
속도 변동률 : $\epsilon = \dfrac{N_0 - N_n}{N_n} \times 100 \,[\%]$

$\therefore 5 = \dfrac{N_0 - 1,500}{1,500} \times 100 [\%]$

$\therefore N_0 = 1,575 \,[\text{rpm}]$

답 : ③

전동기의 토크는 공극의 자속밀도 B [Wb/m²] 전기자 도체에 흐르는 전류 i [A], 전기자 도체의 길이 l [m]일 때 1개의 도체에 가해지는 힘 $F = Bil$ [N]로부터 구한다. 반지름이 r인 물체가 F[N]의 힘으로 회전할 경우 회전력을 T [N·m]라 하면

$$T = Fr \ [\text{N} \cdot \text{m}]$$

가 된다. 극당 1개의 도체가 만드는 토크는

$$\tau = B I_a' \, l \, r$$

여기서, $I_a' = \dfrac{I_a}{a}$, 극수가 p , 자속밀도 $B = \dfrac{\phi}{\pi D l}$ 이므로

$$T = \frac{p\phi}{\pi D l} \cdot Z \cdot \frac{I_a}{a} \cdot l \, r$$

$$T = \frac{p\phi}{2\pi r l} \cdot Z \cdot \frac{I_a}{a} \cdot l \, r = \frac{pZ}{2\pi a} \cdot \phi I_a = k_2 \phi I_a$$

$$E_c = \frac{Z}{a} p\phi n \text{에서} \ \frac{Z}{a} p\phi = \frac{E_c}{n} \text{이므로}$$

$$T = \frac{pZ}{2\pi a} \phi I_a \ [\text{N} \cdot \text{m}] = \frac{E_c I_a}{2\pi n} \ [\text{N} \cdot \text{m}]$$

$$= \frac{1}{9.8} \cdot \frac{E_c I_a}{2\pi \dfrac{N}{60}} \ [\text{kg} \cdot \text{m}]$$

$$= 0.975 \frac{P_m}{N} \ [\text{kg} \cdot \text{m}]$$

$P_m = E I_a$으로 전동기의 출력을 나타낸다.

8.3 전동기의 기계적 출력(mechanical power)

$\omega = 2\pi n = 2\pi \dfrac{N}{60}$ 이므로 다음과 같다.

$$P_m = \frac{1}{0.975} N \, T \ [\text{W}] = 1.026 \, N \, T \ [\text{W}]$$

여기서, n : [rps], N : [rpm], τ : [kg·m]

예제문제 48

직류 전동기에서 전기자 전도체수 Z, 극수 p, 전기자 병렬 회로수 a, 1극당의 자속 Φ [Wb], 전기자 전류가 I_a [A]일 경우, 토크[N·m]를 나타내는 것은?

① $\dfrac{aZ\phi I_a}{2\pi p}$ ② $\dfrac{pZ\phi I_a}{2\pi a}$ ③ $\dfrac{apZI_a}{2\pi\phi}$ ④ $\dfrac{apZ\phi}{2\pi I_a}$

해설

토크 : $\tau = \dfrac{pZ\phi I_a}{2\pi a} = 0.975\dfrac{P}{N}\times 9.8$ [N·m]

<u>답 : ②</u>

예제문제 49

직류 분권 전동기가 있다. 총도체수 100, 단중 파권으로 자극수는 4, 자속수 3.14 [Wb], 부하를 가하여 전기자에 5 [A]가 흐르고 있으면 이 전동기의 토크[N·m]는?

① 400 ② 450 ③ 500 ④ 550

해설

자극 $p=4$, 총도체수 $Z=100$, 자속수 $\phi=3.14$ [Wb], 전기자 전류 $I_a=5$ [A], 파권 $a=2$

토크 : $\tau = \dfrac{pZ\phi I_a}{2\pi a} = \dfrac{4\times 100\times 3.14\times 5}{2\times 3.14\times 2} = 500$ [N·m]

<u>답 : ③</u>

예제문제 50

직류 분권 전동기가 있다. 단자 전압이 215 [V], 전기자 전류가 50 [A], 전기자의 전저항이 0.1 [Ω], 회전 속도 1,500 [rpm]일 때 발생 토크[kg·m]를 구하여라.

① 6.82 [kg·m] ② 6.68 [kg·m] ③ 68.2 [kg·m] ④ 66.8 [kg·m]

해설

토크 : $\tau = 0.975\dfrac{P}{N} = 0.975\times\dfrac{(215-50\times 0.1)\times 50}{1500} = 6.82$ [kg·m]

<u>답 : ①</u>

예제문제 51

어떤 직류 전동기의 역기전력이 210 [V], 매분 회전수가 1,200 [rpm]으로 토크 16.2 [kg·m]를 발생하고 있을 때의 전류 I [A]는?

① 약 65 ② 약 75 ③ 약 85 ④ 약 95

해설

토크 : $T = 0.975\dfrac{E_c I}{N}$, $(P=E_c I)$에서 $16.2 = 0.975\times\dfrac{210\times I}{1,200}$

$\therefore I = \dfrac{16.2\times 1,200}{0.975\times 210} = 94.94$ [A]

<u>답 : ④</u>

9. 직류전동기의 종류와 특성

9.1 타여자 전동기

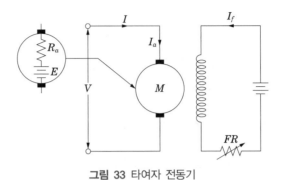

그림 33 타여자 전동기

타여자 전동기는 그림 33과 같이 별도의 독립된 여자전원을 가지고 있다. 따라서, 여자전류가 일정하게 되며, ϕ가 일정하게 된다.

$$n = k_1 \frac{V - R_a I_a}{\phi} \text{ [rps]}$$

속도는 $V - R_a I_a$에 비례하게 된다.

속도는 전류의 증가에 따라 감소하게 되며, 부하전류가 어느 범위 이상을 증가하게 되면 부하전류에 상당하는 전기자 반작용이 감자작용으로 발생하며 자속이 감소하여 오히려 속도가 상승하게 된다. 타여자전동기는 정속도 특성을 나타낸다.

또, 계자의 자속이 0이 되면 속도가 이론적으로 무한대가 되므로 계자회로가 끊어지지 않도록 하는 것이 바람직하다.

타여자 전동기는 계자자속이 일정하므로 전원전압의 공급극성을 반대로 하면 회전방향이 반대로 회전하게 된다.

전동기의 토크는

$$T = \frac{E_c I_a}{2\pi n} = \frac{p\phi n \dfrac{Z}{a} I_a}{2\pi n} = \frac{pZ}{2\pi a}\phi I_a = K\phi I_a \text{ [N·m]}$$

가 된다. 여기서 $K = \dfrac{pZ}{2\pi a}$ 이다.

타여자 전동기는 자속이 일정하므로 $I = I_a$로 인하여 토크는 부하전류에 비례한다.

$$T = kI$$

그림 33의 회로에서 키르히호프의 법칙을 적용하여 방정식을 세우면 다음과 같다.

$$E_c = V - I_a\,R_a - e_a - e_b$$

$$I_a = I$$

예제문제 52

정격 5 [kW], 100 [V]의 타여자 직류 전동기가 어떤 부하를 가지고 1,500 [rpm]로 회전하고 있다. 전기자 저항이 0.2 [Ω]이고 전기자 전류는 20 [A]이다. 역기전력(counter e. m. f)은 몇 [V]인가?

① 96　　　　　　② 98　　　　　　③ 100　　　　　　④ 102

해설

역기전력 : $E_c = V - R_a I_a = 100 - 0.2 \times 20 = 96$ [V]

답 : ①

9.2 분권 전동기

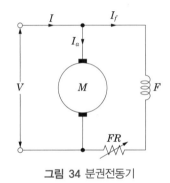

그림 34 분권전동기

그림 34와 같이 전기자와 계자가 병렬로 연결된 전동기를 분권전동기라 한다. 이와 같이 병렬로 연결하므로 써 공급전압이 일정할 경우는 계자 양단에 전압이 일정하며, 계자저항이 변하지 않으면 계자자속은 일정하게 되어 타여자전동기와 유사한 특성이 나타낸다.

$$n = k_1\,\frac{V - I_a\,R_a}{\phi}\ \text{[rps]}$$

속도는 $V - R_a\,I_a$에 비례하게 된다.

속도는 전류의 증가에 따라 감소하게 되며, 부하전류가 어느 범위 이상을 증가하게 되면 부하전류에 상당하는 전기자 반작용이 감자작용으로 발생하며 자속이 감소하여 오히려 속도가 상승하게 된다. 분권전동기는 정속도 특성을 나타낸다. 또, 계자회로가 단선이 되면 자속이 0이 되어 속도가 이론적으로 무한대가 되므로 계자회로가 끊어지지 않도록 하는 것이 바람직하다.

예제문제 **53**

직류 분권 전동기에서 운전 중 계자 권선의 저항을 증가하면 회전 속도의 값은?

① 감소한다.　　　② 증가한다.　　　③ 일정하다.　　　④ 관계없다.

해설
계자 저항을 증가(속도 조정기의 저항을 증가시키는 것을 의미 한다)
여자 전류가 감소하고 따라서 계자 자속도 감소한다.

∴ $n = k\dfrac{V - I_a R_a}{\phi}$ 에서 자속 ϕ가 감소(여자전류감소)하면 회전속도 n은 증가하게 된다.

답 : ②

예제문제 **54**

직류 분권 전동기를 무부하로 운전 중 계자 회로에 단선이 생겼다. 다음 중 옳은 것은?

① 즉시 정지한다.　　　　　　　② 과속도로 되어 위험하다.
③ 역전한다.　　　　　　　　　④ 무부하이므로 서서히 정지한다.

해설
계자 회로가 단선이 되면 ϕ가 0이 됨을 의미 한다.
$n = k\dfrac{V - I_a R_a}{\phi}$ 에서 분모가 0이 되므로 속도는 과속도로 되어 위험하다.

답 : ②

분권전동기는 계자회로가 전기자회로와 같이 연결되어 있으므로 전원전압의 공급극성을 반대로 하면 회전방향은 불변이다.

분권전동기의 토크는

$$T = \frac{E_c I_a}{2\pi n} = \frac{p\phi n \dfrac{Z}{a} I_a}{2\pi n} = \frac{pZ}{2\pi a}\phi I_a = K\phi I_a \ [\text{N} \cdot \text{m}]$$

가 된다. 여기서 $K = \dfrac{pZ}{2\pi a}$ 이다.

분권전동기는 자속이 일정하면 $I = I_a$로 인하여 토크는 부하전류에 비례한다.

$$T = kI$$

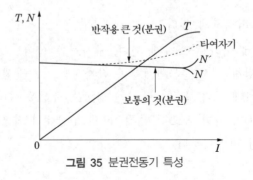

그림 35 분권전동기 특성

그림 34의 회로에서 키르히호프의 법칙을 적용하여 방정식을 세우면 다음과 같다.

$$E = V - I_a R_a - e_a - e_b$$

$$I_a = I - I_f$$

$$V = I_f R_f$$

예제문제 55

120 [V] 전기자 전류 100 [A], 전기자 저항 0.2 [Ω]인 분권 전동기의 발생 동력[kW]은?

① 10   ② 9   ③ 8   ④ 7

해설

출력 : $P = E_c I$

역기전력 : $E_c = V - R_a I_a = 120 - 0.2 \times 100 = 100$ [V]

∴ $P = 100 \times 100 = 10$ [kW]

답 : ①

예제문제 56

4극 직류 분권 전동기의 전기자에 단중 파권 권선으로 된 420개의 도체가 있다. 1극당 0.025 [Wb]의 자속을 가지고 1,400 [rpm]으로 회전시킬 때 몇 [V]의 역기전력이 생기는가? 또, 전기자 저항을 0.2 [Ω]이라 하면 전기자 전류 50 [A]일 때 단자 전압은 몇 [V]인가?

① 490, 500   ② 490, 480   ③ 245, 500   ④ 245, 480

해설

$p = 4$, $a = 2$, $Z = 420$, $\phi = 0.025$, $N = 1,400$

• 역기전력 : $E = \dfrac{pZ}{a}\phi\dfrac{N}{60} = \dfrac{4 \times 420}{2} \times 0.025 \times \dfrac{1,400}{60} = 490$ [V]

• 단자전압 : $V = E + R_a I_a = 490 + 0.2 \times 50 = 500$ [V]

답 : ①

예제문제 57

정격 전압 100 [V], 전기자 전류 50 [A]일 때 1,500 [rpm]인 직류 분권 전동기의 무부하 속도는 몇 [rpm]인가? 단, 전기자 저항은 0.1 [Ω]이고 전기자 반작용은 무시한다.

① 약 1,382   ② 약 1,421   ③ 약 1,579   ④ 약 1,623

해설

$I_a = 50$ [A]일 때의 역기전력 : $E_c = V - I_a R_a = 100 - (50 \times 0.1) = 95$ [V]

$I_a = 0$일 때의 역기전력 : $E_0 = 100$ [V] $(\because I_a = 0)$

전기자 반작용을 무시하면 $E = k\phi N$에서 $\phi =$일정 하므로

∴ $E \propto N$

전동기의 무부하 속도 N_0는 $\dfrac{N}{N_0} = \dfrac{E}{E_0}$에서 $\dfrac{95}{100} = \dfrac{1,500}{N_0}$

∴ $N_0 = 1,500 \times \dfrac{100}{95} = 1579$ [rpm]

답 : ③

9.3 직권 전동기

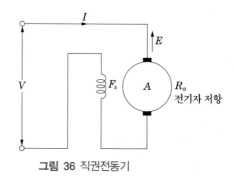

그림 36 직권전동기

그림 36과 같이 전기자와 계자를 직렬로 연결한 전동기를 직권전동기라 한다. 직권전동기의 대표적인 특성은 $I_a = I = I_f$ 이므로 부하전류에 따라 계자자속이 변화하는 것이다. 부하전류가 계자전류와 같기 때문에 부하 전류가 적어 철심이 자기포화가 되지 않는 범위에서 $I_a = I = I_f \propto \phi$ 이므로

$$n = k \cdot \frac{V - I_a(R_a + R_s)}{\phi} = k \cdot \frac{V - I_a(R_a + R_s)}{I_a}$$

가 된다. 여기서, $I_a(R_a + R_s)$는 V 비해 매우적어 무시하면

$$n = k \cdot \frac{V}{I} \ [\text{rps}]$$

가 된다.

직권 전동기에서 잔류자기가 없는 경우 무부하가 되면 속도는 무한대가 되어 원심력 때문에 기계가 파괴될 염려가 있다. 이와 같이 위험한 속도를 무구속 속도(run away speed)라 한다. 또 속도는 직권전동기의 부하전류와 반비례하게 되며 부하가 증가하면 속도가 감소하게 된다.

직권전동기는 벨트부하를 사용하지 않으며, 기어부하를 사용한다.

예제문제 58

> **직류 직권 전동기에서 벨트(belt)를 걸고 운전하면 안 되는 이유는?**
>
> ① 손실이 많아진다.   ② 직결하지 않으면 속도제어가 곤란하다.
> ③ 벨트가 벗겨지면 위험속도에 도달한다.   ④ 벨트가 마모하여 보수가 곤란하다.
>
> **해설**
> 벨트가 벗겨지는 순간 무부하로 되어 여자 전류가 거의 0이 되며 위험속도에 도달하게 된다.
>
> **답 : ③**

부하가 변하면 심하게 속도가 변하는 직류 전동기는?

① 직권 전동기　　　　　　② 분권 전동기

③ 차동 복권 전동기　　　　④ 가동 복권 전동기

해설

직권 전동기 : 전기자 권선과 계자 권선이 직렬로 된 전동기를 말한다.

$$\therefore \ I = I_a = I_f \ [\text{A}]$$

부하 전류 I의 증감에 따라서 자속 Φ도 증감하며 속도는 자속에 반비례하므로 부하 전류가 변화하면 직권 전동기는 속도가 현저하게 변하는 특성이 있다.

답 : ①

또, 부하 전류가 증가하여 철심이 자기 포화된 경우 자속 ϕ는 일정하게 되므로

$$n = k[V - I_a(R_a + R_s)] \ [\text{rps}]$$

가 된다. 직권전동기의 토크는

$$T = \frac{E_c I_a}{2\pi n} = \frac{p\phi n \frac{Z}{a} I_a}{2\pi n} = \frac{pZ}{2\pi a}\phi I_a = K\phi I_a \left(\text{단}, \ K = \frac{pZ}{2\pi a}\right) \ [\text{N} \cdot \text{m}]$$

이며, 자기포화가 되지 않는 범위

$$I_f \propto \phi \ \text{이므로} \ T = KI^2 \ [\text{N} \cdot \text{m}]$$

가 된다. 즉, 부하가 증가할수록 토크는 부하전류의 제곱에 비례해서 증가하게 된다.

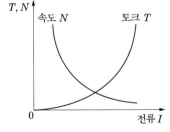

그림 37 직류 직권전동기의 특성곡선

예제문제 60

직류 전동기가 부하 전류 100 [A]일 때, 1,000 [rpm]으로 12 [kg·m]의 토크를 발생하고 있다. 부하를 감소시켜 60 [A]로 되었을 때 토크[kg·m]는 얼마인가? 단, 직류 전동기는 직권이다.

① 4.3 ② 7.2 ③ 20 ④ 33.3

해설

토크 : $T \propto I_a^2$

$\therefore \dfrac{12}{x} = \dfrac{100^2}{60^2}$ 이므로 $x = 12 \times 0.6^2 = 4.32 \, [\mathrm{kg \cdot m}]$

답 : ①

예제문제 61

직류 직권 전동기를 정격 전압에서 전부하 전류 50 [A]로 운전할 때, 부하 토크가 1/2로 감소하면 그 부하 전류는 약 몇 [A]로 되겠는가? 단, 자기 포화는 무시한다.

① 20 ② 25 ③ 30 ④ 35

해설

직권 전동기 : 토크는 자기포화 되지 않은 범위 안에서는 전기자 전류의 제곱에 비례한다.

$\therefore$ 토크가 1/2로 되면 $\dfrac{\tau'}{\tau} = \dfrac{\tau/2}{\tau} = \dfrac{I_a'^2}{I_a^2}$

$\therefore I_a' = \sqrt{(1/2)} \times I_a = \sqrt{(1/2)} \times 50 = 35.3 \, [\mathrm{A}]$

답 : ④

예제문제 62

다음 그림은 속도 특성 곡선 및 토크(torque) 특성 곡선을 나타낸다. 어느 전동기인가?

① 직류 분권 전동기
② 직류 직권 전동기
③ 직류 복권 전동기
④ 유도 전동기

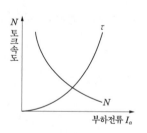

해설

직권전동기에서 자기포화가 없을 경우

회전속도 N은 전기자전류 I_a(부하전류)에 반비례 : $N \propto \dfrac{V}{\phi} \propto \dfrac{V}{I_a}$

토크 T는 I_a^2에 비례 : $T \propto \phi I_a \propto I_a^2$

답 : ②

직류 직권 전동기가 전차용에 사용되는 이유는?

① 속도가 클 때 토크가 크다.
② 토크가 클 때 속도가 적다.
③ 기동 토크가 크고 속도는 불변이다.
④ 토크는 일정하고 속도는 전류에 비례한다.

해설
직권전동기에서 자기포화가 없을 경우

회전속도 N은 전기자전류 I_a(부하전류)에 반비례 : $N \propto \dfrac{V}{\phi} \propto \dfrac{V}{I_a}$

토크 T는 I_a^2에 비례 : $T \propto \phi I_a \propto I_a^2$
이와 같은 특성은 전기철도용 전동기에 적합한 특성이 된다.

답 : ②

또, 자기포화 되지 않는 범위에서 토크와 속도의 관계는 다음과 같다.

$$E_c = K_1 \phi N \text{ 에서 } N = K_2 \frac{E_c}{\phi} = K_3 \frac{E_c}{I_a}$$

$$\therefore \ N \propto \frac{1}{I_a}, \ I_a \propto \frac{1}{N}$$

$$T = K_1 \phi I_a \text{ 에서 } T = K_2 I_a^{\,2}$$

$$\therefore \ T \propto I_a^{\,2} \propto \frac{1}{N^2}$$

그림 36의 회로에서 키르히호프의 법칙을 적용하여 방정식을 세우면 다음과 같다.

$$E = V - I_a(R_a + R_s) - e_a - e_b$$

$$I_a = I = I_f$$

직류 직권 전동기에서 토크 T와 회전수 N과의 관계는?

① $T \propto N$ 　　② $T \propto N^2$ 　　③ $T \propto \dfrac{1}{N}$ 　　④ $T \propto \dfrac{1}{N^2}$

해설
자기 포화가 없다면 N은 $\quad N \propto \dfrac{E_c}{\phi} \propto \dfrac{1}{I_a} \left(\because \phi = K I_a \right)$

토크 $T \propto \phi I_a$ 이고 ϕ는 I_a에 비례하므로 $\quad T \propto I_a^2 \propto \left(\dfrac{1}{N} \right)^2$

답 : ④

65

직류 직권 전동기의 회전수를 반으로 줄이면 토크는 약 몇 배인가?

① 1/4   ② 1/2   ③ 4   ④ 2

해설

자기 포화가 없다면 N은 $N \propto \dfrac{E_c}{\phi} \propto \dfrac{1}{I_a} (\because \phi = KI_a)$

토크 $T \propto \phi I_a$ 이고 ϕ는 I_a에 비례하므로 $T \propto I_a^2 \propto \left(\dfrac{1}{N}\right)^2$

$T \propto \dfrac{1}{N^2}$ 이므로 회전수를 $\dfrac{1}{2}$로 줄이면 토크 T는 4배로 된다.

답 : ③

10. 직류전동기의 기동 및 속도제어, 제동법

10.1 기동법

기동시 기동 저항기(starting rheostat)를 전기자 회로에 직렬로 넣어서 기동전류를 정격전류의 100~150 [%] 정도로 제한하고 가속상태에 따라 직렬 저항을 점차 감소한다.

$$\text{기동시 전기자 전류} \ I_{as} = \frac{V}{R_a + SR} \ [\text{A}]$$

여기서, SR은 기동저항을 말한다.

10.2 속도제어

$$\text{회전속도} \quad n = K\frac{E_c}{\phi} \quad (\text{단}, \ K = \frac{a}{pZ})$$

$$= K\frac{V - I_a R_a}{\phi} \ [\text{rps}]$$

회전속도의 식에서 속도가 변화되기 위해서는 ϕ의 변화, V의 변화, R_a의 변화가 생길 때 이므로 속도제어는 다음 표 3과 같이 3가지의 방법으로 제어한다.

표 3 직류 전동기의 속도제어

구분	특성
계자제어법(ϕ 조정)	효율양호, 정류불량, 정출력 가변속도제어
저항제어법(R' 조정)	효율불량, 정류양호
전압제어법(V 조정)	가장 광범위하고 효율이 좋고 원활한 속도제어, 정토크 가변속도 제어, 워드 레오너드 방식, 일그너 방식, 승압기 방식 등이 있다.

예제문제 **66**

다음 중에서 직류 전동기의 속도 제어법이 아닌 것은?

① 계자 제어법   ② 전압 제어법   ③ 저항 제어법   ④ 2차 여자법

해설
직류 전동기의 속도 제어법
① 계자 제어법 ② 직렬 저항 제어법 ③ 전압 제어법

답 : ④

(1) 계자제어법

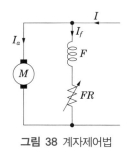

그림 38 계자제어법

계자 권선에 직렬로 접속된 계자 권선에 직렬로 접속된 계자 저항기 FR을 조정하여 계자 전류를 변화시키면 자속 ϕ가 변화하여 속도 n을 제어하는 방식이다.

• 계자 저항기에 흐르는 전류가 적기 때문에 전력손실도 적고 조작이 간편하다.
• 계자저항 FR를 아무리 감소 시켜도 계자권선 자신의 저항과 자기 포화로 말미암아 속도를 어느 정도 이하로는 낮출 수 없다.
• 계자 저항기의 저항을 지나치게 증가시켜 계자 전류가 매우 적게 되면 전기자 반작용 기자력이 계자 기자력보다 우세하게 되어 중성점의 이동이 심하게 된다.
• 제어 방법은 간단하지만 너무 넓은 범위의 속도 제어는 곤란하다.

예제문제 **67**

직류 전동기의 속도 제어법에서 정출력 제어에 속하는 것은?

① 전압 제어법   ② 계자 제어법
③ 워드 레오너드 제어법   ④ 전기자 저항 제어법

해설
① 정출력 제어 : 계자 제어법은 전동기의 출력 P와 토크 τ, 회전수 N과의 사이에는 $P \propto \tau N$의 관계가 있고, Φ가 변화할 경우 토크 τ는 Φ에 비례하나 회전수 N은 Φ에 반비례한다.
② 정토크 제어법 : 전압 제어법에서는 계자 자속은 거의 일정하고 전기자 공급 전압만을 변화시킨다.

답 : ②

(2) 직렬저항 제어법

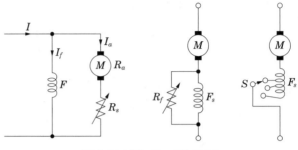

그림 39 전동기의 저항제어법

$$n = K\frac{V - I_a(R_a + R_s)}{\phi}$$

전기자 회로에 직렬저항 R_s를 넣어서 부하 전류에 의한 전압 강하를 증가시켜 속도를 제어하는 방법이다.

- 저항기에 큰 전류가 흐르므로 열손실이 크고 효율이 떨어진다.
- $R_s = 0$일 때가 최고 속도 이므로 R_s를 증가 시키면 속도를 아주 낮은데 까지 변화시킬 수 있는 것이 특징이다.

직권전동기의 경우는 직렬저항제어법과 직병렬 저항제어법이 있다.

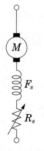

그림 40 직렬저항제어법

그림 40과 같이 직렬저항제어법은 전기자 회로에 저항을 넣어서 속도를 저하 시키는 방법으로 효율이 나쁜 것이 결점이지만 직·병렬 제어법과 병용하여 많이 사용되는 방법이다.

그림 41과 같은 직병렬 저항제어법은 전압 제어법의 일종으로 정격이 같은 전동기를 직·병렬 접속하여 전동기에 인가되는 전압을 조정하여 속도를 제어하는 방법으로 이것만으로는 속도의 변화가 원활하지 못하므로 저항 제어법을 병용한다.

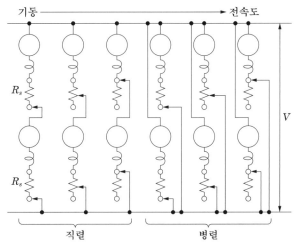

그림 41 직병렬 저항제어법

(3) 전압 제어법

전동기의 공급전압 V를 조정하는 방법으로 워드레어너드 방식과 일그너 방식이 있다.

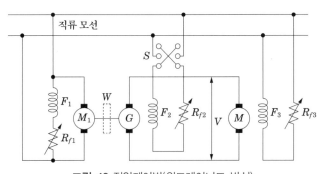

그림 42 전압제어법(워드레어너드 방식)

그림 42와 같이 전동기의 속도제어를 위해 직류발전기를 연결한 방식을 워드레어너드 방식이라 한다. 전동기 M_1으로 보조발전기의 전압을 제어하여 이 전압으로 전동기 M을 제어하는 방식이다.

여기에 그림 42의 $M-G$ set에 플라이휠 W를 설치하여 부하변동에 대응할 수 있도록 한 방식이 일그너 방식으로 부하가 급변해도 전원에서 공급되는 전압의 변동이 적은 것이 특징이다.

- 제어 범위가 넓고 손실도 거의 없다.
- 제어법으로는 이상적이지만 설비비가 많이 드는 결점이 있다.
- 주 전동기의 속도와 회전 방향을 자유로이 변화시킬 수 있다.

최근에는 사이리스터를 이용하여 전압을 제어하는 정지형 레어너드방식이 사용된다.

예제문제 68

워드 레오너드 속도 제어는?

① 전압 제어　　　② 직병렬 제어　　　③ 저항 제어　　　④ 계자 제어

해설
워드 레오너드 방식 : 가장 광범위하게 속도 조정을 할 수 있는 방식으로 널리 사용하고 있으며 전압 제어의 대표적 방식이다.

답 : ①

예제문제 69

직류 전동기의 속도 제어 방법 중 광범위한 속도 제어가 가능하며 운전 효율이 좋은 방법은?

① 계자 제어　　　② 직렬 저항 제어　　　③ 병렬 저항 제어　　　④ 전압 제어

해설
전압 제어법 : 전동기의 공급 전압 V를 조정하는 방법으로 제어 범위가 넓고 손실도 거의 없다. 속도 제어법으로는 이상적이지만, 설비비가 많이 든다.

답 : ④

10.3 제동법

(1) 발전 제동

운전중인 전동기를 전원에서 분리하면 발전기로 동작한다. 이때 발생된 전력을 열로 소비하는 제동법을 발전제동이라 한다.

(2) 회생 제동

운전중인 전동기를 전원에서 분리하면 발전기로 동작한다. 이때 발생된 전력을 제동용 전원으로 사용하면 회생제동이라 한다. 이 경우는 언덕을 내려가는 전차 등에서 사용할 수 있다.

(3) 플러깅(plugging)제동

플러깅 제동은 급제동시 사용하는 방법으로 역전제동이라 한다. 즉, 제동시 전동기를 역회전시켜 속도를 급감 시킨 다음 속도가 0에 가까워지면 전동기를 전원에서 분리하는 제동법을 플러깅 제동이라 한다.

11. 손실 효율 및 정격

11.1 손실

발전기나 전동기는 에너지를 변환하는 소자로 에너지를 100% 변환하지 못하며 일정부분 손실로 소비된다. 이러한 손실은 부하전류와 관계되는 부하손과, 부하와 관계없이 발생하는 무부하손으로 구분된다.

무부하손은 철에 의해 발생되는 손실과 기계적으로 발생되는 손실로 구분된다.

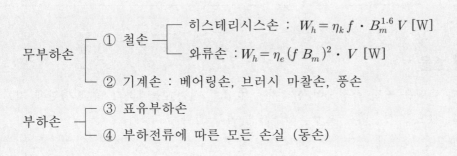

$$무부하손 \begin{cases} ① 철손 \begin{cases} 히스테리시스손 : W_h = \eta_k f \cdot B_m^{1.6} V \, [\mathrm{W}] \\ 와류손 : W_h = \eta_e (f B_m)^2 \cdot V \, [\mathrm{W}] \end{cases} \\ ② 기계손 : 베어링손, 브러시 마찰손, 풍손 \end{cases}$$

$$부하손 \begin{cases} ③ 표유부하손 \\ ④ 부하전류에 따른 모든 손실 (동손) \end{cases}$$

예제문제 70

직류기의 다음 손실 중에서 기계손에 속하는 것은 어느 것인가?

① 풍손   ② 와류손
③ 브러시의 전기손   ④ 표유 부하손

해설
기계손은 브러시 마찰손, 베어링 마찰손, 풍손 등이다. 또한 다른 항은 다음과 같다.
② 와류손 : 철손
③ 브러시의 전기손 : 동손
④ 표유 부하손 : 철손, 동손, 기계손 이외의 손실

답 : ①

예제문제 71

직류기의 손실 중에서 부하의 변화에 따라서 현저하게 변하는 손실은 다음 중 어느 것인가?

① 표유 부하손   ② 철손   ③ 풍손   ④ 기계손

해설
표유 부하손은 전류의 제곱으로 변화하는 것으로 하고 그 값은 최대 정격 전류에 있어서 다음과 같다.
보상 권선이 없는 직류기 : 기준 출력의 1 [%]
보상 권선이 있는 직류기 : 기준 출력의 0.5 [%]

답 : ①

예제문제 72

직류기의 철손에 관한 설명으로 옳지 않은 것은?

① 철손에는 풍손과 와전류손 및 저항손이 있다.

② 전기자 철심에는 철손을 작게 하기 위하여 규소강판을 사용한다.

③ 철에 규소를 넣게 되면 히스테리시스손이 감소한다.

④ 철에 규소를 넣게 되면 전기 저항이 증가하고 와전류손이 감소한다.

해설
철손은 무부하손으로 히스테리시스손과 와전류손이 있다. 저항손은 부하손에 해당된다.

답 : ①

11.2 효율

입력과 출력을 직접 측정하여 산출하는 효율을 실측효율이라고 하고 명판에 기재된 정격의 값으로 산출하는 효율을 규약효율이라 한다.

실측효율은 다음과 같다.

$$\eta = \frac{출력}{입력} \times 100 \, [\%]$$

규약효율은 다음과 같다.

발전기 규약 효율 : $\eta = \dfrac{출력}{출력 + 손실} \times 100 \, [\%]$

전동기 규약 효율 : $\eta = \dfrac{입력 - 손실}{입력} \times 100 \, [\%]$

예제문제 73

직류 전동기의 규약 효율은 어떤 식으로 표시된 식에 의하여 구하여진 값인가?

① $\eta = \dfrac{출력}{입력} \times 100 \, [\%]$

② $\eta = \dfrac{출력}{출력 + 손실} \times 100 \, [\%]$

③ $\eta = \dfrac{입력 - 손실}{입력} \times 100 \, [\%]$

④ $\eta = \dfrac{입력}{출력 + 손실} \times 100 \, [\%]$

해설
전동기 규약 효율 : $\eta = \dfrac{입력 - 손실}{입력} \times 100 \, [\%]$

발전기 규약 효율 : $\eta = \dfrac{출력}{출력 + 손실} \times 100 \, [\%]$

답 : ③

예제문제 74

200 [V], 10 [kW]의 직류 분권 발전기가 있다. 전부하에서 운전하고 있을 때 전 손실이 500 [W]이다. 이 때의 규약 효율은?

① 97.0　　　　　　② 95.2　　　　　　③ 94.3　　　　　　④ 92

해설

전동기 규약 효율 : $\eta = \dfrac{\text{입력} - \text{손실}}{\text{입력}} \times 100 \, [\%]$

발전기 규약 효율 : $\eta = \dfrac{\text{출력}}{\text{출력} + \text{손실}} \times 100 \, [\%]$

$\therefore \eta_G = \dfrac{10 \times 10^3}{10 \times 10^3 + 500} \times 100 = 95.23 \, [\%]$

답 : ②

발전기의 경우 규약효율은 다음과 같이 표시할 수 있다.

$$\eta_g = \frac{VI}{VI + (RI^2) + (P_o)} = \frac{1}{1 + \left(\dfrac{RI}{V} + \dfrac{P_o}{VI} \right)}$$

여기서, V : 단자전압, I : 전류, P_o : 무부하손, RI^2 : 부하손

이라 하면 상기 식에서 효율이 좋아지기 위해서는 $\left(\dfrac{RI}{V} + \dfrac{P_o}{VI} \right)$ 값이 적어야 한다. 따라서

$$\frac{RI}{V} + \frac{P_o}{VI} = X$$

라 하고 최대효율을 얻기 위하여

$$\frac{dX}{dI} = 0$$

을 구하면 다음과 같다.

$$\frac{dX}{dI} = \frac{I}{V} \left(R - \frac{P_o}{I^2} \right) = 0$$

$$RI^2 - P_o = 0$$

$$RI^2 = P_o$$

이식은 무부하손과 부하손이 같을 때 효율이 최대가 됨을 의미한다.

예제문제 75

직류기의 효율이 최대가 되는 경우는 다음 중 어느 것인가?

① 와류손＝히스테리시스손 　　　② 기계손＝전기자 동손
③ 전부하 동손＝철손 　　　　　　④ 고정손＝부하손

해설
무부하손과 부하손이 같을 때 효율이 최대가 된다.

답 : ④

예제문제 76

일정 전압으로 운전하고 있는 직류 발전기의 손실이 $\alpha + \beta I^2$으로 표시될 때 효율이 최대가 되는 전류는? 단, α, β는 정수이다.

① $\dfrac{\alpha}{\beta}$ 　　　　② $\dfrac{\beta}{\alpha}$ 　　　　③ $\sqrt{\dfrac{\alpha}{\beta}}$ 　　　　④ $\sqrt{\dfrac{\beta}{\alpha}}$

해설
손실 $\alpha + \beta I^2$ 중에서 α는 부하 전류에 관계없으므로 고정손, βI^2는 전류의 제곱에 비례하는 가변손이다. 최대 효율 조건 : 고정손＝가변손

∴ $\alpha = \beta I^2$ 이므로 $I = \sqrt{\dfrac{\alpha}{\beta}}$ 에서 최대 효율이 된다.

답 : ③

예제문제 77

효율 80 [%], 출력 10 [kW] 직류 발전기의 전손실[kW]은?

① 1.25 　　　　② 1.5 　　　　③ 2.0 　　　　④ 2.5

해설
손실을 p [kW]라 하면 효율은 $0.8 = \dfrac{10}{10+p}$ [%]

∴ $p = \dfrac{10}{0.8} - 10 = 12.5 - 10 = 2.5$ [kW]

답 : ④

11.3 정격

직류기기의 정격은 지정된 조건하에서의 기기를 사용할 수 있는 한도를 말한다. 회전전기기기에서는 출력에 대해서 사용한도가 정해져 있을 뿐만 아니라 전압·회전속도 등에 대해서도 정격이 정해지며, 각각 정격출력·정격전압 이라 한다.
이와 같은 정격값은 기기의 명판에 명시하도록 되어 있다. 각 기기는 정격상태에서 가장 잘 동작할 수 있도록 설계된 것이므로 정격에 주의해서 사용해야 한다. 즉, 전동기를 정격출력 이상의 출력으로 사용하면 권선이나 철심의 온도가 허용값을 초과하여 절연물이 열화의 우려가 있기 때문이다. 또 정격회전속도보다 높은 속도로 운전하면

베어링을 비롯하여 그 밖의 부품의 기계적 부담이 커지며, 심한 경우는 파손된다. 정격에는 단시간정격과 연속정격, 반복정격과 공칭정격이 있다. 단시간정격은 지정된 시간의 범위에서 사용할 것을 조건으로 설계한 것이며, 연속정격은 몇 시간 또는 며칠간 연속하여 사용할 것을 조건으로 설계한 것이다. 반복정격은 주기적으로 반복하는 부하에 적합한 정격이며, 공칭정격은 전기철도용 전원기기에만 적용되는 정격이다.

예제문제 78

회전기의 정격 중에서 전기 철도용 전원 기기에만 적용되는 정격은?

① 공칭 정격 　　　　　　　　　② 단시간 정격
③ 반복 정격 　　　　　　　　　④ 연속 정격

해설
공칭정격 : 전기철도용 전원기기에만 적용되는 정격이다.

답 : ①

---

12. 특수 직류기

12.1 전기동력계(Dynamometer)

전기동력계는 회전기, 내연기관, 펌프, 송풍기, 수차 등의 출력이나 동력 측정을 위한 특수 직류기이다.

$$T = W \cdot L \, [\text{kg} \cdot \text{m}] = 9.8\,W \cdot L \ [\text{N} \cdot \text{m}]$$

여기서, T : 토크 [kg·m], [N·m], W : 힘 [kg], L : 동력계 중심과의 거리 [m]

예제문제 79

정격 출력 6 [kW], 전압 100 [V]의 직류 분권 전동기를 전기 동력계로 시험하였더니 전기 동력계의 저울이 10 [kg]을 가리켰다. 이 전동기의 출력 P [kW]와 토크 τ는 몇 [kg·m]인가? 단, 동력계의 암의 길이는 0.4 [m], 전동기의 회전수는 1,600 [rpm]이다.

① $P = 6$, $\tau = 3.7$ 　　　　　② $P = 6.56$, $\tau = 4$
③ $P = 4.2$, $\tau = 3.7$ 　　　　　④ $P = 7.4$, $\tau = 4$

해설
전기 동력계에 의한 전동기의 토크 : $\tau = WL = 10 \times 0.4 = 4$ [kg·m]

$\therefore$ 토크 $\tau = 0.975\dfrac{P}{N}$ [kg·m]에서

$\therefore P = 1.026 N\tau = 1.026 \times 1,600 \times 4 \times 10^{-3} = 6.56$ [kW]

답 : ②

12.2 앰플리다인(Amplidyne)

작은 전력을 큰 전력으로 증폭하는 발전기로 브러시는 2쌍이 있고, 고정자 자극도 4개가 있지만 각각의 극이 서로 이웃되어 있으므로 2극이며 N, S극을 각각 2개로 나누어 놓은 것과 같은 구조로 되어 있다. 부하전류에 의해 전기자 반작용이 생기지 않는 것이 특징이며, 단락전류에 의한 전기자 반작용 자속으로 전압을 얻는 방식이다.

예제문제 80

앰플리다인(Amplidyne)에 대하여 틀린 것은?

① 미소한 전력변화를 수백~수천 배로 증폭한다.
② 브러시는 출력축과 단락축에 각 1조씩 있다.
③ 부하전류에 의한 반작용 자속은 생기지 않는다.
④ 단락전류에 의한 전기자 반작용 자속에 의하여 전압을 얻는다.

해설
앰플리다인의 증폭도 : 5,000~15,000배

답 : ①

예제문제 81

정속도 운전의 직류 발전기로 작은 전력의 변화를 큰 전력의 변화로 증폭하는 발전기가 아닌 것은?

① 앰플리다인(amplidyne)
② 로토트롤(rototrol)
③ HT 다이나모(Hitachi turning dynamo)
④ 로젠베르그 발전기(Rosenberg generator)

해설
로젠베르그 발전기 : 분권식과 직권식이 있으며, 분권식은 정전압형이며 열차의 점등 전원으로 사용되고, 직권식은 정전류형이며 용접용 전원으로 사용한다. 용량은 10 [kW] 이하이다.

답 : ④

핵심과년도문제

1·1

브러시 홀더(brush holder)는 브러시를 정류자면의 적당한 위치에서 스프링에 의하여 항상 일정한 압력으로 정류자 면에 접촉하여야 한다. 가장 적당한 압력 [kg/cm²]은?

① 1~2 [kg/cm²]　　　　　　　　　② 0.5~1 [kg/cm²]

③ 0.15~0.25 [kg/cm²]　　　　　　④ 0.01~0.15 [kg/cm²]

【답】③

1·2

브러시를 중성축에서 이동시키는 것은?

① 로커　　　　　② 피그테일　　　　　③ 홀더　　　　　④ 라이저

【답】①

1·3

전기 기계의 철심을 성층하는 데 가장 적절한 이유는?

① 기계손을 적게 하기 위하여
② 와류손을 적게 하기 위하여
③ 히스테리시스손을 적게 하기 위하여
④ 표유 부하손을 적게 하기 위하여

해설　① 성층하는 이유 : 와류손을 적게 하기 위한 것

② 규소 강판을 사용하는 이유 : 규소를 넣으면 자기 저항이 크게 되어 와류손과 히스테리시스손이 감소하게 된다. 그러나 투자율이 낮아지고 기계적 강도가 감소되어 부서지기 쉬워 가공이 곤란하게 된다.
【답】②

1·4

직류 발전기의 저주파 및 고주파 맥동을 감소시키기 위한 것이 아닌 것은?

① 공극의 길이를 균일하게 한다.
② 자극 간격을 균등히 한다.
③ 자기 저항을 전기자 주변에 대하여 균등히 한다.
④ 홈을 1홈절 이상의 사구(斜溝)로 하고 정류자 편수를 감소시킨다.

해설 정류자 편수가 많을수록 출력의 파형은 직류에 가까워지며 맥동이 작아진다. 【답】④

1·5

정현 파형의 회전 자계 중에 정류자가 있는 회전자를 놓으면 각 정류자편 사이에 연결되어 있는 회전자 권선에는 크기가 같고 위상이 다른 전압이 유기된다. 정류자 편수를 K라 하면 정류자편 사이의 위상차는?

① π/K ② $2\pi/K$ ③ K/π ④ $K/2\pi$

해설 정류자의 모양은 원통형이므로 2π의 위상을 갖는다. 따라서 정류자편 사이의 위상차는 2π를 편수 K로 나누면 된다. 【답】②

1·6

전기자의 지름 D [m], 길이 l [m]가 되는 전기자에 권선을 감은 직류 발전기가 있다. 자극의 수 p, 각각의 자속수가 Φ [Wb]일 때 전기자 표면의 자속 밀도 [Wb/m^2]는?

① $\dfrac{\pi Dp}{60}$ ② $\dfrac{p\phi}{\pi Dl}$ ③ $\dfrac{\pi Dl}{p\phi}$ ④ $\dfrac{\pi Dl}{p}$

해설 전기자 주변의 면적 : πDl [m^2]

총자속 : $B\pi Dl$ [Wb]

자극수를 p, 한 극당의 자속이 ϕ [Wb]이고 한 극당의 면적 : $\dfrac{\pi Dl}{p}$ [m^2]

$\therefore B_a = \dfrac{\phi}{\dfrac{\pi Dl}{p}} = \dfrac{p\phi}{\pi Dl}$ [Wb/m^2] 【답】②

1·7

60 [kW], 4극 직류 발전기가 중권으로 권선되고 48개의 전기자 홈을 가지고 있다. 그리고 각 홈에는 6개의 코일변(도체)이 들어 있다. 한 자극의 자속이 0.08 [Wb]이고. 전기자 회전수가 1,040 [rpm]일 때 유기전압 E [V]은?

① 110   ② 150   ③ 288   ④ 400

[해설] 유기 기전력

$$E = \frac{p}{a} Z\phi \frac{N}{60} = \frac{p}{a} \times (홈수 \times 홈내 도체수) \times \phi \times \frac{N}{60} = \frac{4}{4} \times 48 \times 6 \times 0.08 \times \frac{1,040}{60} = 400[V]$$ 【답】④

1·8

직류 분권 발전기의 극수 8, 전기자 총도체수 600으로 매분 800 [rpm]으로 회전할 때 유기 기전력이 110 [V]라 한다. 전기자 권선이 중권일 때 매극의 자속수 [Wb]는?

① 0.03104   ② 0.02375   ③ 0.01014   ④ 0.01375

[해설] 유기 기전력 : $E = \frac{pZ}{a}\phi\frac{N}{60}$, 중권 : $a = p = 8$

$$\therefore \phi = \frac{E \cdot a \cdot 60}{p \cdot Z \cdot N} = \frac{110 \times 8 \times 60}{8 \times 600 \times 800} = 0.01375 \, [Wb]$$ 【답】④

1·9

전기자 반작용이 직류 발전기에 영향을 주는 것을 설명한 것이다. 틀린 설명은?

① 전기자 중성축을 이동시킨다.
② 자속을 감소시켜 부하시 전압 강하의 원인이 된다.
③ 정류자 편간 전압이 불균일하게 되어 섬락의 원인이 된다.
④ 전류의 파형은 찌그러지나 출력에는 변화가 없다.

[해설] 전기자 반작용이 생기면 자속의 감소되며 이것으로 인하여 출력이 저하된다.   【답】④

1·10

직류 발전기의 전기자 반작용을 줄이고 정류를 잘되게 하기 위하여는?

① 리액턴스 전압을 크게 할 것
② 보극과 보상 권선을 설치할 것
③ 브러시를 이동시키고 주기를 크게 할 것
④ 보상 권선을 설치하여 리액턴스 전압을 크게 할 것

해설 $e_r = -L\dfrac{di}{dt}$을 작게할 경우 양호한 정류가 얻어진다.

① 정류 주기를 크게 하면 전류의 변화율, 즉 $\dfrac{di}{dt}$가 작아져서 불꽃 발생이 작아진다.

② L이 작아지면 불꽃 발생의 근본 원인인 평균 리액턴스 전압이 작아진다.

③ 브러시의 접촉 저항이 크면 저항 정류가 이루어져서 양호한 정류가 이루어진다.

【답】②

1·11

직류기에서 전기자 반작용을 방지하기 위한 보상 권선의 전류 방향은?

① 계자 전류의 방향과 같다.　　　② 계자 전류의 방향과 반대이다.

③ 전기자 전류 방향과 같다.　　　④ 전기자 전류 방향과 반대이다.

해설 보상 권선의 전류방향 : 전기자 권선과 직렬로 접속하여 전기자 전류와 반대 방향으로 전류를 흐르게 한다. 반대방향의 전류는 전기자 반작용 자속을 상쇄시킨다.　　　【답】④

1·12

직류기에 보극을 설치하는 목적이 아닌 것은?

① 정류자의 불꽃 방지　　　② 브러시의 이동 방지

③ 정류 기전력의 발생　　　④ 난조의 방지

해설 보극(정류극) : 주자극 사이의 중성점에 소자극을 설치한 것을 말한다. 전기자 전류에 따라 필요한 정류 전압을 얻어 리액턴스 전압이 상쇄되므로 정류가 잘되고 중성점의 이동을 막을 수 있다.　　　【답】④

1·13

보극이 없는 직류 발전기는 부하의 증가에 따라서 브러시의 위치는?

① 그대로 둔다.　　　② 회전 방향과 반대로 이동

③ 회전 방향으로 이동　　　④ 극의 중간에 놓는다.

해설 브러시는 항상 기전력 0인 도체에 접속되어 있는 정류자편에 접촉하도록 하여야 불꽃이 없는 정류가 된다. 보극이 없는 발전기는 부하가 걸리면 전기자 반작용에 의하여 회전 방향으로 중성축이 이동한다. 따라서 그 위치에 브러시를 옮겨 놓아야 불꽃이 없는 정류가 가능해진다.　　　【답】③

1·14

보극이 없는 직류기에서 브러시를 부하에 따라 이동시키는 이유는?

① 정류 작용을 잘 되게 하기 위하여
② 전기자 반작용의 감자 분력을 없애기 위하여
③ 유기 기전력을 증가시키기 위하여
④ 공극 자속의 일그러짐을 없애기 위하여

해설 브러시는 항상 기전력 0인 도체에 접속되어 있는 정류자편에 접촉하도록 하여야 불꽃이 없는 정류가 된다. 보극이 없는 발전기는 부하가 걸리면 전기자 반작용에 의하여 회전 방향으로 중성축이 이동한다. 따라서 그 위치에 브러시를 옮겨 놓아야 불꽃이 없는 정류가 가능해진다. 【답】①

1·15

정류자와 브러시간의 접촉 저항 R_b와 전류 I
와의 관계는?

① ⓐ
② ⓑ
③ ⓒ
④ ⓓ

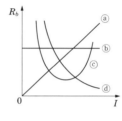

해설 정류자와 브러시간의 전압 강하는 전류에 관계없이 1 [V] 전후이며, 저항은 전류에 거의 반비례 한다고 볼 수 있다. 【답】④

1·16

직류 발전기의 부하 포화 곡선은 다음 어느 것의 관계인가?

① 단자 전압과 부하 전류   ② 출력과 부하 전력
③ 단자 전압과 계자 전류   ④ 부하 전류와 계자 전류

해설 부하 포화 곡선 : 정격 속도에서 부하 전류 I를 정격값으로 유지했을 때 계자 전류 I_f와 단자 전압 V와의 관계를 나타내는 곡선을 말한다. 【답】③

1·17

직류 발전기의 단자 전압을 조정하려면 다음 어느 것을 조정하는가?

① 기동 저항   ② 계자 저항   ③ 방전 저항   ④ 전기자 저항

해설 직류 발전기의 단자 전압의 조정 : 일반적으로 회전수는 일정하게 유지하고 계자 저항을 가감함으로 조정한다. 【답】②

1·18

그림과 같은 직류 발전기의 포화 특성 곡선에서 그 포화 율은?

① $\overline{OF}/\overline{OG}$ ② $\overline{OE}/\overline{DE}$
③ $\overline{BC}/\overline{CD}$ ④ $\overline{CD}/\overline{CO}$

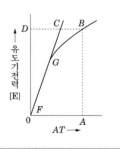

【답】③

1·19

직류 분권 발전기를 역회전하면?

① 발전되지 않는다.   ② 정회전 때와 마찬가지이다.
③ 과대 전압이 유기된다.   ④ 섬락이 일어난다.

해설 자여자 발전기는 역회전을 할 경우 잔류 자기에 의한 기전력의 극성이 반대로 된다. 따라서 잔류 자기를 소멸시키기 때문에 발전 불능이 된다.   【답】①

1·20

3상 유도 전동기로 직류 분권 발전기를 구동하여 직류를 얻어 사용했었다. 유도기의 1차측 3선중 2선을 바꾸어 결선을 하고 운전하였다면 직류 분권 발전기의 전압은?

① 전압이 0이 된다.   ② 과전압이 유도된다.
③ +, – 극성이 바뀐다.   ④ +, – 극성이 변함없다

해설 유도 전동기의 역회전 방법 : 유도 전동기의 1차측 3선중 2선을 바꾸어 결선할 경우는 회전자계의 방향이 반대로 되므로 유도 전동기는 역회전하게 된다. 발전기에 연결된 유도 전동기가 역회전 하는 경우는 자여자 발전기인 직류 분권 발전기의 잔류 자기가 소멸되어 더 이상 발전하지 못하게 된다.   【답】①

1·21

직류 발전기에서 섬락이 생기는 가장 큰 원인은?

① 장시간 계속 운전   ② 부하의 급변
③ 경부하 운전   ④ 회전 속도가 지나치게 떨어졌을 때

해설 직류 발전기는 부하가 급변하는 경우 섬락이 발생할 수 있다.   【답】②

1·22

포화하고 있지 않은 직류 발전기의 회전수가 $\frac{1}{2}$로 감소되었을 때 기전력을 전과 같은 값으로 하자면 여자를 속도 변화 전에 비해 얼마로 해야 하는가?

① $\frac{1}{2}$배   ② 1배   ③ 2배   ④ 4배

해설 유기 기전력 : $E = k\phi N$

∴ N이 $\frac{1}{2}$로 되면, ϕ가 2배가 되어야 E가 일정하다.   【답】③

1·23

직류 분권 발전기의 계자 회로의 개폐기를 운전 중 갑자기 열면?

① 속도가 감소한다.   ② 과속도가 된다.
③ 계자 권선에 고압을 유발한다.   ④ 정류자에 불꽃을 유발한다.

해설 분권 계자 권선은 권수가 많고 자기 인덕턴스가 크므로 계
자 회로를 열면 고전압이 유도된다. 따라서 고전압에 의한
절연파괴를 방지하기 위해 그림과 같이 계자 개폐기를 사용
해서 계자 회로를 여는 동시에 분권 계자 권선에 병렬로 계
자 방전 저항이 접속되도록 하여야 한다.

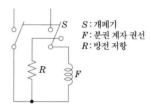

S : 개폐기
F : 분권 계자 권선
R : 방전 저항

【답】③

1·24

무부하에서 자기 여자로서 전압을 확립하지 못하는 직류 발전기는?

① 타여자 발전기   ② 직권 발전기
③ 분권 발전기   ④ 차동 복권 발전기

해설 직류 직권 발전기 : 무부하 상태가 되면 계자 전류가 0이 되어 발진불능이 된다.   【답】②

1·25

단중 중권으로 된 직류 8극 분권 발전기의 전 전류가 I[A]일 때 각 권선에 흐르는 전류는?

① $4I$ ② $8I$ ③ $I/4$ ④ $I/8$

해설 단중 중권 : $a = p$ ∴ 각 권선전류 $i_a = \dfrac{I}{a} = \dfrac{I}{8}$ 【답】④

1·26

4극 전기자 권선이 단중 중권인 직류 발전기의 전기자 전류가 20 [A]이면 각 전기자 권선의 병렬 회로에 흐르는 전류는?

① 10 [A]   ② 8 [A]   ③ 5 [A]   ④ 2 [A]

해설 중권 : $a=p$

$\quad i_a = I_a/p\,[\text{A}] = 20/4 = 5\,[\text{A}]$

I_a : 전기자에서 외부에 흐르는 전류

p : 극수, i_a : 병렬 회로에 흐르는 전류   【답】③

1·27

타여자 발전기가 있다. 부하 전류 10 [A] 때 단자 전압 100 [V]이었다. 전기자 저항 0.2 [Ω], 전기자 반작용에 의한 전압 강하가 2 [V], 브러시의 접촉에 의한 전압 강하가 1 [V]였다고 하면 이 발전기의 유기 기전력[V]은?

① 102   ② 103   ③ 104   ④ 105

해설 타여자 발전기 단자 전압 : $V = E - R_a I_a - e_b - e_a$

$\quad \therefore E = V + R_a I_a + e_b + e_a = 100 + 0.2 \times 10 + 1 + 2 = 105\,[\text{V}]$ 【답】④

1·28

어떤 타여자 발전기가 800 [rpm]으로 회전할 때 120 [V] 기전력을 유도하는 데 4 [A]의 여자 전류를 필요로 한다고 한다. 이 발전기를 640 [rpm]으로 회전하여 140 [V]의 유도 기전력을 얻으려면 몇 [A]의 여자 전류가 필요한가? 단, 자기 회로의 포화 현상은 무시한다.

① 6.7   ② 6.4   ③ 5.98   ④ 5.8

해설 유기 기전력 : $E = K I_f N$

$\quad \therefore K = \dfrac{E}{I_f N} = \dfrac{120}{4 \times 800} = \dfrac{6}{160}$ 에서 $I_f = \dfrac{E}{KN} = \dfrac{140}{\dfrac{6}{160} \times 640} = \dfrac{140}{24} = 5.83\,[\text{A}]$ 【답】④

1·29

어떤 직류 발전기의 유기 기전력이 206 [V]이다. 이것에 1.25 [Ω]의 부하 저항을 연결하였을 때의 단자 전압은 195 [V]이었다. 전기자 저항은 몇 [Ω]인가?

① 0.0321 ② 0.0424 ③ 0.0705 ④ 0.0894

해설 부하전류 : $I = \dfrac{195}{1.25} = 156$ [A]

전기자 저항 : $r_a = \dfrac{E-V}{I} = \dfrac{206-195}{156} = 0.0705$ [Ω]   【답】③

1·30

직류 분권 발전기의 무부하 포화 곡선이 $V = \dfrac{940 I_f}{33 + I_f}$ 이고, I_f 는 계자 전류[A], V 는 무부하 전압[V]으로 주어질 때 계자 회로의 저항이 20 [Ω]이면 몇 [V]의 전압이 유기되는가?

① 140 ② 160 ③ 280 ④ 300

해설 무부하 포화 곡선에 의한 단자전압 : $V = \dfrac{940 I_f}{33 + I_f}$

계자저항 : $R_f = 20$ [Ω]

$\therefore V = I_f R_f = 20 I_f$ 에서 $I_f = \dfrac{V}{20}$

$\therefore V = \dfrac{940 \dfrac{V}{20}}{33 + \dfrac{V}{20}}$ 에서 $V = 280$ [V]   【답】③

1·31

무부하전압 213 [V], 정격전압 200 [V], 정격출력 80 [kW]인 분권 발전기가 있다. 계자 저항이 20 [Ω], 전부하 때의 전기자 반작용에 의한 전압강하가 4.8 [V]라면 그 전기자 회로의 저항[Ω]은?

① 0.02 ② 0.05 ③ 0.06 ④ 0.1

해설 전기자 전류 : $I_a = I + I_f = \dfrac{80 \times 10^3}{200} + \dfrac{200}{20} = 410$ [A]

유기 기전력 : $E = V + I_a R_a + e_a$

$\therefore R_a = \dfrac{E - V - e_a}{I_a} = \dfrac{213 - 200 - 4.8}{410} = 0.02$ [Ω]   【답】①

1·32

직류 분권 전동기의 정격 전압이 300 [V], 전부하 전기자 전류 50 [A], 전기자 저항 0.2 [Ω]이다. 이 전동기의 기동 전류를 전부하 전류의 120 [%]로 제한시키기 위한 기동 저항값은 몇 [Ω]인가?

① 3.5   ② 4.8   ③ 5.0   ④ 5.5

해설 기동 전류는 정격의 1.2배의 조건에 의해 $50 \times 1.2 = 60$ [A]

$$R_a + R_s = \frac{300}{60} = 5$$

$$\therefore R_s = 5 - R_a = 5 - 0.2 = 4.8 \, [\Omega]$$

【답】②

1·33

25 [kW], 125 [V], 1,200 [rpm]의 직류 타여자 발전기가 있다. 전기자 저항(브러시 저항 포함)은 0.4 [Ω]이다. 이 발전기를 정격 상태에서 운전하고 있을 때 속도를 200 [rpm]으로 저하시켰다면 발전기의 유도 기전력은 어떻게 변화하겠는가? 단, 정상 상태에서 유기 기전력을 E 라 한다.

① $\frac{1}{2} E$ ② $\frac{1}{4} E$ ③ $\frac{1}{6} E$ ④ $\frac{1}{8} E$

해설 E : 1,200 [rpm]의 유기 기전력, E' : 200 [rpm]일 때의 유기 기전력

$E = K\Phi N$에서 기전력은 속도에 비례하므로

$$\therefore E' = \frac{N'}{N} \times E = \frac{200}{1,200} \times E = \frac{1}{6} E$$

【답】③

1·34

200 [kW], 200 [V]의 직류 분권 발전기가 있다. 전기자 권선의 저항이 0.025 [Ω]일 때 전압 변동률은 몇 [%]인가?

① 6.0   ② 12.5   ③ 20.5   ④ 25.0

해설 무부하 단자 전압 : $V_0 = V_n + R_a I_a = 200 + 0.025 \times \frac{200 \times 10^3}{200} = 225$ [V]

전압 변동률 : $\epsilon = \frac{V_0 - V_n}{V_n} \times 100 = \frac{225 - 200}{200} \times 100 = 12.5$ [%]

【답】②

1·35

직류 복권 발전기의 병렬 운전에 있어 균압선을 붙이는 목적은 무엇인가?

① 운전을 안정하게 한다.
② 손실을 경감한다.
③ 전압의 이상 상승을 방지한다.
④ 고조파의 발생을 방지한다.

해설 직권 계자 권선이 있는 발전기의 경우 병렬운전을 안정하게 운전하기 위해 균압선을 설치
하여야 한다.　　　　　　　　　　　　　　　　　　　　　　　　　　　　　　【답】①

1·36

가동 복권 발전기의 내부 결선을 바꾸어 분권 발전기로 하자면?

① 내분권 복권형으로 해야 한다.
② 외분권 복권형으로 해야 한다.
③ 분권 계자를 단락시킨다.
④ 직권 계자를 단락시킨다.

해설 복권 발전기를 분권 발전기로 사용하고자 하는 경우는 직권 계자 권선을 단락시킨다.

【답】④

1·37

A, B 두 대의 직류 발전기를 병렬 운전하여 부하에 100 [A]를 공급하고 있다.
A 발전기의 유기 기전력과 내부 저항은 110 [V]와 0.04 [Ω]이고 B 발전기의 유
기 기전력과 내부 저항은 112 [V]와 0.06 [Ω]이다. 이 때 A 발전기에 흐르는 전
류[A]는?

① 4　　　　　　　② 6　　　　　　　③ 40　　　　　　　④ 60

해설 A발전기 : $E_A = 110$ [V], $R_A = 0.04$ [Ω]

　　B발전기 : $E_B = 112$ [V], $R_B = 0.06$ [Ω]

　　병렬운전 조건에서 단자 전압이 같으므로 $V = E_A - I_A R_A = E_B - I_B R_B$

　　　$110 - 0.04 I_A = 112 - 0.06 I_B$

　　　∴ $-0.04 I_A + 0.06 I_B = 2$

　　또 두발전기의 전류의 합이 부하 전류 이므로 $I_A + I_B = 100$을 대입하면

　　　∴ $I_A = 40$ [A], $I_B = 60$ [A]　　　　　　　　　　　　　　　【답】③

1·38

타여자 직류 전동기의 토크 특성 곡선은? 단, 전기자 반작용은 거의 없다고 한다.

해설 토크 : $T = \dfrac{P\phi Z I_a}{2\pi a} = K\phi I_a \propto I_a$ 【답】②

1·39

직류 분권 전동기에서 단자 전압이 일정할 때, 부하 토크가 $\dfrac{1}{2}$ 이 되면 부하 전류는 몇 배가 되는가?

① 2배   ② $\dfrac{1}{2}$ 배   ③ 4배   ④ $\dfrac{1}{4}$ 배

해설 토크 : $\tau = K\phi I_a$

단자 전압이 일정하므로 ϕ는 일정, 따라서 I가 $\dfrac{1}{2}$ 이 된다. 【답】②

1·40

직류 가동 복권 발전기를 전동기로 사용하자면?

① 가동 복권 전동기로 사용 가능   ② 차동 복권 전동기로 사용 가능
③ 속도가 급상승해서 사용 불능   ④ 직권 코일의 분리가 필요

해설 가동 복권 발전기 ⇄ 차동 복권 전동기
차동 복권 발전기 ⇄ 가동 복권 전동기 【답】②

1·41

정격 속도에 비하여 기동 회전력이 가장 큰 전동기는?

① 타여자기   ② 직권기   ③ 분권기   ④ 복권기

해설 직권 전동기의 토크는 부하 전류의 제곱에 비례한다. 【답】②

1·42

직류 복권 전동기 중에서 무부하 속도와 전부하 속도가 같도록 만들어진 것은?

① 평복권 ② 과복권
③ 부족 복권 ④ 차동 복권

해설 평복권 전동기 : 무부하 속도와 전부하 속도가 같도록 만들어진 전동기를 말한다. 【답】①

1·43

직류 분권 전동기의 단자 전압과 계자 전류는 일정히 하고, 2배의 속도로 2배의 토크를 발생하는 데 필요한 전력은 처음 전력의 몇 배인가?

① 불변 ② 2배 ③ 4배 ④ 8배

해설 출력 : $P = w\tau = 2\pi \times \dfrac{N}{60} \times \tau \propto N\tau$

$\therefore\ P' = 2N \times 2\tau = 4N\tau$ 【답】③

1·44

그림과 같은 여러 직류 전동기의 속도 특성 곡선을 나타낸 것이다. ①부터 ④까지 차례로 맞는 것은?

① 차동 복권, 분권, 가동 복권, 직권
② 분권, 직권, 가동 복권, 차동 복권
③ 가동 복권, 차동 복권, 직권, 분권
④ 직권, 가동 복권, 분권, 차동 복권

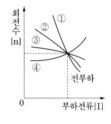

해설 순서대로 직권, 가동복권, 분권, 차동복권이다. 【답】④

1·45

직류 전동기의 설명 중 바르게 설명한 것은?

① 전동차용 전동기는 차동 복권 전동기이다.
② 직권 전동기가 운전 중 무부하로 되면 위험 속도가 된다.
③ 부하 변동에 대하여 속도 변동이 가장 큰 직류 전동기는 분권 전동기이다.
④ 직류 직권 전동기는 속도 조정이 어렵다.

해설 직류 직권 전동기는 무부하가 되면 ϕ가 0이 됨을 의미 한다.

$n = k \dfrac{V - I_a R_a}{\phi}$ 에서 분모가 0이 되므로 속도는 과속도로 되어 위험하다. 【답】②

1·46

직류 전동기의 회전수는 자속이 감소하면 어떻게 되는가?

① 불변이다.　　② 정지한다.　　③ 저하한다.　　④ 상승한다.

해설 회전수 : $n = k\dfrac{V - I_a R_a}{\varPhi}$ [rps]에서 자속이 감소하면 속도는 상승한다.　　【답】④

1·47

다음 설명이 잘못된 것은?

① 전동차용 전동기는 저속에서 토크가 큰 직권 전동기를 쓴다.
② 승용 엘리베이터는 워드-레오너드 방식이 사용된다.
③ 기중기용으로 사용되는 전동기는 직류 분권 전동기이다.
④ 압연기는 정속도 가감 속도 가역 운전이 필요하다.

해설 직권 전동기 : 전차용 전동기, 기중기용 전동기　　【답】③

1·48

부하 변화에 대하여 속도 변동이 가장 작은 전동기는?

① 차동 복권　　② 가동 복권　　③ 분권　　④ 직권

해설 • 차동 복권 전동기의 속도 : $N = \dfrac{V - (R_a + R_{se})I_a}{k(\phi_{sh} - \phi_{se})}$ [rpm]
• 차동 복권 전동기 : 직권 기자력($\varPhi_{se}$)을 분권 기자력($\varPhi_{sh}$)과 반대 방향으로 해서 부하에 따라 자속을 분자의 비율과 거의 같은 비율로 감소시키면 분모, 분자의 감소 비율이 같아져서 회전 속도는 부하에 관계없이 거의 일정하게 된다. 따라서 속도 변동이 가장 작은 전동기에 해당한다.　　【답】①

1·49

정전압 직류 직권 전동기의 전류 대 회전수 특성은?

① ⓐ　　　　② ⓑ
③ ⓒ　　　　④ ⓓ

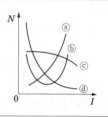

해설 자기 포화가 없다면 N은 $N \propto \dfrac{E_c}{\phi} \propto \dfrac{1}{I_a} \ (\because \phi = KI_a)$ 이므로 반비례 곡선이 된다.　　【답】④

1·50

직류 분권 전동기의 공급 전압의 극성을 반대로 하면 회전 방향은?

① 변하지 않는다.   ② 반대로 된다.

③ 회전하지 않는다.   ④ 발전기로 된다.

[해설] 공급 전압의 극성이 반대로 되면, 계자 전류와 전기자 전류의 방향이 동시에 반대로 된다. 따라서, 회전 방향은 변하지 않는다.   【답】 ①

1·51

직권 전동기에서 위험 속도가 되는 경우는?

① 저전압, 과여자   ② 정격 전압, 무부하

③ 정격 전압, 과부하   ④ 전기자에 저저항 접속

[해설] 직류 직권 전동기는 무부하가 되면 ϕ가 0이 됨을 의미 한다.

$n = k \dfrac{V - I_a R_a}{\phi}$ 에서 분모가 0이 되므로 속도는 과속도로 되어 위험하다. 그러므로, 직권 전동기로 다른 기계를 운전하려면, 반드시 직결하거나 기어(gear)를 사용하여야 한다. 【답】 ②

1·52

무부하로 운전하고 있는 분권 전동기의 계자 회로가 갑자기 끊어졌을 때의 전동기의 속도는?

① 전동기가 갑자기 정지한다.   ② 속도가 약간 낮아진다.

③ 속도가 약간 빨라진다.   ④ 전동기가 갑자기 가속하여 고속이 된다.

[해설] 직류 분권 전동기는 계자가 끊어지면 ϕ가 0이 됨을 의미 한다.

$n = k \dfrac{V - I_a R_a}{\phi}$ 에서 분모가 0이 되므로 속도는 과속도로 되어 위험하다.   【답】 ④

1·53

전기자 저항이 0.02 [Ω]인 직류 분권 발전기가 있다. 회전수가 1,000 [rpm]이고 단자 전압이 220 [V]일 때 전기자 전류가 100 [A]를 나타내었다. 지금 이것을 전동기로서 사용하여 그 단자 전압과 전기자 전류가 위의 값과 같을 때의 회전수는? 단, 전기자 반작용은 무시한다.

① 956 [rpm]   ② 982 [rpm]   ③ 1,018 [rpm]   ④ 1,047 [rpm]

해설 발전기의 경우 : $E = V + I_a R_a = 220 + (100 \times 0.02) = 222$ [V]

$E = K\phi N$ 식에서 $K\phi = \dfrac{E}{N} = \dfrac{222}{1,000}$

전동기의 경우 : 단자 전압, 회전 속도 및 전기자 전류가 같으므로

$\therefore N = \dfrac{V - I_a R_a}{K} = \dfrac{220 - (100 \times 0.02)}{\dfrac{222}{1,000}} = 982$ [rpm]　　　　【답】②

1·54

100 [V], 10 [A], 전기자 저항 1 [Ω], 회전수 1,800 [rpm]인 전동기의 역기전력 [V]은?

① 120　　　　② 110　　　　③ 100　　　　④ 90

해설 역기전력 : $E = V - I_a R_a = 100 - 10 \times 1 = 90$ [V]　　　　【답】④

1·55

직류 전동기에 있어서 공극의 평균 자속 밀도가 일정할 때 회전력(T)과 전기자 전류(I)와의 관계는?

① $T \propto I$　　　　② $T \propto \sqrt{I}$　　　　③ $T \propto I^2$　　　　④ $T \propto I^{2/3}$

해설 토크 : $T = \dfrac{EI_a}{2\pi n} = \dfrac{pZ}{2\pi a}\phi I_a = K\phi I_a \left(\therefore K = \dfrac{pZ}{2\pi a} \right)$

$\therefore T \propto \phi I_a$ 에서 ϕ가 일정하므로 $T \propto I_a$ 가 된다.　　　　【답】①

1·56

직류 분권 전동기의 전체 도체수는 100, 단중 중권이며 자극수는 4, 자속수는 극당 0.628 [Wb]이다. 부하를 걸어 전기자에 5 [A]가 흐르고 있을 때의 토크[N·m]는?

① 약 12.5　　　　② 약 25　　　　③ 약 50　　　　④ 약 100

해설 중권 : $a = p = 4$

$\therefore \tau = \dfrac{pZ\phi I_a}{2\pi a} = \dfrac{4 \times 100 \times 0.628 \times 5}{2 \times 3.14 \times 4} = 50$ [N·m]　　　　【답】③

1·57

전기자의 도체수 360, 6극 중권의 직류전동기가 있다. 전기자 전류가 60 [A]일 때, 발생 토크는 몇 [kg·m]인가? (단 1극당 자속수는 0.06 [Wb]이다.)

① 12.3　　　　② 21.1　　　　③ 32.5　　　　④ 43.2

해설 토크 : $\tau = \dfrac{pZ\phi I_a}{2\pi a} = \dfrac{6 \times 360 \times 0.06 \times 60}{2 \times 3.14 \times 6} = 206.4 \, [\mathrm{N \cdot m}]$

$\therefore \dfrac{206.4}{9.8} = 21.1 \, [\mathrm{kg \cdot m}]$ 【답】②

1·58

$P\,[\mathrm{kW}]$, $N\,[\mathrm{rpm}]$인 전동기의 토크[kg·m]는?

① $0.01625\dfrac{P}{N}$ ② $716\dfrac{P}{N}$ ③ $956\dfrac{P}{N}$ ④ $975\dfrac{P}{N}$

해설 토크 : $T = \dfrac{1}{9.8} \cdot \dfrac{P}{\omega} = \dfrac{1}{9.8} \cdot \dfrac{P \times 10^3}{2\pi \times \dfrac{N}{60}} = 975\dfrac{P}{N} \, [\mathrm{kg \cdot m}]$ 【답】④

1·59

전동기가 628 [W]의 출력으로 매분 1,840회 회전할 때 토크[dyne·cm]는 얼마인가?

① 4.33×10^7 ② 3.55×10^7

③ 3.26×10^7 ④ 4.55×10^7

해설 출력 : $P = 2\pi\dfrac{N}{60}\tau \times 10^{-7} \, [\mathrm{W}]$

토크 : $\tau = 60P \times 10^7 / 2\pi N = 3.26 \times 10^7 \, [\mathrm{dyne \cdot cm}]$ 【답】③

1·60

출력 3 [kW], 1,500 [rpm]인 전동기의 토크[kg·m]는?

① 1.5   ② 2   ③ 3   ④ 15

해설 토크 : $\tau = 0.975\dfrac{P}{N} = 0.975 \times \dfrac{3 \times 10^3}{1500} = 1.95 \fallingdotseq 2 \, [\mathrm{kg \cdot m}]$ 【답】②

1·61

1 [kg·m]의 회전력으로 매분 1,000 회전하는 직류 전동기의 출력[kW]은 다음의 어느 것에 가장 가까운가?

① 0.1   ② 1   ③ 2   ④ 5

해설 출력 : $P = 1.026NT \, [\mathrm{W}] = 1.026 \times 1,000 \times 1 \, [\mathrm{W}] \fallingdotseq 1 \, [\mathrm{kW}]$ 【답】②

1·62

직류 직권 전동기의 발생 토크는 전기자 전류를 변화시킬 때 어떻게 변하는가?
단, 자기 포화는 무시한다.

① 전류에 비례한다.　　　　　　　② 전류의 제곱에 비례한다.
③ 전류에 역비례한다.　　　　　　④ 전류의 제곱에 역비례한다.

해설 직권 전동기의 토크 : $T = \dfrac{pZ}{2\pi_a}\phi I_a = k\phi I_a = k' I_a^2$.

　∴ 자기 포화를 무시하면 T는 I_a의 제곱에 비례한다.　　　　　　【답】②

1·63

전기자 저항 0.3 [Ω], 직권 계자 권선의 저항 0.7 [Ω]의 직권 전동기에 110 [V]
를 가하였더니 부하 전류가 10 [A]이었다. 이때 전동기의 속도[rpm]는? 단, 기계
정수는 2이다.

① 1,200　　　　　② 1,500　　　　　③ 1,800　　　　　④ 3,600

해설 직류 직권 전동기의 속도 : $N = K\dfrac{V - I_a(R_a + R_s)}{I_a}$

$V = 110$ [V], $I_a = 10$ [A], $R_a = 0.3$ [Ω], $R_s = 0.7$ [Ω], $K = 2$

∴ $N = 2 \times \dfrac{110 - 10(0.3 + 0.7)}{10} = 20$ [rps] $= 1,200$ [rpm]　　　　【답】①

1·64

정격 속도 1,732 [rpm]의 직류 직권 전동기의 부하 토크가 3/4으로 되었을 때의
속도[rpm]는 대략 얼마로 되는가? 단, 자기 포화는 무시한다.

① 1,155 [rpm]　　② 1,500 [rpm]　　③ 1,750 [rpm]　　④ 2,000 [rpm]

해설 토크 : $\tau \propto I_a^2 \propto \dfrac{1}{N^2}$ 이므로 $N = \sqrt{\dfrac{4}{3} \times (1,732)^2} = 1,999.9$ [rpm]　　【답】④

1·65

워드 레오너드 방식의 목적은 직류기의?

① 정류 개선　　② 계자 자속 조정　　③ 속도 제어　　④ 병렬 운전

해설 워드 레오너드 방식 : 가장 광범위하게 속도 조정을 할 수 있는 방식으로 널리 사용하고
있다.　　　　　　【답】③

심화학습문제

01 극수 p인 전기 기계에서 전기 각도 α_e와 기하학적 각도 α 사이에는 어떤 관계가 있는가?

① $\alpha = \dfrac{\alpha_e}{p}$ ② $\alpha = \dfrac{2\alpha_e}{p}$

③ $\alpha = \dfrac{\alpha_e}{2p}$ ④ $\alpha = 2p\alpha_e$

해설
전기각도([rad]) = (기하각도[rad]) $\times p/2$

【답】②

02 6극기에서 슬롯(slot)수 68인 경우 중권이 가능한가? 또, 69인 경우는 어떠한가?

① 68은 가능, 69는 불가능
② 69는 가능, 68은 불가능
③ 68, 69 모두 가능
④ 68, 69 모두 불가능

해설
극수 p, 슬롯수 N_s, 정수 n, 다중도 m

중권의 경우 $n = \dfrac{N_s}{p}$

$\therefore n = \dfrac{68}{6} = 11.33$에서 $n = \dfrac{69}{6} = 11.5$

$\therefore$ 슬롯수 68, 69인 경우는 중권이 불가능하다.

【답】④

03 직류기의 권선법에 관한 설명으로 틀린 것은?

① 단중 파권으로 하면 단중 중권의 $p/2$배의 유기전압이 발생한다.
② 중권으로 하면 균압환이 필요없다.
③ 단중 중권의 병렬 회로수는 극수와 같다.
④ 중권이나 파권의 권선법에는 모두 진권(進卷) 및 여권(戾卷)을 할 수 있다.

해설
중권 권선법 : 반드시 균압환이 필요하다.

【답】②

04 직류기에서 전기자 반작용에 의한 극의 짝수당의 감자 기자력[AT/pole pair]은 어떻게 표시되는가? 단, α는 브러시 이동각, Z는 전기자 도체수, I_a는 전기자 전류, A는 전기자 병렬 회로수이다.

① $\dfrac{\alpha}{180} \cdot Z \cdot \dfrac{I_a}{A}$

② $\dfrac{90-\alpha}{180} \cdot Z \cdot \dfrac{I_a}{A}$

③ $\dfrac{180}{\alpha} \cdot Z \cdot \dfrac{I_a}{A}$

④ $\dfrac{180}{90-\alpha} \cdot Z \cdot \dfrac{I_a}{A}$

해설
감자 기자력

$AT_d = \dfrac{Z}{a} \cdot I_a \cdot \dfrac{1}{p} \cdot \dfrac{2\alpha}{2\pi} = \dfrac{ZI_a}{2ap} \cdot \dfrac{2\alpha}{\pi}$ [AT/극]

【답】①

05 자극수 4, 슬롯수 40, 슬롯 내부 코일 변수 4인 단중 중권 직류기의 정류자 편수는?

① 10   ② 20
③ 40   ④ 80

해설

정류자 편수 : $K = \dfrac{u}{2} N_s$

$u = 4$(슬롯 내부의 코일 변수), $N_s = 40$(슬롯수)

$\therefore K = \dfrac{u}{2} N_s = \dfrac{4}{2} \times 40 = 80$

【답】 ④

06 8극 50 [kW], 220 [V]의 평복권 발전기가 있다. 단중 병렬 권선을 가지고 있으며, 분권 여자 권선 내의 동손이 출력의 2 [%]일 때 전 부하에서의 전기자 도체의 전류는 약 몇 [A]인가?

① 232   ② 222.8
③ 29   ④ 27.8

해설

부하전류 : $I = \dfrac{P}{V} = \dfrac{50 \times 10^3}{220} = 227.3$ [A]

전기자 전류 : $I_a = I + I_f$

여자 전류에 의한 동손이 출력의 2 [%]이므로

$\therefore V I_f = 50 \times 10^3 \times 0.02$ [W]

$\therefore I_f = \dfrac{V I_f}{V} = \dfrac{50 \times 10^3 \times 0.02}{220} = 4.55$ [A]

$\therefore I_a = I + I_f = 227.3 + 4.55 = 231.9$ [A]

단중 중권 : $m = 1$, $a = p$

전기자 도체의 전류

$i_a = \dfrac{I_a}{a}$ 에서 $i_a = \dfrac{I_a}{a} = \dfrac{231.9}{8} ≒ 29$ [A]

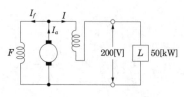

【답】 ③

07 부하 전류가 50 [A]일 때 단자 전압이 100 [V]인 직류 직권 발전기의 부하 전류가 70 [A]로 되면 단자 전압은 몇 [V]가 되겠는가? 단, 전기자 저항 및 직권 계자 권선의 저항은 각각 0.10 [Ω]이고, 전기자 반작용과 브러시의 접촉 저항 및 자기 포화는 모두 무시한다.

① 110   ② 114
③ 140   ④ 104

해설

유기 기전력

$E = V + (R_a + R_s) I_a = V + (R_a + R_s) I$

$I = 50$ [A]일 때의 유기 기전력

$E_{50} = 100 + (0.10 + 0.10) \times 50 = 110$ [V]

직권 발전기는 자로가 불포화일 경우 유기 기전력의 크기는 부하 전류에 비례한다.

부하 전류 70 [A]일 때의 유기 기전력

$E_{70} / E_{50} = 70 / 50 = 1.4$

$\therefore E_{70} = 1.4 \times E_{50} = 1.4 \times 110 = 154$ [V]

단자 전압

$V_{70} = E_{70} - (R_a + R_s) \times 70 = 154 - 0.20 \times 70 = 140$ [V]

【답】 ③

08 1000 [kW], 500 [V]의 분권 발전기가 있다. 회전수 246 [rpm]이며 슬롯수 192, 슬롯 내부 도체수 6, 자극수 12일 때 전부하시의 자속수[Wb]는 얼마인가? 단, 전기자 저항은 0.006 [Ω]이고, 단중 중권이다.

① 1.85   ② 0.11
③ 0.0185   ④ 0.001

해설

부하 전류

$I = \dfrac{1,000 \times 10^3}{500} = 2,000$ [A]

유기 기전력

$E = V + I_a R_a = 500 + (2,000 \times 0.006) = 512$ [V]

전도체수

$Z = (슬롯수) \times (1슬롯의 도체수) = 192 \times 6 = 1,152$

단중 중권 : $a = p$

$$\therefore E = \frac{pZ}{a}\phi n = \frac{pZ}{a}\phi\frac{N}{60}[\text{V}]\text{에서} \quad 512 = 1,152 \times \phi \times \frac{246}{60}$$

$$\therefore \phi = 0.11 [\text{Wb}]$$

【답】②

09 정격 전압 200 [V], 정격 출력 10 [kW]의 직류 분권 발전기의 전기자 및 분권 계자의 각 저항은 각각 0.1 [Ω] 및 100 [Ω]이다. 전압 변동률은 몇 [%]인가?

① 2 ② 2.6
③ 3 ④ 3.6

해설

전기자 전류

$$I_a = I + I_f = \frac{P}{V} + \frac{V}{R_f} = \frac{10 \times 10^3}{200} + \frac{200}{100} = 52 [\text{A}]$$

전압 변동률

$$\epsilon = \frac{V_0 - V_n}{V_n} \times 100 = \frac{I_a R_a}{V_n} \times 100 [\%]$$

$$= \frac{52 \times 0.1}{200} \times 100 [\%] = 2.6 [\%]$$

【답】②

10 병행 운전하고 있는 A, B 2대의 분권 발전기의 전기자 저항이 각각 0.1 [Ω], 0.2 [Ω], 유기 기전력이 110 [V], 108 [V] 여자 전류가 4 [A], 2 [A]일 때 A 발전기의 전기자 전류가 100 [A]이면 부하 전류는 얼마인가?

① 146 [A] ② 140 [A]
③ 134 [A] ④ 128 [A]

해설

단자전압

$$V = E_A - I_A R_A = E_B - I_B R_B$$
$$= 110 - 100 \times 0.1 = 100 [\text{V}]$$

$$\therefore 100 = 108 - I_B \cdot 0.2$$

$$\therefore I_B = \frac{108 - 100}{0.2} = 40 [\text{A}]$$

A발전기의 정격 전류 $I_1 = 100 - 4 = 96$
B발전기의 정격 전류 $I_2 = 40 - 2 = 38$
$\therefore$ 부하 전류 $I = I_1 + I_2 = 96 + 38 = 134 [\text{A}]$ 【답】③

11 2.2 [kW]의 분권 전동기가 있다. 전압 110 [V], 전기자 전류 42 [A], 속도 1800 [rpm]으로 운전 중에 계자 전류 및 부하 전류를 일정하게 두고 단자 전압을 120 [V]로 올리면 회전수[rpm]는? 단, 전기자 회로의 저항은 0.1 [Ω]으로 하고 전기자 반작용은 무시한다.

① 1440 ② 1870
③ 1970 ④ 2070

해설

속도

$$N = \frac{V - I_a R_a}{K\phi I} = \frac{110 - 42 \times 0.1}{K\phi} = 1,800 [\text{rpm}]$$

$$\therefore K\phi = \frac{105.8}{1,800}$$

부하 및 계자 전류가 일정하므로

$$\therefore N' = \frac{V' - I_a R_a}{K\phi} = \frac{120 - 42 \times 0.1}{\frac{105.8}{1,800}} = 1,970 [\text{rpm}]$$

【답】③

12 100 [HP], 600 [V], 1200 [rpm]의 직류 분권 전동기가 있다. 분권 계자 저항 400 [Ω], 전기자 저항 0.22 [Ω]이고 정격 부하에서의 효율이 90 [%]이면 전부하시의 역기 전력은 약 몇 [V]인가? 단, 1 [HP]은 746 [W]이다.

① 560 ② 570
③ 580 ④ 590

해설

전동기의 입력 : $P = \frac{100 \times 746}{0.9} = 82,888 [\text{W}]$

전부하 전류 : $I = \frac{82,888}{600} = 138 [\text{A}]$

계자 전류 : $I_f = \frac{600}{400} = 1.5 [\text{A}]$

전기자 전류 : $I_a = I - I_f = 138 - 1.5 = 136.5 [\text{A}]$

역기전력 : $E = V - I_a R_a = 600 - 136.5 \times 0.22 \fallingdotseq 570 [\text{V}]$

【답】②

13 분권 전동기가 120 [V]의 전원에 접속되어 운전되고 있다. 부하시에는 53 [A]가 유입되고 무부하로 하면 4.25 [A]가 유입된다. 분권 계자 회로의 저항은 40 [Ω], 전기자 회로 저항은 0.1 [Ω]일 때 부하 운전시의 출력은 몇 [kW]인가? 단, 브러시의 전압 강하는 2 [V]이다.

① 약 6.0   ② 약 6.51
③ 약 5.51   ④ 약 5.0

해설
무부하시의 전기자 전류를 I_{a0}, 전기자 전류 I_a
출력 : $P = E(I_a - I_{a0}) = (V - R_a I_a - v_b)(I_a - I_{a0})$
계자 전류 : $I_f = \dfrac{120}{40} = 3$ [A]
전기자 전류
　$I_a = 53 - 3 = 50$ [A], $I_{a0} = 4.25 - 3 = 1.25$ [A]
　$\therefore P = (120 - 0.1 \times 50 - 2)(50 - 1.25) = 5,509$ [W]
　　　$= 5.51$ [kW]

【답】③

14 회전수 1,200 [rpm]로, 단자 전압 210 [V]일 때 전기자 전류가 100 [A]인 직류 분권 발전기를 전동기로 사용하여 그 단자 전압과 전기자 전류를 위와 같은 값으로 유지할 때의 회전수[rpm]는? 단, 전기자 회로의 저항은 0.05 [Ω]이고, 전기자 반작용은 무시한다.

① 약 1,258   ② 약 1,144
③ 약 1,140   ④ 약 1,136

해설
유도 기전력 : $E = V + I_a R_a = K\phi N$
　$\therefore K\phi = \dfrac{V + I_a R_a}{N} = \dfrac{210 + (100 \times 0.05)}{1200} = 0.179$
　$\therefore E' = V - I_a R_a = K\phi N'$
　$\therefore N' = \dfrac{V - I_a R_a}{K\phi} = \dfrac{210 - (100 \times 0.05)}{0.179} = 1,144$ [rpm]

【답】②

15 과복권 발전기가 있다. 무부하때 속도 800 [rpm]에서 단자 전압이 108 [V]로 되고 전부하때 속도 780 [rpm]에서 단자 전압이 112 [V]로 된다. 전기자 철심내의 자속은 전부하때가 무부하때보다 12 [%] 크다고 한다. 전기자, 브러시, 직권 여자 권선의 총 전압 강하는 얼마인가?

① 2 [V]   ② 4 [V]
③ 6 [V]   ④ 8 [V]

해설
무부하시의 유도 기전력 E_0, 자속 ϕ_0, 회전속도를 n_0
전부하시의 유도 기전력 E, 자속 ϕ, 회전속도를 n
무부하시 유도 기전력
　$E_0 = V_0 = K\phi_0 n_0$, $K = \dfrac{V_0}{\phi_0 n_0}$
전부하시 유도 기전력
　$E = K\phi n = \dfrac{V_0}{\phi_0 n_0} \times \phi \times n = \dfrac{\phi}{\phi_0} \times \dfrac{n}{n_0} \times V_0$
조건에서 $\phi = 1.12\phi_0$ 이므로
　$E = \dfrac{1.12\phi_0}{\phi_0} \times \dfrac{780}{800} \times 108 = 118$ [V]
　$\therefore \triangle V = 118 - 112 = 6$ [V]

【답】③

16 2개의 직류 분권 발전기가 있다. 각각의 정격은 A기가 200 [V] 200 [kW], B기가 200 [V] 300 [kW]로서 전압 변동률은 모두 5 [%]이다. 지금 이 발전기를 무부하에서 210 [V]로 여자하여 병렬 운전시켜 1,500 [A]인 부하를 걸면 단자 전압[V]은 얼마인가? 단, 외부 특성은 직선이라고 한다.

① 222   ② 218
③ 210   ④ 204

해설
용량에 비례하여 부하를 분담하므로 부하 전류는
I_A, $I_B = (1,500 - I_A)$ 이므로
　$\therefore 200 : 300 = I_A : (1,500 - I_A)$
　$\therefore I_A = 600$ [A], $I_B = 900$ [A]

A기기의 정격 전류 $= \dfrac{200 \times 10^3}{200} = 1,000\ [A]$

외부 특성 곡선이 직선이므로 전압 강하는 전류에 비례한다.

$\therefore$ A기의 전압 강하는

$$\triangle V = 200 \times 0.05 \times \dfrac{600}{1,000} = 6\ [V]$$

전압 변동률 $\epsilon = \dfrac{V_0 - V_n}{V_n} \times 100\ [\%]$에서

$$V_0 = \epsilon V_n + V_n = 0.05 \times 200 + 200 = 210\ [V]$$

$\therefore$ 단자 전압 $V_t = V_0 - \triangle V = 210 - 6 = 204\ [V]$

【답】④

17 직류 직권 발전기가 있다. 정격 출력 10 [kW], 정격 전압 100 [V], 정격 회전수 1,500 [rpm]이라 한다. 지금 정격 상태로 운전하고 있을 때의 회전수를 1,200 [rpm]으로 내리고 먼저와 같은 부하 전류를 흘렸을 경우에 단자 전압은 얼마인가? 단, 전기자 회로의 저항은 0.05 [Ω]이라 하고 전기자 반작용은 무시한다.

① 105 [V] ② 84 [V]
③ 80 [V] ④ 79 [V]

해설

부하전류

$$I = P/V = 10,000/100 = 100\ [A]$$

유기 기전력

$$E = V + R_a I = 100 + 0.05 \times 100 = 105\ [V]$$

속도 변화 후의 기전력 : $E' = K\phi n = K\phi(1,200/60)$

$\therefore E = K\phi(1,500/60)$

$\therefore E' = E \times (1,200/1,500) = \dfrac{4}{5}E = \dfrac{4}{5} \times 105 = 84\ [V]$

$\therefore$ 단자 전압

$$V = E' - IR_a = 84 - (100 \times 0.05) = 79\ [V]$$

【답】④

18 직류 직권 전동기가 있다. 공급 전압이 525 [V], 전기자 전류가 50 [A]일 때 회전 속도는 1,500 [rpm]이라고 한다. 공급 전압을 400 [V]로 낮추었을 때 같은 전기자 전류에 대한 회전 속도[rpm]를 구하여라. 단, 전기자 권선 및 계자 권선의 전저항은 0.5 [Ω]이라 한다.

① 1,000 ② 1,125
③ 1,250 ④ 1,375

해설

초당 회전수 $n = \dfrac{N}{60}$

속도 : $N = \dfrac{V - I_a R_a}{K\phi}$ (단, $k_1 = \dfrac{K}{60}$)

$\therefore N_1 = 1,500 = \dfrac{V - I_a R_a}{K\phi} = \dfrac{525 - 50 \times 0.5}{K\phi} = \dfrac{500}{K\phi}$

$\therefore K\phi = \dfrac{500}{1,500} = \dfrac{1}{3}$

전압 400 [V]일 때의 회전 속도 N_2는 I_a와 I_f가 정수이므로

$\therefore N_2 = \dfrac{V' - I_a R_a}{K\phi} = \dfrac{400 - 50 \times 0.5}{\dfrac{1}{3}} = 1,125\ [rpm]$

【답】②

19 정격 출력 5 [kW], 정격 전압이 110 [V]의 직류 발전기가 있다. 500 [V]의 메거를 사용하여 절연 저항을 측정할 때 절연 저항은 약 최저 몇 [Ω] 이상이어야 양호한 절연이라 할 수 있을까?

① $R = 0.11\ [M\Omega]$ ② $R = 0.50\ [M\Omega]$
③ $R = 0.0045\ [M\Omega]$ ④ $R = 2.42\ [M\Omega]$

해설

절연 저항의 최저값

$$R = \dfrac{\text{정격전압[V]}}{\text{정격출력[kW]} + 1,000}\ [M\Omega]$$

$\therefore R = \dfrac{110\ [V]}{5\ [kW] + 1,000} = 0.11\ [M\Omega]$

【답】①

20 220 [V], 50 [kW]인 직류 직권 전동기를 운전하는데 전기자 저항(브러시의 접촉 저항 포함)이 0.05 [Ω]이고 기계적 손실이 1.7 [kW], 표유손이 출력의 1 [%]이다. 부하 전류가 100 [A]일 때의 출력 [kW]은?

① 약 19.6 [kW] ② 약 18.2 [kW]

③ 약 16.7 [kW] ④ 약 14.5 [kW]

해설

역기전력 : $E_c = V - (R_a + R_s)I = 220 - 0.05 \times 100 = 215$

$\therefore P = E_c I = 215 \times 100 = 21,500 \,[\text{kW}] = 21.5 [\text{kW}]$

$\therefore P' = 21.5 - 1.7 - (21.5 \times 0.01) = 19.585 \,[\text{kW}]$

【답】①

21 직류 분권 전동기가 있다. 그 출력이 9 [kW]일 때, 단자 전압은 220 [V], 입력 전류는 51.5 [A], 계자 전류는 1.5 [A], 회전 속도는 1,500 [rpm]이었다. 이때 발생토크[kg·m]와 효율[%]은? 단, 전기자 저항은 0.1 [Ω]이다.

① 6.98, 79.4 ② 6.98, 94.8

③ 86.74, 79.4 ④ 59.33, 94.8

해설

전기자 전류 : $I_a = I - I_f = 51.5 - 1.5 = 50 \,[\text{A}]$

역기전력 : $E = V - R_a I_a = 220 - 0.1 \times 50 = 215 \,[\text{V}]$

기계적 동력 : $P = E I_a = 215 \times 50 = 10,750 \,[\text{W}]$

발생 토크 : $\tau = 0.975 \dfrac{P}{N} = 0.975 \times \dfrac{10,750}{1,500} = 6.98 \,[\text{kg·m}]$

$\therefore$ 효율 : $\eta = \dfrac{출력}{입력} \times 100 = \dfrac{P}{VI} \times 100$

$= \dfrac{9 \times 10^3}{220 \times 51.5} \times 100 = 79.43 \,[\%]$

【답】①

22 직류 분권 전동기가 있다. 단자 전압 215 [V], 전기자 전류 100 [A], 1,500 [rpm]으로 운전되고 있을 때 발생 토크[N·m]는? 단, 전기자 저항 $r_a = 0.1$ [Ω]이다.

① 120.6 ② 130.6

③ 191.1 ④ 291.1

해설

$V = 215 \,[\text{V}]$ $I_a = 100 \,[\text{A}]$

$N = 1500 \,[\text{rpm}]$ $r_a = 0.1 \,[\Omega]$

역기전력

$E = V - I_a R_a = 215 - (100 \times 0.1) = 205 \,[\text{V}]$

$\therefore \tau = 0.975 \dfrac{P}{N} \times 9.8 = 0.975 \dfrac{E \cdot I_a}{N} \times 9.8$

$= 0.975 \times \dfrac{205 \times 100}{1,500} \times 9.8 = 130.6 \,[\text{N·m}]$

【답】②

23 회전수 N [rpm]으로 단자 전압이 E_t [V]일 때, 정격 부하에서 I_a [A]의 전기자 전류가 흐르는 직류 분권 전동기의 전기자 저항이 R_a [Ω]이라고 한다. 이 전동기를 같은 전압으로 무부하 운전할 때 그 속도 N' [rpm]는? 단, 그 전기자 반작용 및 자기 포화 현상 등은 일체 무시한다.

① $\dfrac{N}{E_t - I_a R_a}$ ② $\left(\dfrac{E_t}{E_t - I_a R_a}\right) N$

③ $\left(\dfrac{E_t - I_a R_a}{E_t}\right) N$ ④ $\left(\dfrac{E_t + I_a R_a}{E_t}\right) N$

해설

정격 부하시의 역기전력 : $E_b = E_t - I_a R_a$

Φ는 단자 전압에 비례하고 무부하시의 역기전력 $E_b' = E_t$이므로 무부하시의 회전수 N'는 역기전력에 비례한다.

$\therefore N' = N \dfrac{E_b'}{E_b} = \left(\dfrac{E_t}{E_t - I_a R_a}\right) N$

【답】②

24 워드 레오너드 방식과 일그너 방식의 차이점은?

① 플라이휠을 이용하는 점이다.
② 직류 전원을 이용하는 점이다.
③ 전동 발전기를 이용하는 점이다.
④ 권선형 유도 발전기를 이용하는 점이다.

해설

일그너 방식 : 워드 레오너드 방식과 같은 방식으로 직류 발전기의 구동에 유도 전동기를 사용하고 다시 이 전동 발전기에 플라이휠을 부속시켜서 부하가 급변하는 경우 플라이휠의 에너지를 이용한다.

【답】①

25 계자 제어에 의한 분권 전동기의 속도 제어 조정 범위 중 속도비가 가장 큰 것은?

① 보극이 없을 때
② 보극이 있을 때
③ 보극과 보상 권선이 있을 때
④ 균압선이 있을 때

해설

계자 제어에 의한 속도 조정 범위
① 보극이 없는 경우 1 : 1.5
② 보극이 있는 경우 1 : 2.5
③ 보상 권선이 있는 경우 1 : 4

【답】③

26 전부하 효율이 88 [%]되는 분권 직류 전동기가 있다. 80 [%] 부하에서 최대 효율이 된다면 이 전동기의 전부하에 있어서의 고정손과 부하손의 비는?

① 1.25
② 1
③ 0.8
④ 0.64

해설

직류 분권 전동기가 최대 효율이 되는 것은 고정손과 부하손이 서로 같은 경우이다.

전부하 전류를 I[A]인 경우
최대효율 조건

$$P_k = (0.8I)^2 R_a$$

(P_k : 고정손, R_a : 전기자 회로의 저항)

∴전부하인 경우의 고정손과 부하손의 비율은

$$\therefore \frac{P_k}{I^2 R_a} = \frac{(0.8I)^2 R_a}{I^2 R_a} = 0.8^2 = 0.64$$

【답】④

27 500 [V] 분권 전동기의 무부하 전류가 4 [A], 브러시 접촉 저항을 포함한 전기자 저항이 0.2 [Ω], 계자 전류가 1[A]인 경우 입력 전류가 20 [A]일 때의 출력[W]은?

① 7,930
② 9,928
③ 9,949
④ 9,955

해설

부하손 : $P_k = 500 \times 4 - (4-1)^2 \times 0.2 = 1,998.2$ [W]
가변손 : $I^2 R = (20-1)^2 \times 0.2 = 72.2$ [W]
출력 : $P = 500 \times 20 - 1,998.2 - 72.2$
$\qquad = 7,929.6 \fallingdotseq 7,930$ [W]

【답】①

28 정격 출력시(부하손/고정손)는 2이고, 효율 0.8인 어느 발전기의 1/2 정격 출력시의 효율은?

① 0.7
② 0.75
③ 0.8
④ 0.83

해설

부하손을 P_c, 고정손을 P_i, 출력을 P라 하면 정격 출력시에는 문제의 조건에서 $P_c = 2P_i$로 되므로

$$\therefore \eta = \frac{P}{P + P_i + P_c} = \frac{P}{P + P_i + 2P_i} = \frac{P}{P + 3P_i} = 0.8$$

∴ 1/2 부하시 효율

$$\eta_{\frac{1}{2}} = \frac{\frac{1}{2}P}{\frac{1}{2}P + P_i + \left(\frac{1}{2}\right)^2 P_c} = \frac{P}{P + 3P_i}$$ 이므로 0.8이 된다.

【답】③

29 110 [V], 5 [kW], 1,250 [rpm]의 분권 발전기의 전기자 저항이 0.22 [Ω], 계자 전류 1 [A], 철손 및 기계손의 합이 350 [W]라면 전부하 효율[%]은 얼마인가?

① 82.3   ② 84.2
③ 85.1   ④ 86.4

해설

부하전류 : $I = \dfrac{P}{V} = \dfrac{5,000}{110} = 45.4$ [A]

전기자 전류 : $I_a = I + I_f = 45.4 + 1 = 46.4$ [A]

발전기의 효율

$$\eta_g = \frac{VI}{VI + 철손 + 기계손 + VI_f + I_a^2 \, r_a} \times 100 \, [\%]$$

$$= \frac{5,000 \times 100}{5,000 + 350 + 110 \times 1 + 46.4^2 \times 0.22} = 84.2 \, [\%]$$

【답】②

30 E종 절연물의 최고 허용 온도[℃]는?

① 105   ② 130
③ 90   ④ 120

해설

절연물의 내열성능

절연의 종류	Y	A	E	B	F	H	C
허용 최고온도 [℃]	90	105	120	130	155	180	180 초과

【답】④

31 직류기의 특성 시험법 중 반환 부하법이 아닌 것은?

① Blondel 법
② Kapp 법
③ Hopkinson 법
④ Meyer 법

해설

반환 부하법 : 동일정격이 2대의 기기를 한쪽은 발전기 한쪽은 전동기로 하여 상호간에 동력과 전력을 주고 받아 손실만으로서 온도 상승을 측정할 수 있는 방법을 말한다.
① 블론델법 : 발전기와 전동기의 무부하손을 보조 전동기에 의하여 보급하고, 동손을 승압기에 의하여 공급하는 방법
② 홉킨슨법 : 전손실이 기계적으로 공급되는 방법
③ 카프법 : 전손실을 전기적으로 공급하는 방법

【답】④

32 대형 직류 전동기의 토크를 측정하는 데 가장 적당한 방법은?

① 와전류 제동기   ② 프로니 브레이크법
③ 전기 동력계   ④ 반환 부하법

해설

소형 : 와전류 제동기와 프로니 브레이크법
대형 : 전기 동력계

【답】③

33 직류기의 반환 부하법에 의한 온도 시험이 아닌 것은?

① 키크법   ② 블론델법
③ 홉킨슨법   ④ 카프법

해설

반환 부하법 : 동일정격이 2대의 기기를 한쪽은 발전기 한쪽은 전동기로 하여 상호간에 동력과 전력을 주고 받아 손실만으로서 온도 상승을 측정할 수 있는 방법을 말한다.
① 블론델법 : 발전기와 전동기의 무부하손을 보조 전동기에 의하여 보급하고, 동손을 승압기에 의하여 공급하는 방법
② 홉킨슨법 : 전손실이 기계적으로 공급되는 방법
③ 카프법 : 전손실을 전기적으로 공급하는 방법
키크법(Kick method)은 직류기의 중성축을 결정하는 방법이다.

【답】①

34 직류기의 권선 저항을 운전 전에 측정하니 0.125 [Ω]이고, 운전 후에 측정하니 0.146 [Ω]이었다. 권선의 온도 상승은 몇 [℃]인가? 단, 도체의 권선의 온도 계수는 0.0041 이다.

① 39   ② 30

③ 41   ④ 47

해설

온도 상승후 저항 : $R = R_0(1 + \alpha_0 t)$
온도 상승전 저항

$$R_0 = \frac{R}{1 + \alpha_0 t} = \frac{0.146}{1 + 0.0041 \times t} = 0.125$$

$$\therefore 0.0041 t = \frac{0.146}{0.125} - 1 = 0.168$$

$$\therefore t = \frac{0.168}{0.0041} = 40.97 \, [℃]$$

【답】③

35 2대의 같은 정격의 타여자 직류 발전기가 있다. 그 정격은 출력 10 [kW], 전압 100 [V], 회전 속도 1,500 [rpm]이다. 지금 이 2대를 카프법에 의해서 반환 부하 시험을 하니 전원에서 흐르는 전류는 22 [A]이었다. 이 결과에서 발전기의 효율[%]은? 단, 각 기의 계자 저항손은 각각 200 [W]라고 한다.

① 88.5   ② 87

③ 80.6   ④ 76

해설

2대의 전기자 동손+기계손+철손+표유 부하손
$\quad VI_0 = 100 \times 22 = 2,200 \, [W] = 2.2 \, [kW]$
각 발전기의 계자 저항손
$\quad R_f I_f^2 = 200 \, [W] = 0.2 \, [kW]$
1대 발전기의 효율

$$\eta_g \fallingdotseq \frac{VI}{VI + \frac{1}{2} VI_0 + R_f I_f^2} \times 100$$

$$= \frac{10}{10 + \frac{1}{2} \times 2.2 + 0.2} \times 100 = 88.5 \, [\%]$$

【답】①

36 중폭 특성을 이용하여 발전기의 전압이나 전동기의 속도를 제어하는 특수 직류기는?

① 승압기   ② 전기동력계

③ 앰플리다인   ④ 전동발전기

해설

정속도 운전의 직류 발전기로 작은 전력의 변화를 큰 전력의 변화로 증폭하는 발전기
① 앰플리다인(amplidyne)
② 로토트롤(rototrol)
③ HT 다이나모(Hitachi turning dynamo)

【답】③

37 다음 중 정전압형 발전기가 아닌 것은?

① Rosenberg Generator

② Third Brush Generator

③ Bergmann Generator

④ Rototrol

해설

Rototrol : 증폭기 발전기

【답】④

2 동기기

1. 동기발전기의 원리 및 구조

동기발전기의 구조는 회전자와 고정자, 여자기로 구성된다.

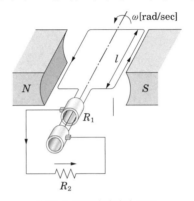

그림 1 교류발전기의 구조

그림 1과 같이 평등자계 중에서 전기자 권선을 일정한 속도로 회전하게 하여 교류기전력을 유기한다. 이것을 동기 발전기라 하며 교류 발전기(alternator)라고도 한다.
이러한 동기 발전기는 자계를 만들기 위한 직류전원이 반드시 필요하게 된다. 이러한 직류 계자전류를 공급하는 기기를 여자기라 한다.
직류 발전기와 달리 교류발전기는 자여자 발전기가 기본적으로 없으며, 여자기를 통해 계자전류를 공급하는 타여자 방식으로 구성된다.

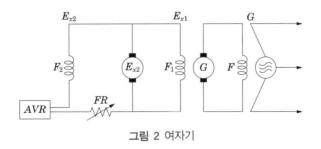

그림 2 여자기

여자기로는 소용량의 발전기는 직류분권발전기, 중용량의 발전기는 복권 또는 타여자 발전기가 여자기로 사용된다. 동기발전기에서는 교류를 발생하므로 발생된 교류 전력

을 반도체를 통하여 직류로 정류한 다음 여자전원에 공급하는 정류기 여자법(rectifier exciter)이 있으며 이 방식을 자려교류발전기방식(self excited alternator)라 한다.

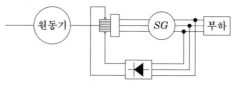

그림 3 정류기 여자법

예제문제 01

다음중 동기발전기의 여자방식이 아닌 것은?

① 직류여자기방식   ② 브러시레스 여자방식

③ 정류기 여자방식   ④ 회전계자방식

해설

회전계자방식 : 전기자를 고정자로 하고 계자극을 회전자로 하여 발전하는 방식이다.

답 : ④

교류 발전기의 경우 일반적으로 1초 사이에 n_s 회전할 때, 교류기전력 주파수 f [Hz]는 다음과 같다.

$$f = \frac{n_s p}{2} \, [\text{Hz}], \quad n_s = \frac{2f}{p} \, [\text{rps}]$$

1분간 N_s 으로 회전한다면 매초 $\dfrac{N_s}{60}$ 회전하므로 이 기전력의

주파수 f는 다음과 같이 된다.

$$f = \frac{p}{2} \times \frac{n_s}{60} = \frac{n_s p}{120} \, [\text{Hz}]$$

$$N_s = \frac{120f}{p} \, [\text{rpm}]$$

여기서 N_s를 동기속도라 한다.

극수 6, 회전수 1,200 [rpm]의 교류 발전기와 병행 운전하는 극수 8의 교류 발전기의 회전수는 몇 [rpm]이라야 되는가?

① 800　　　　　② 900　　　　　③ 1,050　　　　　④ 1,100

해설

동기속도 : $N_s = \dfrac{120f}{p}$ 에서 $1200 = \dfrac{120f}{6}$ [Hz]

$\therefore f = \dfrac{1,200 \times 6}{120} = 60$ [Hz]

$\therefore N = \dfrac{120 \times 60}{8} = 900$ [rpm]

답 : ②

2. 동기 발전기의 분류

회전자에 의한 분류하면 회전 계자형과 회전 전기자형, 유도자형으로 분류된다. 회전 계자형은 동기기 형태가 주이며, 회전자는 계자극이고, 고정자는 전기자이며, 고전압 대전류형에 많이 사용되는데 전기자 권선 전압이 높고 결선이 복잡하여 계자 회전이 유리하다. 회전 계자형으로 하는 이유는 다음과 같다.

• 전기자 권선은 전압이 높고 결선이 복잡하며, 대용량으로 되면 전류도 커지고, 3상 권선의 경우에는 4개의 도선을 인출하여야 한다.
• 계자 회로는 직류의 저압 회로이므로 소요 동력도 작으며, 인출 도선이 2개만 있어도 되기 때문이다.
• 계자극은 기계적으로 튼튼하게 만드는 것이 용이하기 때문이다.
• 고장시의 과도 안정도를 높이기 위하여 회전자의 관성을 크게 하기 쉽기 때문이기도 하다.

회전 전기자형은 소용량 교류발전기나, 직류기에서 적용되며, 유도자형 발전기의 경우는 계자와 전기자가 고정되어 있고, 권선이 없는 유도자라고 하는 회전자를 갖춘 것으로 수백에서 수천 [Hz]의 고주파 발전기에 사용된다.

동기 발전기에 회전 계자형을 사용하는 경우가 많다. 그 이유로 적합하지 않은 것은?

① 기전력의 파형을 개선한다.
② 전기자보다 계자극을 회전자로 하는 것이 기계적으로 튼튼하다.
③ 전기자 권선은 고전압으로 결선이 복잡하다.
④ 계자 회로는 직류 저전압으로 소요 전력이 작다.

해설

회전 계자형을 사용하는 이유

① 전기자 권선은 전압이 높고 결선이 복잡하다. 발전기가 대용량이 되면 전류도 커지고, 3상 권선의 경우에는 4개의 도선(Y결선)을 인출하여야 한다.

② 계자 회로는 직류의 저압 회로이므로 소요 전력도 작으며, 인출 도선이 2개(직류여자전원)만 있어도 된다.

③ 계자극은 기계적으로 튼튼하게 만드는 데 용이하다.

④ 고장시의 과도 안정도를 높이기 위하여 회전자의 관성을 크게 하기 쉽다.

답 : ①

예제문제 **04**

3상 동기 발전기의 전기자 권선을 Y결선으로 하는 이유로서 적당하지 않은 것은?

① 고조파 순환 전류가 흐르지 않는다.　　② 이상 전압 방지의 대책이 용이하다.

③ 전기자 반작용이 감소한다.　　④ 코일의 코로나, 열화 등이 감소된다.

해설

3상 동기 발전기의 전기자 권선을 Y결선으로 하는 이유

① 권선의 불평형 및 제3고조파 계열에 의한 순환 전류가 흐르지 않는다.

② 중성점을 이용할 수 있어 권선 보호 장치의 시설이나 중성점 접지에 의한 이상 전압의 방지 대책이 용이하다.

③ 상전압이 낮기 때문에 코일의 코로나, 열화 등이 작다. 반면 동일 전압에 대하여 상전압이 낮기 때문에 발전기 권선의 전류는 커진다고 볼 수 있다.

답 : ③

원동기에 의해 분류하면

수차 발전기, 터빈 발전기, 엔진 발전기 3가지 형태로 분류된다. 수차발전기는 100∼150 [rpm]의 저속이거나, 100∼1,200 [rpm] 고속도 정도의 종류가 있다. 터어빈 발전기는 또는 증기, 가스 터빈에 의해 1,500∼3,600 [rpm]으로 고속에 잘 견딜 수 있도록 원통형(비돌극기)으로 구성된다.

엔진발전기는 또는 내연기관에 의해 운전되는 것으로 회전수는 100∼1,000 [rpm] 정도이며, 특수 구조를 가지고 있는 경우도 있다.

냉각방식에 의해 분류하면

공기 냉각방식과 수소냉각 방식으로 분류된다. 공기 냉각방식은 소형기, 중형기, 대형 저속기에 사용된다. 수소냉각방식은 대형 고속기에 사용된다. 그 외, 수냉각방식, 유냉각방식도 사용된다.

수소냉각 방식의 특징은 다음과 같다.

- 수소는 공기밀도(약 12 [%])의 약 7 [%]이므로 풍손이 1/10로 감소하여 전손실이 큰 대형 고속기에서는 효율이 약 0.75~1 [%] 향상된다.
- 수소의 열전도율은 공기의 약 6.7배, 비열은 약 14배, 표면 방산율은 약 1.5배이므로 냉각효과가 크면 같은 출력의 기계에서 기계의 크기를 약 35 [%] 작게 할 수 있다.
- 수소는 불활성이므로 공기보다 코일(coil)의 수명을 길게 한다.
- 전폐형이므로 소음이 적고 불순물 침입이 감소된다.
- 코로나(corona)발생전압이 높고, 수소내에서는 절연물에 미치는 해가 적다.

예제문제 05

터빈 발전기의 특징 중 틀린 것은?

① 회전자는 지름을 크게 하고 축 방향으로 길게 하여 원심력을 크게 한다.
② 회전자는 원통형 회전자로 하여 풍손을 작게 한다.
③ 회전자의 계자 철심, 계철 및 축은 강도가 큰 특수강으로 한다.
④ 수소 냉각 방식을 써서 풍손을 줄인다.

해설
터빈 발전기 : 고속 발전기로 회전자는 지름을 작게 하고 축 방향으로 길게 하여 원심력을 작게 한다.

답 : ①

---

3. 유기기전력

1개의 전기자 도체에 유기되는 기전력의 순시값 e [V], 자속밀도 B [Wb], 전기자 도체 유효길이 l [m], 도체 회전속도 v [m/s]라 하면 다음 식과 같다.

$$e = Blv$$

회전속도는

$$v = \pi D n = \pi D \cdot \frac{N}{60} = \pi D \frac{1}{60} \frac{120f}{p} = \pi D \frac{2f}{p} \text{ [m/s]이며,}$$

$$B = B_m \sin \omega t \text{ [Wb/m] 이므로}$$

$$e = B\, lv = Bl\left(\pi D \frac{2f}{p}\right) = 2f \frac{\pi Dl}{p} B = 2f \frac{\pi Dl}{p} B_m \sin \omega t \text{ [V]}$$

가 된다. 따라서 기전력의 평균값은

$$E_{mean} = 2f \frac{\pi Dl}{p} B_{mean} = 2f \frac{\pi Dl}{p} \frac{p\phi}{\pi Dl} = 2f\phi$$

이므로

$$E = \text{파형률} \times E_{mean} = 2.22 \times f\phi\,[\text{V}]$$

가 된다. 한 개의 코일에 권수가 W이면 도체수는 $2W$가 되므로

$$E = 4.44\,f\,W\phi\,[\text{V}]$$

가 된다. 여기서 권선계수(winding factor)를 적용하면 다음과 같다.

$$E = 4.44\,k_w f\,W\phi\quad[\text{V}]$$

여기서, ϕ : 1극당의 자속수 [Wb], p : 극수, W : 1상의 직렬권 회수, k_w : 권선계수

예제문제 06

60 [Hz] 12극 회전자 외경 2 [m]의 동기 발전기에 있어서 자극면의 주변 속도[m/s]는?

① 30   ② 40   ③ 50   ④ 60

해설

동기속도 : $N_s = \dfrac{120f}{p} = \dfrac{120 \times 60}{12} = 600\,[\text{rpm}]$

자극면 주변속도 : $v = \pi D \cdot \dfrac{N_s}{60} = \pi \times 2 \times \dfrac{600}{60} = 62.8\,[\text{m/s}]$

답 : ④

예제문제 07

6극 60 [Hz] Y결선 3상 동기 발전기의 극당 자속이 0.16 [Wb], 회전수 1,200 [rpm], 1상의 권수 186, 권선 계수 0.96이면 단자 전압은?

① 13,183 [V]   ② 12,254 [V]   ③ 26,366 [V]   ④ 27,456 [V]

해설

코일의 유기 기전력 : $E = 4.44f\,Wk_w\phi = 4.44 \times 60 \times 186 \times 0.96 \times 0.16 = 7,610.94$

단자 전압 : $V = \sqrt{3}\,E = \sqrt{3} \times 7610.94 = 13,183\,[\text{V}]$

답 : ①

---

4. 전기자권선법

전기자 권선법은 보통 동기기에서는 중권이 사용된다. 파권은 특수한 경우 사용되며, 쇄권은 거의 사용되지 않는다. 동기기는 보통 한 개의 슬롯에 2개의 코일변을 넣는 2층권이 사용된다.

동기기는 정현파를 유기하기 위해서는 슬롯에서 발생하는 고조파(harmonics)를 제거하기 위한 권선법을 사용한다.

4.1 분포권

매극, 매상의 코일을 2개 이상의 슬롯에 분산하여 감는 권선법으로 특정고조파 성분을 제거 할 수 있다.

분포권으로 감을 경우 합성기전력은 집중권보다 줄어들게 되며 이러한 비를 분포권 계수라 한다.

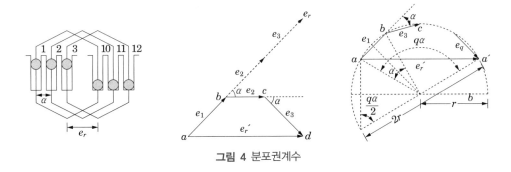

그림 4 분포권계수

그림 4에서 분포권계수를 산출할 수 있다.

$$k_d = \frac{e_r{}'}{e_r} = \frac{2r\sin\dfrac{\pi}{2m}}{2rq\sin\dfrac{\pi}{2mq}} = \frac{\sin\dfrac{\pi}{2m}}{q\sin\dfrac{\pi}{2mq}}$$

여기서, $\alpha = \dfrac{\pi}{mq}$, m은 상수, q는 매극 매상당 슬롯수이다.

고조파 차수를 h라 하면

$$k_d = \frac{\sin\dfrac{h\pi}{2m}}{q\sin\dfrac{h\pi}{2mq}}$$

여기서, 매극, 매상의 슬롯수는 $q = \dfrac{s}{mp}$ 이며, 고조파 차수 h 이다.

가 된다. 분포권의 장점을 정리하면 다음과 같다.

• 기전력의 고조파가 감소하여 파형이 좋아진다.
• 권선의 누설 리액턴스가 감소한다.
• 열방산 효과가 좋아진다.

예제문제 08

교류기에서 집중권이란 매극, 매상의 홈(slot) 수가 몇 개인 것을 말하는가?

① $\dfrac{1}{2}$ 개   ② 1개   ③ 2개   ④ 5개

해설
• 집중권(concentrated winding) : 매극, 매상의 슬롯수가 1개가 되는 권선
• 분포권(distributed winding) : 매극, 매상의 슬롯수가 2개 이상인 것

답 : ②

예제문제 09

동기 발전기의 권선을 분포권으로 하면?

① 파형이 좋아진다.
② 권선의 리액턴스가 커진다.
③ 집중권에 비하여 합성 유도 기전력이 높아진다.
④ 난조를 방지한다.

해설
분포권의 특징
① 기전력의 고조파가 감소하여 파형이 좋아진다.
② 권선의 누설 리액턴스가 감소한다.
③ 열방산 효과가 좋아진다.
④ 집중권에 비하여 유도 기전력이 낮아진다.

답 : ①

예제문제 10

슬롯수가 48인 고정자가 있다. 여기에 3상 4극의 2층권을 시행할 때에 매극 매상의 슬롯수와 총 코일수는?

① 4, 48   ② 12, 48   ③ 12, 24   ④ 9, 24

해설
매극 매상의 슬롯수 : $q = \dfrac{\text{총 슬롯수}}{\text{상수} \times \text{극수}} = \dfrac{48}{3 \times 4} = 4$

코일수 $= \dfrac{\text{총슬롯수} \times \text{층수}}{2} = \dfrac{48 \times 2}{2} = 48$

답 : ①

3상 동기 발전기의 매극, 매상의 슬롯수를 3이라 할 때 분포권 계수를 구하면?

① $6\sin\dfrac{\pi}{18}$ ② $3\sin\dfrac{\pi}{9}$ ③ $\dfrac{1}{6\sin\dfrac{\pi}{18}}$ ④ $\dfrac{1}{3\sin\dfrac{\pi}{18}}$

해설

분포권 계수 : $K_d = \dfrac{\sin\dfrac{n\pi}{2m}}{q\sin\dfrac{n\pi}{2mq}}$ 에서 $n=1$, 상수 $m=3$, 매극 매상의 슬롯수 $q=3$ 이므로

$\therefore K_d = \dfrac{\sin\dfrac{\pi}{6}}{3\sin\dfrac{\pi}{2\times3\times3}} = \dfrac{\dfrac{1}{2}}{3\sin\dfrac{\pi}{18}} = \dfrac{1}{6\sin\dfrac{\pi}{18}}$

답 : ③

상수 m, 매극, 매상당 슬롯수 q인 동기 발전기에서 n차 고조파분에 대한 분포 계수는?

① $\left(\sin\dfrac{\pi}{2m}\right)\Big/\left(q\sin\dfrac{n\pi}{2mq}\right)$ ② $\left(q\sin\dfrac{n\pi}{mq}\right)\Big/\left(\sin\dfrac{n\pi}{m}\right)$

③ $\left(\sin\dfrac{n\pi}{m}\right)\Big/\left(q\sin\dfrac{n\pi}{mq}\right)$ ④ $\left(\sin\dfrac{n\pi}{2m}\right)\Big/\left(q\sin\dfrac{n\pi}{2mq}\right)$

답 : ④

4.2 단절권

단절권은 그림 5와 같이 권선피치가 자극피치보다 적게 감는 권선법으로 유도기전력 e_a와 e_b 사이에 $(1-\beta)\pi$ 만큼 위상차가 생긴다.

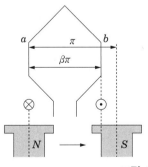 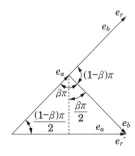

그림 5 단절권

단절권으로 감을 경우 합성기전력은 전절권보다 줄어들게 되며 이러한 비를 단절권 계수라 한다.

그림 5에서 단절권 계수를 구할 수 있다.

$$k_p = \frac{e_r{}'}{e_a + e_b} = \frac{e_r{}'}{2e} = \sin\frac{\beta\pi}{2}$$

고조파 차수가 h라면 단절권 계수는 다음과 같다.

$$k_p = \sin\frac{h}{2}\beta\pi$$

여기서　$\beta = \dfrac{코일피치(=권선피치)}{극피치(=자극피치)} < 1$ 이며, h는 고조파 차수를 의미한다.

단절권의 장점을 정리하면 다음과 같다.

• 고조파를 제거하여 기전력의 파형을 좋게 한다.
• 코일 끝부분의 길이가 단축되어 기계 전체의 길이가 축소된다.
• 구리의 양이 적게 든다.

권선계수는 $k_w = k_d \cdot k_p$ 이며 유도기전력을 구할 경우 적용된다.

$$E = 4.44\,k_d k_p f\,W\phi = 4.44\,k_w f\,W\phi\ [\text{V}]$$

예제문제 13

3상, 6극, 슬롯수 54의 동기 발전기가 있다. 어떤 전기자 코일의 두 변이 제 1 슬롯과 제 8 슬롯에 들어 있다면 단절권 계수는 얼마인가?

① 0.9397　　　② 0.9567　　　③ 0.9337　　　④ 0.9117

해설

극 간격 : $\dfrac{54}{6} = 9$

슬롯으로 표시된 코일 간격 : 7

∴ 극 간격으로 표시한 코일 피치 : $\beta = \dfrac{7}{9}$

∴ 단절권 계수 $K_{pn} = \sin\dfrac{n\beta\pi}{2}$ (n : 고조파의 차수)

∴ $K_{p1} = \sin\dfrac{7\pi}{2\times9} = \sin\dfrac{21.98}{18} = \sin1.221 = 0.9397$

답 : ①

3상 동기 발전기의 각 상의 유기 기전력 중에서 제5고조파를 제거하려면 코일 간격/극 간격을 어떻게 하면 되는가?

① 0.8   ② 0.5   ③ 0.7   ④ 0.6

해설

제n고조파에 대한 단절 계수 : $K_{pn} = \sin n\beta\pi/2$

∴ 제5고조파에 대해서는 $K_{p5} = \sin\dfrac{5\beta\pi}{2}$

$K_{p5} = 0$되어야 하므로 $\beta = 0,\ 0.4,\ 0.8,\ 1.2,\ \cdots$가 구해진다.

∴ 1보다 작고 가장 가까운 $\beta = 0.8$이 가장 적당하다.

답 : ①

5. 동기발전기의 특성

5.1 전기자반작용

전기자 반작용이란 전기자 전류에 의한 자속에 계자극에 영향을 주는 현상을 말한다. 전기자에 흐르는 전류가 무부하 유기기전력과 동상인 경우 주 계자 기자력 F_f 에 대해서 전기자 기자력 F_a 는 공간적으로 $\pi/2$만큼 뒤져 있으므로 F_f 에 대해 횡축 반작용 또는 교차 자화작용을 한다. N극 좌측에서는 자속을 증가시키고 우측에서는 감소시키는 편자작용이 생긴다.

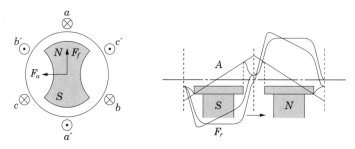

그림 6 교차자화작용

전기자 전류가 무부하 유기기전력보다 $\dfrac{\pi}{2}$만큼 뒤진 경우 주계자 기자력 F_f 와 전기자 기자력 F_a 는 π만큼의 위상이 떨어져 있으므로 F_a 는 감자 작용 또는 직축 반작용으로 합성기전력 E는 유도 기전력 E_0 보다 감소하게 된다.

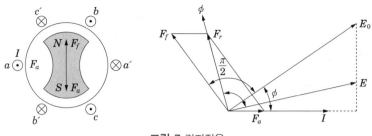

그림 7 감자작용

전기자 전류가 무부하 기전력보다 $\dfrac{\pi}{2}$ 앞서는 경우 주계자 기자력 F_f 와 전기자 기자력 F_a 는 같은 위치에서 생기므로 자화작용하여 합성 유도기전력 E 는 자속이 증가하기 때문에 증자작용 또는 자화작용이라 한다.

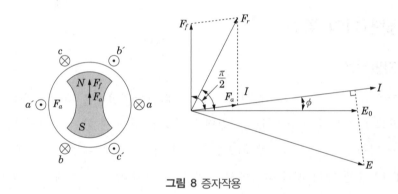

그림 8 증자작용

예제문제 15

동기 발전기에서 앞선 전류가 흐를 때 어떤 작용을 하는가?

① 감자 작용　　　　　　　　② 증자 작용

③ 교차 자화 작용　　　　　④ 아무 작용도 하지 않음

해설
전기자 반작용
① 전기자 전류가 유기 기전력과 동상인 경우(역률 100 [%]) : 교차 자화 작용으로 주자속을 편자하도록 하는 횡축 반작용을 한다.
② 전기자 전류가 유기 기전력보다 π/2 뒤진 경우 : 감자 작용에 의하여 주자속을 감소시키는 직축 반작용을 한다.
③ 전기자 전류가 유기 기전력보다 π/2 앞선 경우 : 증자 작용에 의하여 단자 전압을 상승시키는 직축 반작용을 한다.

답 : ②

동기 발전기에서 전기자 전류를 I, 유기 기전력과 전기자 전류와의 위상각을 θ라 하면 횡축 반작용을 하는 성분은?

① $I\cot\theta$ ② $I\tan\theta$ ③ $I\sin\theta$ ④ $I\cos\theta$

해설
- $I\cos\theta$: 기전력과 같은 위상의 전류 성분으로서 횡축 반작용을 한다.
- $I\sin\theta$: $\pi/2$ [rad]만큼 뒤지거나 앞서기 때문에 직축 반작용을 한다.

답 : ④

5.2 동기임피던스

동기임피던스는 전기자저항과 전기자 반작용 리액턴스, 누설리액턴스의 합으로 표현된다. 이때 전기자 반작용 리액턴스와 누설리액턴스의 합을 동기리액턴스라 한다.

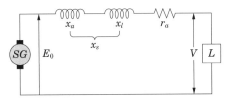

그림 9 동기임피던스

늦은 역률의 경우 동기발전기에서는 전기자반작용이 직축반작용을 하며 주자속을 감소시키는 작용을 한다. 실제 전기자 누설 리액턴스 x_l, 반작용 리액턴스 x_a는 다음의 크기로 나타낼 수 있다.

$$x_a + x_l = x_s$$

x_s [Ω]를 동기 리액턴스라 하고 동기 발전기의 전기자 권선저항 r_a [Ω]로 이루어지는 값을 다음과 같다.

$$Z_s = r_a + j\,x_s\,[\Omega]$$

여기서, Z_s를 동기발전기의 동기 임피던스(synchronous impedance)

$$Z_s = r_a + j\,x_s = r_a + j(x_a + x_l)\,[\Omega]$$

여기서, x_a : 전기자 반작용 리액턴스, x_l : 누설 리액턴스

5.3 전기자 누설 리액턴스

전기자 전류로 만들어지는 자속중에서 전기자 권선에만 쇄교하는 자속과 누설되는 자속으로 나누며, 누설 자속은 전기자 권선과 쇄교하여 누설 인덕턴스 L을 가지게 된다. $\omega L = 2\pi f L$ 에서 ωL을 전기자 권선에 있어서 누설 리액턴스(leakage reactence)라 한다.

예제문제 17

동기기의 전기자 저항을 r, 반작용 리액턴스를 x_a, 누설 리액턴스를 x_l이라 하면 동기 임피던스는?

① $\sqrt{r^2 + \left(\dfrac{x_a}{x_l}\right)^2}$ ② $\sqrt{r^2 + x_l^2}$ ③ $\sqrt{r^2 + x_a^2}$ ④ $\sqrt{r^2 + (x_a + x_l)^2}$

해설
동기 임피던스 : $Z_s = r_a + jx_s = r_a + j(x_a + x_l) \fallingdotseq x_s \,[\Omega]$

답 : ④

예제문제 18

동기기에서 동기 임피던스 값과 실용상 같은 것은? 단, 전기자 저항은 무시한다.

① 전기자 누설 리액턴스 ② 동기 리액턴스
③ 유도 리액턴스 ④ 등가 리액턴스

해설
$Z_s = r_a + jx_s = r_a + j(x_a + x_l) \fallingdotseq x_s \,[\Omega]$
r_a : 전기자 저항, x_a : 전기자 반작용 리액턴스, x_l : 전기자 누설 리액턴스, x_s : 동기 리액턴스

답 : ②

---

6. 출력

6.1 원통형

단자전압을 V 기전력을 E라 하면 $E_o = V + (r_a + jx_s)I$ 이며 이를 벡터로 표시하면 그림 10과 같다.

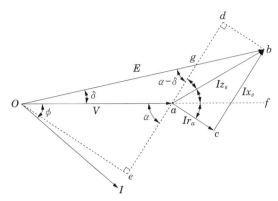

그림 10 원통형 발전기의 벡터도

그림 10을 이용하여 발전기 출력을 구하면 다음과 같다.

$$P = \frac{VE}{X_S}\sin\delta\,[\text{W}]$$

3상 발전기의 경우 출력은

$$P = \sqrt{3}\,VI\cos\theta = 3\times\frac{EV}{x_s}\sin\delta\,[\text{W}]$$

가 된다. 3상 발전기의 출력은 $\delta = 90°$일 때이며, 보통 $\delta = 45°$보다 작고 전부하시 $\delta = 20°$ 부근에서 운전된다.

6.2 돌극형

돌극기에서 전기자 저항 r_a를 무시한 경우 출력을 구해보면

$$P = \frac{EV}{x_d}\sin\delta + \frac{V^2(x_d - x_q)}{2x_d x_q}\sin2\delta\,[\text{W}]\text{가 된다.}$$

여기서, x_d : 직축 리액턴스 , x_q : 횡축 리액턴스, x_s : 동기 리액턴스

제1항 곡선과 제2항 곡선을 나타내고 있으며 두 항의 합이 점선과 같이 나타나는데 $\delta = 60°$ 부근에서 최대 출력을 나타내고 있으며 일반적으로 정격운전시 $\delta = 20°$ 부근에서 운전을 하고 있다.

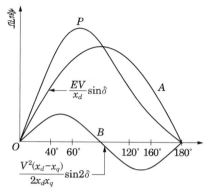

그림 11 돌극형 발전기의 출력

예제문제 19

비돌극형 동기 발전기의 단자 전압(1상)을 V, 유도 기전력(1상)을 E, 동기 리액턴스를 x_s, 부하각을 δ라고 하면 1상의 출력은 대략 얼마인가?

① $\dfrac{E^2 V}{x_s}\sin\delta$ ② $\dfrac{E V^2}{x_s}\sin\delta$ ③ $\dfrac{E V}{x_s}\sin\delta$ ④ $\dfrac{E V}{x_s}\cos\delta$

해설

비돌극기의 출력 : $P = \dfrac{EV}{Z_s}\sin(\alpha+\delta) - \dfrac{V^2}{Z_s}\sin\alpha$

r_a는 매우 작으므로 $Z_s \fallingdotseq x_s$, $\alpha \fallingdotseq 0$이라 하면

$\therefore P \fallingdotseq \dfrac{EV}{x_s}\sin\delta$ [W]

답 : ③

예제문제 20

동기 리액턴스 $x_s = 10\,[\Omega]$, 전기자 권선 저항 $r_a = 0.1\,[\Omega]$, 유도 기전력 $E = 6,400$ [V], 단자 전압 $V = 4,000$ [V], 부하각 $\delta = 30°$이다. 3상 동기 발전기의 출력[kW]은? 단, 주어진 값은 1상 값이다.

① 1,280   ② 3,840   ③ 5,560   ④ 6,650

해설

비돌극기의 출력

$P = 3 \times \dfrac{EV}{x_s}\sin\delta = 3 \times \dfrac{6,400 \times 4,000}{10} \times \sin 30 \times 10^{-3} = 3,840\,[\text{kW}]$

답 : ②

7. 동기발전기의 특성

7.1 무부하 포화곡선

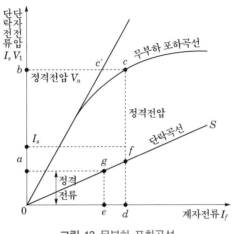

그림 12 무부하 포화곡선

발전기를 무부하로 한 상태에서 정격속도로 운전하여 계자전류를 0에서부터 서서히 증가시켰을 경우 유도 기전력 E와 계자 전류 I_f 와의 관계곡선을 무부하 포화곡선이라 한다. 유기기전력은 계자전류와 비례하여 증가하지만 정격전압 가까이에서는 철심이 포화하여 자기저항이 커지므로 곡선이 되어 점점 일정하게 된다.

그림 12에서 Oc'는 공극선(air gap line)이라 한다. c를 정격전압 V_n를 취하여 점 c에서 평행선을 그어 종축과 만난 점을 b라 하면

$$\sigma = \frac{\overline{cc'}}{\overline{bc'}}$$

여기서 σ는 포화율(saturation factor)이라고 하며 포화계수인 철심의 포화정도를 나타낸다.

그림 12에서 OS에서 3상 동기 발전기의 중성선을 제외하고 단자를 단락하여 발전기를 정격속도로 운전하며 계자전류 I_f [A]를 0에서 서서히 증가시켰을 경우 계자전류 I_f [A]와 단락전류 I_s [A]와의 관계곡선을 3상 단락곡선이라 한다. 3상 단락곡선이 직선이 되는 이유는 $r_a \ll x_s$이므로 전류는 전압보다 거의 $\pi/2$ 뒤진 전류가 되어 감자 작용을 함으로써 자속밀도가 작아 철심이 포화되지 않기 때문에 직선이 된다.

예제문제 21

동기기의 3상 단락 곡선이 직선이 되는 이유는?

① 무부하 상태이므로   ② 자기 포화가 있으므로
③ 전기자 반작용으로   ④ 누설 리액턴스가 크므로

해설
단락 전류는 전압보다 거의 $\pi/2$ 뒤진 전류가 되어 감자작용을 함으로써 자속밀도가 작아 철심이 포화되지 않기 때문에 직선이 된다.

답 : ③

그림 12에서 무부하시 정격속도에서 정격전압 V_n [V]를 발생하는데 필요한 계자전류 $I_f{'}$ [A]와 정격부하전류 I_n [A]와 같은 영구 단락전류를 흘리는데 필요한 계자전류 $I_f{''}$ [A]의 비를 단락비(short circuit ration)라고 한다.

$$K_s = \frac{I_f{'}}{I_f{''}}$$

단락비는 터빈 발전기에서는 $0.6 \sim 1.0$, 수차 발전기에서는 $0.9 \sim 1.2$ 정도이며, 단락비가 큰기계는 다음과 같은 특징을 갖는다.

- 동기 임피던스가 적다.($K_s = \frac{1}{Z_s}$에서 동기 임피던스가 적어진다.)
- 반작용 리액턴스 x_a가 적다.($Z_s = r_a + j(x_a + x_l)$에서 Z_s가 적다는 것은 반작용 리액턴스 x_a가 적다는 것을 의미한다.)
- 계자 기자력이 크다.(전기자 기자력에 비해 상대적으로 계자 기자력이 크므로 전기자 반작용에 의한 영향이 적게 되고, 전압 변동률이 양호해진다.)
- 기계의 중량이 크다.(회전자의 직경이 크게 되므로 기계의 중량이 큰 철기계를 의미한다.)
- 과부하 내량이 증대되고, 송전선의 충전 용량이 커진다.(가격은 높아진다.)

예제문제 22

동기 발전기의 단락비를 계산하는 데 필요한 시험의 종류는?

① 동기화 시험, 3상 단락 시험   ② 부하 포화 시험, 동기화 시험
③ 무부하 포화 시험, 3상 단락 시험   ④ 전기자 반작용 시험, 3상 단락 시험

해설
단락비 : $K_s = \dfrac{\text{무부하에서 정격전압을 유기하는 데 필요한 계자전류}}{\text{정격전류와 같은 3상 단락전류를 흘리는 데 필요한 계자전류}}$

답 : ③

예제문제 **23**

3상 교류 동기 발전기를 정격 속도로 운전하고 무부하 정격 전압을 유기하는 계자 전류를 i_1, 3상 단락에 의하여 정격 전류 I를 흘리는 데 필요한 계자 전류를 i_2라 할 때 단락비는?

① $\dfrac{I}{i_1}$　　　　② $\dfrac{i_2}{i_1}$　　　　③ $\dfrac{I}{i_2}$　　　　④ $\dfrac{i_1}{i_2}$

해설

단락비 : $K_s = \dfrac{\text{무부하에서 정격전압을 유기하는 데 필요한 계자전류}}{\text{정격전류와 같은 3상 단락전류를 흘리는 데 필요한 계자전류}}$

$\qquad\quad = \dfrac{I_s}{I_n} = \dfrac{i_1}{i_2}$

답 : ④

예제문제 **24**

동기기에 있어서 동기 임피던스와 단락비와의 관계는?

① 동기 임피던스$[\Omega] = \dfrac{1}{(\text{단락비})^2}$　　　② 단락비 $= \dfrac{\text{동기 임피던스}[\Omega]}{\text{동기 각속도}}$

③ 단락비 $= \dfrac{1}{\text{동기 임피던스}[\text{p} \cdot \text{u}]}$　　　④ 동기 임피던스$[\text{p} \cdot \text{u}] = $ 단락비

해설

%동기 임피던스 : $\%Z_s = \dfrac{I_n Z_s}{E_n} \times 100 = \dfrac{I_n}{E_n} \cdot \dfrac{E_n}{I_s} \times 100 = \dfrac{I_n}{I_s} \times 100 = \dfrac{1}{K_s} \times 100$ [%]

$\therefore K_s = \dfrac{1}{\%Z_s} \times 100$ [%]

답 : ③

예제문제 **25**

동기 발전기에서 단락비 K_s는?

① 수차 발전기가 터빈 발전기보다 작다
② 수차 발전기가 터빈 발전기보다 크다
③ 수차 발전기나 터빈 발전기 어느 것이나 차이가 없다
④ 엔진 발전기가 제일 적다

해설

• 수차 발전기 : 0.9~1.2
• 터빈 발전기 : 0.6~0.9

답 : ②

예제문제 **26**

동기 발전기의 단락비는 기계의 특성을 단적으로 잘 나타내는 수치로서, 동일 정격에 대하여 단락비가 큰 기계는 다음과 같은 특성을 가진다. 옳지 않은 것은?

① 과부하 내량이 크고, 안정도가 좋다.

② 동기 임피던스가 작아져 전압 변동률이 좋으며, 송전선 충전 용량이 크다.

③ 기계의 형태, 중량이 커지며, 철손, 기계 철손이 증가하고 가격도 비싸다.

④ 극수가 적은 고속기가 된다.

해설

단락비가 큰 기계의 특징

① 동기 임피던스가 적다.　　　　　② 반작용 리액턴스 x_a가 적다.

③ 계자 기자력이 크다.　　　　　　④ 기계의 중량이 크다.

⑤ 과부하 내량이 증대되고, 송전선의 충전 용량이 큰 여유가 있는 기계이나 반면에 기계의 가격이 상승한다.

답 : ④

예제문제 **27**

정격 출력 10,000 [kVA], 정격 전압이 6,600 [V], 동기 임피던스가 매상 3.6 [Ω]인 3상 동기 발전기의 단락비는?

① 1.3　　　　　　② 1.25　　　　　　③ 1.21　　　　　　④ 1.15

해설

• 단락 전류 : $I_s = \dfrac{E}{\sqrt{3}\,Z_s} = \dfrac{6,600}{\sqrt{3}\times 3.6} = 1,058.5\,[\text{A}]$

• 정격 전류 : $I_n = \dfrac{P}{\sqrt{3}\,V} = \dfrac{10,000\times 10^3}{\sqrt{3}\times 6,600} = 874.8\,[\text{A}]$

∴ 단락비 $K_s = \dfrac{I_s}{I_n} = \dfrac{1,058.5}{874.8} = 1.21$

답 : ③

7.2 %동기임피던스(percentage synchronous impedance)

%동기임피던스는 정격임피던스에 대한 동기임피던스의 비를 백분율로 나타낸 것을 말한다.

$$\text{동기임피던스는 } Z_s = \frac{E_n}{I_s} = \frac{V_n/\sqrt{3}}{I_s} \text{이며,}$$

$$\text{정격임피던스는 } Z_n = \frac{E_n}{I_n} \text{ 이므로}$$

$$\%Z = \frac{Z_s}{Z_n}\times 100 = \frac{Z_s}{\dfrac{E_n}{I_n}}\times 100 = \frac{I_n Z_s}{E_n}\times 100\,[\%]$$

따라서, 다음과 같이 나타낼 수 있다.

$$\% Z_s = \frac{I_n Z_s}{E_n} \times 100 = \frac{\sqrt{3}\, I_n Z_s}{V_n} \times 100$$

$$= \frac{I_f''}{I_f'} \times 100 = \frac{1}{K_s} \times 100 \ [\%]$$

여기서, I_n : 정격 전류, Z_s : 동기 임피던스,
E_n : 동기 발전기의 유도 기전력으로 단자전압을 $\sqrt{3}$ 으로 나눈값

$$I_n = \frac{P \times 10^3}{\sqrt{3}\, V \times 10^3}$$

$$E_n = \frac{V \times 10^3}{\sqrt{3}}$$

이므로

$$\% Z_s = \frac{P_n Z}{10 V^2}\ [\%]$$

가 된다.

예제문제 28

8,000 [kVA], 6,000 [V]인 3상 교류 발전기의 % 동기 임피던스가 80 [%]이다. 이 발전기의 동기 임피던스는 몇 [Ω]인가?

① 3.6　　　　　② 3.2　　　　　③ 3.0　　　　　④ 2.4

해설

%임피던스 : $Z_s = \dfrac{Z_s' E_n}{100 I_n} = \dfrac{80 \times \dfrac{6,000}{\sqrt{3}}}{100 \times \dfrac{8,000 \times 10^3}{\sqrt{3} \times 6,000}} = 3.6\ [\Omega]$

단락비 : $K_s = \dfrac{100}{Z_s'} = \dfrac{100}{80} = 1.25$

답 : ①

7.3 전압변동률

전압 변동률은 여자를 변화하지 않고 지정 역률하의 정격출력에서 무부하로 하였을 때의 전압변동의 비를 말하며 정격전압의 백분율로 나타낸 것이다.

$$\epsilon = \frac{V_0 - V_n}{V_n} \times 100\,[\%]$$

여기서, V_0 : 무부하 단자 전압[V], V_n : 정격 단자 전압[V]

유도부하인 경우 ϵ의 값이 $+(V_0 > V)$, 용량부하인 경우 $-(V_0 < V)$로 된다.

예제문제 29

동기기의 전압 변동률이 용량 부하이면 어떻게 되는가? 단, V_0 : 무부하로 하였을 때의 전압, V : 정격 단자 전압이다.

① $-(V_0 < V)$ ② $+(V_0 > V)$

③ $-(V_0 > V)$ ④ $+(V_0 < V)$

해설

전압 변동률 : $\epsilon = \dfrac{V_0 - V}{V} \times 100\,[\%]$

유도 부하의 경우에 ϵ은 $+(V_0 > V)$
용량 부하의 경우에 ϵ은 $-(V_0 < V)$

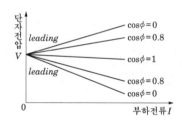

답 : ①

7.4 자기여자현상(self excitation)

동기발전기에 콘덴서와 같은 용량성 부하를 접속하면 영역률의 진상전류에 의한 $I_c = 2\pi f_c V$ 가 전기자 권선에 흐르게 된다. 이러한 진상 전류에 의한 전기자반작용은 잔류 자기에 의한 전압 때문에 $\dfrac{\pi}{2}$ 앞선 전류가 흐르고 이 전류는 전기자 반작용의 자화작용에 의해 단자 전압은 높아지고 충전전류도 높아진다. 이와 같이 단자 전압이 계속 높아지면 정상전압까지 확립되어 가는 현상을 자기여자현상이라 한다.

자기여자 현상의 방지대책은 다음과 같다.

- 발전기 2대 또는 3대를 병렬로 모선에 접속한다.
- 수전단에 부족여자를 갖는 동기 조상기 접속시키면 지상전류를 취하여 충전전류를 보상하게 된다.
- 송전선로의 수전단에 변압기를 접속한다.

- 수전단에 리액턴스를 병렬로 접속한다.
- 단락비를 크게한다.

동기 발전기의 자기 여자 현상의 방지법이 되지 않는 것은?

① 수전단에 리액턴스를 병렬로 접속한다.
② 수전단에 변압기를 병렬로 접속한다.
③ 발전기 여러 대를 모선에 병렬로 접속한다.
④ 발전기의 단락비를 적게 한다.

해설
자기여자 현상의 방지대책
① 발전기 2대 또는 3대를 병렬로 모선에 접속한다.
② 수전단에 부족여자를 갖는 동기 조상기 접속시키면 지상전류를 취하여 충전전류를 보상하게 된다.
③ 송전선로의 수전단에 변압기를 접속한다.
④ 수전단에 리액턴스를 병렬로 접속한다.
⑤ 단락비를 크게한다.

답 : ④

8. 단락현상

3상 동기발전기가 급격히 단락되면 단락된 순간에는 큰 단락전류가 흐르며 시간이 경과한 후 점차 감소하여 일정한 값이 된다.
순간적으로 크게 흐르는 단락전류를 돌발 단락전류 또는 순간 단락전류라 한다. 일정하게 되는 단락전류는 다음과 같다.

$$I_s = \frac{E}{Z_s} = \frac{E}{\sqrt{r_a^2 + x_s^2}} \fallingdotseq \frac{E}{jx_s} \,[\text{A}]$$

여기서, r_a : 전기자 저항, x_s : 동기 리액턴스,
E : 발전기의 유도기전력, I_s : 3상 단락전류, Z_s : 동기 임피던스

이와 같은 단락전류를 영구 단락전류 또는 지속 단락전류라 한다.
일반적으로 순간 단락전류를 제한하는 것은 전기자 권선 저항을 무시하면 누설 리액턴스 x_l 만 있으므로 매우 큰 단락전류가 과도적으로 흐르며 몇 사이클 지나면 전기자 반작용으로 갑자기 줄어들어 동기 리액턴스 x_s 로 정해지는 지속 단락전류가 된다.

예제문제 **31**

발전기의 단자 부근에서 단락이 일어났다고 하면 단락 전류는?

① 계속 증가한다.　　　　　　　　　② 처음은 큰 전류이나 점차로 감소한다.

③ 일정한 큰 전류가 흐른다.　　　　　④ 발전기가 즉시 정지한다.

해설
단락 초기에 전기자 반작용이 순간적으로 나타나지 않기 때문에 막대한 과도 전류가 흐른다. 이후 수초 후에는 영구 단락 전류값에 이르게 된다.

답 : ②

예제문제 **32**

동기 발전기의 돌발 단락 전류를 주로 제한하는 것은?

① 동기 리액턴스　　② 누설 리액턴스　　③ 권선 저항　　　④ 역상 리액턴스

해설
동기기에서 저항은 누설 리액턴스에 비하여 작으며 전기자 반작용은 단락 전류가 흐른 뒤에 작용하므로 돌발 단락 전류를 제한하는 것은 누설 리액턴스이다.
역상 리액턴스 : 역상 전류에 대응하는 것으로 3상 평형 단락이 되면 역상 전류는 흐르지 않는다.
동기 리액턴스 : 누설 리액턴스 + 반작용 리액턴스

답 : ②

예제문제 **33**

1상의 유기 전압 E [V], 1상의 누설 리액턴스 X [Ω], 1상의 동기 리액턴스 X_s [Ω]인 동기 발전기의 지속 단락 전류는?

① $\dfrac{E}{X}$　　　　　　② $\dfrac{E}{X_s}$　　　　　　③ $\dfrac{E}{X+X_s}$　　　　　　④ $\dfrac{E}{X-X_s}$

해설
영구 단락전류 : $I_s = \dfrac{E}{Z_s} \fallingdotseq \dfrac{E}{X_s}$

답 : ②

예제문제 **34**

3상 동기 발전기가 있다. 이 발전기의 여자 전류 5 [A]에 대한 1상의 유기 기전력이 600 [V]이고 그 3상 단락 전류는 30 [A]이다. 이 발전기의 동기 임피던스[Ω]는 얼마인가?

① 2　　　　　　　　② 3　　　　　　　　③ 20　　　　　　　④ 30

해설
동기 임피던스 : $Z_s = \dfrac{E_n}{I_s} = \dfrac{600}{30} = 20$ [Ω]

답 : ③

9. 병렬운전

동기발전기를 같은 모선 같은 부하에 전력을 공급하기 위해 2대 이상을 접속하여 운전하는 방식을 병렬운전(parallel operation)이라 한다. 이러한 병렬운전을 수행하기 위해서는 다음의 조건을 갖추어야 한다.

9.1 병렬운전조건

- 기전력의 크기가 같을 것
- 기전력의 위상이 같을 것
- 기전력의 주파수가 같을 것
- 기전력의 파형이 같을 것

예제문제 35

3상 동기 발전기를 병렬 운전시키는 경우 고려하지 않아도 되는 조건은?

① 발생 전압이 같을 것 ② 전압 파형이 같을 것
③ 회전수가 같을 것 ④ 상회전이 같을 것

해설
동기 발전기의 병렬 운전 조건은 다음과 같다.
① 기전력의 크기가 같을 것 ② 기전력의 위상이 같을 것
③ 기전력의 주파수가 같을 것 ④ 기전력의 파형이 같을 것
⑤ 3상의 경우 상회전 방향이 같을 것

<u>답 : ③</u>

---

(1) 기전력의 크기가 같지 않을 경우

기전력의 크기가 같지 않는 경우는 두기전력의 차 E_r 에 의한 순환전류가 흐르게 된다. 이 순환전류를 무효 순환전류라 한다.
무효순환전류는 다음과 같다.

$$I_c = \frac{E_A - E_B}{2Z_s} = \frac{E_r}{2Z_s} \text{ [A]}$$

순환전류 I_c 는 $Z_s \fallingdotseq jx_s$ 이므로 유기기전력보다 $90°$ 늦게 되어 무효순환전류(reactive circulating current)가 된다.

예제문제 36

3,000 [V], 1,500 [kVA], 동기 임피던스 3 [Ω]인 동일 정격의 두 동기 발전기를 병렬 운전하던 중 한 쪽 계자 전류가 증가해서 각 상 유도 기전력 사이에 300 [V]의 전압차가 발생했다면 두 발전기 사이에 흐르는 무효 횡류는 몇 [A]인가?

① 20 ② 30

③ 40 ④ 50

해설

무효 순환 전류 : $I_c = \dfrac{E_c}{2Z_s} = \dfrac{300}{2 \times 3} = 50\,[\mathrm{A}]$

답 : ④

---

(2) 기전력의 위상이 같지 않을 경우

G_1, G_2의 유기 기전력은 같고 어떤 원인에 의해 G_1의 기전력 E의 위상이 δ만큼 앞서게 되면 위상에 차에 의한 기전력의 차가 생기며, 이것으로 동기화 전류(synchronizing current)가 흐른다.

동기화 전류는

$$I_{cs} = \frac{E}{Z_s}\sin\frac{\delta}{2}\ [\mathrm{A}]$$

가 된다. I_{cs}에 의해 발전기가 받고있는 전력을 동기화력(synchroning power)라 한다. 또 δ 만큼의 위상차에 의해 한쪽 발전기에서 다른쪽 발전기로 전력이 공급되는데 이것을 수수전력이라 한다.

$$P = EI_s\cos\frac{\delta}{2} = E\frac{E}{2Z_s}\sin\frac{\delta}{2}\cos\frac{\delta}{2} = \frac{E^2}{2Z_s}\sin\delta\ [\mathrm{w}]$$

예제문제 37

2대의 동기 발전기가 병렬 운전하고 있을 때 동기화 전류가 흐르는 경우는?

① 기전력의 크기에 차가 있을 때

② 기전력의 위상에 차가 있을 때

③ 부하 분담에 차가 있을 때

④ 기전력의 파형에 차가 있을 때

해설

기전력의 위상이 다른 경우 : 위상각 차를 처음 상태로 돌리려고 작용하는 유효 전류로 동기화 전류가 흐른다.

답 : ②

두 동기 발전기의 유도 기전력이 2,000 [V], 위상차 60°, 동기 리액턴스 100 [Ω] 식이다. 유효 순환 전류[A]는?

① 5   ② 10   ③ 20   ④ 30

해설

동기화 전류 : $I_C = \dfrac{2E\sin\dfrac{\delta}{2}}{2Z_s} = \dfrac{2\times2,000\sin\dfrac{60}{2}}{2\times100} = 10$ [A]가 된다.

답 : ②

기전력(1상)이 E_0이고 동기 임피던스(1상)가 Z_s인 2대의 3상 동기 발전기를 무부하로 병렬 운전시킬 때 대응하는 기전력 사이에 δ_s의 상차가 있으면 한쪽 발전기에서 다른 쪽 발전기에 공급되는 전력은?

① $\dfrac{E_0}{Z_s}\sin\delta_s$ ② $\dfrac{E_0}{Z_s}\cos\delta_s$

③ $\dfrac{E_0^2}{2Z_s}\sin\delta_s$ ④ $\dfrac{E_0^2}{2Z_s}\cos\delta_s$

해설

수수 전력 : $P = E_0 I_s \cos\dfrac{\delta_s}{2} = E_0 \dfrac{E_s}{2Z_s}\cos\dfrac{\delta_s}{2} = \dfrac{E_0^2}{2Z_s}\sin\delta_s \fallingdotseq \dfrac{E_0^2}{2x_s}\sin\delta_s$

답 : ③

3상 동기 발전기 2대를 무부하로 병렬 운전하고 있을 때 두 발전기의 유기 기전력 사이에 60°의 위상차가 생겼다면 두 발전기 사이에 주고 받은 전력은 몇 [kW]인가? 단, 두 발전기의 기전력은 2,000 [V], 동기 임피던스는 5 [Ω]이다. 그리고 여기의 모든 값은 1상에 대한 값이다.

① 200 [kW]   ② $\sqrt{3}\times200$ [kW]

③ 300 [kW]   ④ $\sqrt{3}\times300$ [kW]

해설

수수전력 : $P = \dfrac{E^2}{2x_s}\sin\delta$ [W]에서 $P = \dfrac{2,000^2}{2\times5}\times\dfrac{\sqrt{3}}{2}\times10^{-3} = 200\sqrt{3}$ [kW]

답 : ②

---

(3) 기전력의 주파수가 같지 않을 경우

G_1, G_2 발전기의 기전력 주파수가 조금이라도 일치하지 않는 경우가 생기면 양 발전기 사이에 동기화 전류가 양 발전기에 상호 주기적으로 흐른다.

(5) 기전력의 파형이 같지 않을 경우

G_1, G_2 발전기의 파형이 다르게 되면 한순간의 기전력이 같지 않게 되므로 고조파 무효 순환전류가 흘러 전기자 권선의 저항손이 증가되고 열이 발생한다.

9.2 부하의 분담

(1) 유효전력의 분담

각 원동기의 조속기를 조정하여 입력을 증가하면 유효전력의 분담이 증가한다.

(2) 무효전력의 분담

계자전류를 증가하면 지상무효전류가 증가해서 역률이 저하하고 계자전류를 감소하면 진상무효전류가 증가해서 역률이 상승한다.

예제문제 41

병렬 운전을 하고 있는 두 대의 3상 동기 발전기 사이에 무효 순환 전류가 흐르는 경우는?

① 여자 전류의 변화　　　　　　② 원동기의 출력 변화
③ 부하의 증가　　　　　　　　④ 부하의 감소

해설
두 발전기의 기전력의 크기에 차가 있을 때 무효 순환 전류가 흐른다.

답 : ①

예제문제 42

정전압 계통에 접속된 동기 발전기는 그 여자를 약하게 하면?

① 출력이 감소한다.　　　　　　② 전압이 강하한다.
③ 앞선 무효 전류가 증가한다.　　④ 뒤진 무효 전류가 증가한다.

해설
동기 발전기의 여자 전류를 약하게 하면 앞선 무효전류가 흘러 역률이 좋아지고, 여자전류를 강하게 하면 뒤진 무효전류가 흘러 역률이 나빠지게 된다.

답 : ③

예제문제 **43**

병렬 운전 중의 동기 발전기의 여자 전류를 증가시키면 그 발전기는?

① 전압이 높아진다.　　　　　　② 출력이 커진다.

③ 역률이 좋아진다.　　　　　　④ 역률이 나빠진다.

해설
동기 발전기의 여자 전류를 약하게 하면 앞선 무효전류가 흘러 역률이 좋아지고, 여자전류를 강하게 하면 뒤진 무효전류가 흘러 역률이 나빠지게 되다.

답 : ④

예제문제 **44**

동기 발전기의 병렬 운전 중 위상차가 생기면?

① 무효 횡류가 흐른다.　　　　　② 무효 전력이 생긴다.

③ 유효 횡류가 흐른다.　　　　　④ 출력이 요동하고 권선이 가열된다.

해설
두 발전기의 크기의 위상에 차이가 있을 때 유효 횡류(동기화 전류)가 흐른다.

답 : ③

9.3 난조(Hunting)

병렬운전하고 있는 발전기의 부하가 급변하는 경우 발전기는 동기화력(synchroning power)에 의해 새로운 부하에 대응하는 속도를 중심으로 전후로 진동을 반복한다. 보통에서는 그 진폭이 점차 안정된다. 진동이 심한 경우 진동주기가 동기기의 고유진동주기에 가까워지면 공진 작용으로 진동이 증대하게 되는데 이 현상을 난조(Hunting)라 한다. 진동 정도가 크게 되면 동기 속도를 완전히 이탈하는 경우가 있는데 이것을 동기이탈(step out)이라 한다.

난조의 원인은 일반적으로

• 원동기의 조속기 속도가 예민한 경우
• 원동기의 토크에 고주파 토크가 포함된 경우
• 전기자 회로의 저항이 상당히 큰 경우
• 부하 진동이 심한 경우

이다. 난조를 방지하기 위한 방법은 다음과 같다.

• 조속기를 조정한다.
• 플라이 휠을 설치한다.
• 리액턴스를 삽입한다.
• 제동권선을 설치한다.

제동권선(damper winding)은 자극표면에 슬롯을 파서 단락권선을 두고, 자극의 슬립이 생겼을 때 회전자 기자력에 의한 슬립주파수 전류가 이 권선에 흐르게 되고 진동을 억제하게 된다. 제동권선은 진동에너지를 열로 소비하여 진동을 방지한다(난조방지).

예제문제 45

3상 동기기의 제동 권선의 효용은?

① 출력 증가 　　　② 효율 증가 　　　③ 역률 개선 　　　④ 난조 방지

해설

제동 권선 : 회전 자극 표면에 설치한 유도 전동기의 농형 권선과 같은 권선을 말한다. 이 권선은 회전자가 동기 속도로 회전하고 있는 동안에는 전압을 유도하지 않아 아무런 작용이 없다. 그러나, 조금이라도 동기 속도를 벗어나면 전기자 자속을 끊어 전압이 유도되어 단락 전류가 흐르게 되고 동기 속도로 되돌아가게 된다. 제동권선은 진동 에너지를 열로 소비하여 진동을 방지하는 역할을 하여 난조 방지에 쓰인다.

답 : ④

9.4 안정도

(1) 정태안정도

여자를 일정하게 유지하고 부하를 서서히 증가하는 경우 탈조하지 않고 어느 범위까지 안정하게 운전할 수 있는 정도를 말하는 것으로 그 극한에 있어서의 전력을 정태안정 극한 전력이라고 한다.

(2) 동태안정도

발전기를 송전선에 접속하고 자동 전압 조정기(AVR)로 여자 전류를 제어하며 발전기 단자 전압이 정전압으로 안정하게 운전할 수 있는 정도를 말한다.

(3) 과도안정도

부하의 급변, 선로의 개폐, 접지, 단락 등의 고장 또는 기타의 원인에 의해서 운전 상태가 급변하여도 계통이 안정을 유지하는 정도를 말한다.
이러한 안정도 향상대책 향상시키기 위한방법은 다음과 같다.

- 정상 과도 리액턴스는 적게 하고 단락비는 크게 한다.
- 영상임피던스와 역상임피던스는 크게 한다.
- AVR의 속응도를 크게 한다.
- 회전자에 플라이휠을 설치하여 관성모먼트를 크게 한다.
- 동기탈조 계전기를 설치한다.

예제문제 46

동기기의 과도 안정도를 증가시키는 방법이 아닌 것은?

① 회전자의 플라이휠 효과를 작게 할 것   ② 동기화 리액턴스를 작게 할 것

③ 속응 여자 방식을 채용할 것   ④ 발전기의 조속기 동작을 신속하게 할 것

해설
안정도 증진법은
① 동기화 리액턴스를 작게 한다.   ② 회전자의 플라이휠 효과를 크게 한다.
③ 속응 여자 방식을 채용한다.   ④ 발전기의 조속기 동작을 신속히 한다.
⑤ 동기 탈조 계전기를 사용한다.

답 : ①

10. 동기전동기

10.1 동기전동기의 원리

동기전동기는 동기 발전기와 같은 구조로 일반적으로 회전계자형을 사용하며 전기자 권선은 고정자측에 감고 회전자는 돌극형 계자극을 설치하여 계자권선에 슬립링(siliping ring)을 통해 직류 전류가 흘러 들어가 자극을 형성한다. 동기속도로 항상 같은 방향으로 회전한다. 동기전동기는 여자전류를 조정함으로써 전동기의 역률을 조정할 수 있고 일정속도를 유지하므로 일반적으로 낮은 속도의 대용량 기기에 많이 사용되고 있다.

$$N_s = \frac{120f}{p} \ [\text{rpm}]$$

그림 13 슬립링

동기 전동기의 특징은 다음과 같다.

- 속도가 일정한 정속도 전동기이다.
- 항상 역률 1.0으로 운전할 수 있다.
- 진상과 지상전류를 흘릴 수 있다.
- 유도 전동기에 비하여 전부하시 효율이 좋다.

• 보통 구조의 것은 기동 토크가 적고 속도조정을 할 수 없다.

• 난조를 일으킬 우려가 있다.

• 여자용의 직류전원을 필요로 하여 설비비가 많이 든다.

동기전동기는 공극이 넓어 기계적으로 튼튼하며 값이 싸며 효율이 좋으며 기동 토크가 작고 기동시 조작이 불편하다. 따라서 소형 전기시계, 오실로그래프, 전송사진 등은 소형기기로 사용하거나, 분쇄기, 쇄목기, 공기 압축기, 송풍기 및 동기조상기 등에 사용된다.

예제문제 47

동기 전동기에 관한 말 중 옳지 않은 것은?

① 기동 토크가 작다.   ② 난조가 일어나기 쉽다.

③ 여자기가 필요하다.   ④ 역률을 조정할 수 없다.

해설
동기 전동기 : 역률을 1로 개선할 수있고 속도가 불변이며, 결점은 기동 토크가 작다.

답 : ④

예제문제 48

동기 전동기의 용도가 아닌 것은?

① 크레인   ② 분쇄기

③ 압축기   ④ 송풍기

해설
주로 비교적 저속, 대용량인 것에 사용된다. 시멘트 공장의 분쇄기, 각종 압연기와 송풍기, 제지용 쇄목기, 소형기의 것은 전기 시계, 오실로그래프, 전송 사진에 사용된다.

답 : ①

10.2 전기자반작용

동기전동기는 발전기의 경우와 같이 전기자 권선에 큰 전류가 흐르게 되어 전기자 반작용이 발생한다. 이때 흐르는 전류의 위상과 전기자 반작용과의 관계는 $-E$를 유기하는 발전기를 생각할 때 반대방향으로 발생한다. 즉, 동기전동기에서는 진상이나 지상전류에 의한 무효전류는 단자전압과 유기전력사이에 평형유지를 위해 흐르고 단자전압에 대해 진상전류인 경우는 과여자, 지상전류인 경우는 부족여자상태가 된다. 따라서 직축반작용은 발전기와 반대로 발생한다.

(1) 자화작용

전기자 전류가 무부하 유기 기전력보다 $\frac{\pi}{2}$ 뒤질 때이며 자속이 자화(증자)한다.

(2) 감자작용

전기자 전류가 무부하 유기 기전력보다 $\frac{\pi}{2}$ 앞설 때이며 자속이 감소한다.

교차 자화작용은 발전기와 동일하게 발생한다. 전기자 전류가 무부하 유기기전력과 동상일 때 주자속은 편자하는 횡축반작용을 한다.

예제문제 49

동기 전동기에서 위상에 관계없이 감자 작용을 할 때는 어떤 경우인가?

① 진전류가 흐를 때   ② 지전류가 흐를 때
③ 동상 전류가 흐를 때   ④ 전류가 흐르면

해설
감자작용 : 전기자 전류가 무부하 유기 기전력보다 $\pi/2$ 앞설 때이며 자속이 감소한다.

답 : ①

10.3 위상특성곡선(V곡선)

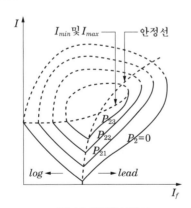

그림 14 위상특성곡선

공급전압 V와 부하 P를 일정하게 유지하고 I_f(계자전류)와 I_a(전기자 전류)의 관계 곡선으로 형태는 항상 V자 형태로 나타나 V곡선이라고도 한다. 그림 14에서 여자전류를 작게하면 지상역률의 전기자 전류가 흐르며, 여자를 강하게 하면 지상역률의 전기자 전류가 흐른다. 전기자 전류의 최저점은 역률 1에 해당하는 점이며, 여자 전류를 제어함으로써 역률을 제한할 수 있다. 이러한 특징은 동기조상기의 원리가 된다.

예제문제 **50**

동기 전동기의 위상 특성이란? 여기서 P를 출력, I_f를 계자 전류, I를 전기자 전류, $\cos\theta$를 역률이라 하면?

① $I_f - I$ 곡선, $\cos\theta$ 는 일정

② $P - I$ 곡선, I_f 는 일정

③ $P - I_f$ 곡선, I 는 일정

④ $I_f - I$ 곡선, P 는 일정

해설

위상 특성 곡선 : 전압, 주파수, 출력이 일정할 때 계자 전류 I_f와 전기자 전류 I_a의 관계를 나타내는 곡선을 말한다.

답 : ④

예제문제 **51**

동기 전동기의 전기자 전류가 최소일 때 역률은?

① 0   ② 0.707   ③ 0.866   ④ 1

해설

위상 특성 곡선에서 역률 1에서 전기자 전류가 최소가 된다.

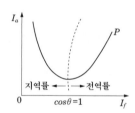

답 : ④

예제문제 **52**

전압이 일정한 도선에 접속되어 역률 1로 운전하고 있는 동기 전동기의 여자 전류를 증가시키면 이 전동기의?

① 역률은 앞서고 전기자 전류는 증가한다.

② 역률은 앞서고 전기자 전류는 감소한다.

③ 역률은 뒤지고 전기자 전류는 증가한다.

④ 역률은 뒤지고 전기자 전류는 감소한다.

해설

위상 특성 곡선에서 여자 전류를 증가시키면 역률은 앞서고 전기자 전류는 증가한다.

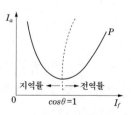

답 : ①

10.4 동기전동기의 운전

동기전동기는 동기속도 이외의 속도에서는 토크를 발생할 수 없다. 이러한 특성으로 동기전동기가 스스로 기동할 수 없는 특성을 가진다. 따라서 동기전동기를 기동시키기 위해서는 다음과 같은 기동방법을 사용한다.

(1) 자기 기동법(self starting method)

전동기 자신이 기동 토크 발생에 의해 기동하는 방법으로 제동권선을 기동권선으로 하여 난조를 방지하고 기동 토크를 얻는다. 전기자권선에 전압을 가하면 회전자계가 발생되고 제동권선은 유도전동기의 2차 권선과 같은 작용으로 유도전류를 발생하여 이들 사이의 전자력에 의해 기동 토크를 얻는 것이다.

(2) 기동전동기법

유도전동기 또는 직류전동기를 동기전동기와 직렬로 연결하여 동기전동기를 가속한 다음 동기전동기를 여자시키면 동기발전기가 되므로 계자전류 및 속도를 조정하여 전원과 동기가 되었나를 검정한 뒤 개폐기를 닫아 동기전동기로 운전한다. 이 때에 기동시키는 유도전동기는 동기전동기에 비해 극수가 작은 것을 사용한다.

(3) 동기 와트(synchronous watt)

전동기 출력은 토크와 속도의 상승에 비례한다. 동기 전동기는 항상 동기 속도로 운전되므로 기계적 출력은 P_2를 토크로 표시하기도 하는데 이를 동기와트라 한다. P_2를 토크로 표시하면 다음 식과 같이 된다.

$$T = \frac{60}{2\pi} \cdot \frac{P_2}{N_s} \ [\text{N} \cdot \text{m}]$$

$$T = \frac{1}{9.8} \times \frac{60}{2\pi} \times \frac{P_s}{N_s} = 0.975 \frac{P_2}{N_s} \ [\text{kg} \cdot \text{m}]$$

$$\therefore P_2 = 1.026 \, N_s \, T \ [\text{W}]$$

(4) 기동 토크

동기 전동기는 동기속도로 회전할 때만 토크를 발생하므로 기동 토크는 0이다.

(5) 인입 토크

동기속도 부근에서 동기에 들어갈 수 있는 최대 토크로 동기속도의 95[%]에서 값으로 한다.

(6) 탈출 토크와 절대 탈출 토크(pull out torque and absolut pull out torque)

동기전동기는 동기발전기의 출력값이 전동기의 입력값으로 작용한다.

$$P_2 = \frac{EV}{Z_S}\sin(\alpha+\delta) - \frac{E^2\sin\alpha}{Z_S}$$

일정 여자를 주었을 때 발생할 수 있는 최대 토크 즉, 최대 출력은 윗 식에서 $\sin(\alpha+\delta)=1$인 경우 출력을 P_m이라 하면

$$P_m = \frac{E}{Z_S}(V - E\sin\alpha)$$

가 된다. 동기전동기의 여자가 일정하다면 P_m 이상은 토크가 발생할 수 없다. 부하 토크 이상이면 $\delta+\alpha$가 90° 이상이 되어 $\sin(\delta+\alpha)$의 절대값이 1보다 작아지게 된다. 따라서, 발생 토크는 감소하여 동기를 벗어나 정지하게 되는 최대 토크를 탈출 토크라 한다.

절대 탈출 토크를 구하기 위해 P_m을 E로 미분하면

$$\frac{dP_m}{dE} = \frac{1}{Z_S}(V - E\sin\alpha) - \frac{E}{Z_S}\sin\alpha = 0$$

그러므로

$$V - E\sin\alpha = E\sin\alpha$$

가 된다. 따라서 $E = \dfrac{V}{2\sin\alpha}$ 가 될 때 P_m은 최대가 된다. 이것을 절대 탈출 토크라 한다.

$$P_{abm} = \frac{V^2}{4Z_S\sin\alpha}$$

여기서, $\alpha = \tan^{-1}\dfrac{r}{x_s}$ 이고 $\sin\alpha = \dfrac{r}{z_s}$ 이므로 $Z_S\sin\alpha = r$

따라서 절대 탈출토크 P_{abm}는 다음과 같은 수식의 크기로 나타낼 수 있다.

$$P_{abm} = \frac{V^2}{4r}$$

11. 손실 및 효율

11.1 손실

(1) 무부하손 (no load loss)

와류손(eddy current loss)과 히스테리시스손(hystresis loss)이 있으며 이 둘의 합을 철손(iron loss)이라 한다.
기계손(mechanical loss)은 베어링 마찰손, 브러시 마찰손, 풍손 등이 있다.

(2) 부하손(load loss)

전기자 동손(armature copper loss)과 표류 부하손이 있으며, 표류 부하손(stray load loss)은 측정이 곤란한 손실이다.

11.2 효율

발전기와 전동기의 규약효율은 다음과 같다.

$$\eta_G = \frac{출력}{출력 + 손실} = \frac{\sqrt{3}\,VI\cos\theta}{\sqrt{3}\,VI\cos\theta + P_l} \times 100\ [\%] \quad (발전기)$$

$$\eta_M = \frac{입력 - 손실}{입력} = \frac{\sqrt{3}\,VI\cos\theta - P_l}{\sqrt{3}\,VI\cos\theta} \times 100\ [\%] \quad (전동기)$$

여기서, V : 정격전압, I : 정격 부하전류, $\cos\theta$: 역률, P_l : 전 손실

예제문제 53

450 [kVA], 역률 0.85, 효율 0.9되는 동기 발전기 운전용 원동기의 입력[kW]은? 단, 원동기의 효율은 0.85이다.

① 450   ② 500   ③ 550   ④ 600

해설

발전기의 입력 : $P_G = \dfrac{450 \times 0.85}{0.9} = 425\ [\text{kW}]$

발전기의 입력은 원동기의 출력이므로 원동기의 효율을 0.85인 경우

원동기의 입력 : $P = \dfrac{P_G}{0.85} = \dfrac{425}{0.85} = 500\ [\text{kW}]$

답 : ②

예제문제 54

34극 60 [MVA], 역률 0.8, 60 [Hz], 22.9 [kV] 수차 발전기의 전부하 손실이 1,600 [kW]이면 전부하 효율[%]은?

① 92   ② 94   ③ 96   ④ 98

해설

발전기의 규약 효율

$$\eta = \frac{출력}{출력 + 손실} \times 100 = \frac{60 \times 10^3 \times 0.8}{60 \times 10^3 \times 0.8 + 1,600} \times 100 = 96.77 \ [\%]$$

답 : ③

핵심과년도문제

2·1

자속 밀도를 $0.6\,[\text{Wb/m}^2]$, 도체의 길이를 $0.3\,[\text{m}]$, 속도를 $10\,[\text{m/s}]$라 할 때, 도체 양단에 유기되는 기전력은?

① $0.9\,[\text{V}]$ ② $1.8\,[\text{V}]$ ③ $9\,[\text{V}]$ ④ $18\,[\text{V}]$

해설 도체 1개가 만드는 유기 기전력(플레밍의 오른손 법칙) : $e = Blv = 0.6 \times 0.3 \times 10 = 1.8\,[\text{V}]$

【답】②

2·2

3상 교류 발전기에서 권선 계수 k_w, 주파수 f, 1극당의 자속수 $\phi\,[\text{Wb}]$, 직렬로 접속된 1상의 코일 권수 W를 △결선으로 하였을 때의 선간 전압은?

① $\sqrt{3}\,k_w \cdot f \cdot W \cdot \phi$ ② $4.44k_w \cdot f \cdot W \cdot \phi$

③ $\sqrt{3} \cdot 4.44k_w \cdot f \cdot W \cdot \phi$ ④ $4.44k_w \cdot f \cdot W \cdot \phi / \sqrt{3}$

해설 △결선에서는 선간 전압과 상전압이 같으므로

$\therefore E = 4.44k_w \cdot f \cdot W \cdot \phi\,[\text{V}]$

【답】②

2·3

20극, 360 [rpm]의 3상 동기 발전기가 있다. 전 슬롯수 180, 2층권 각 코일의 권수 4, 전기자 권선은 성형으로, 단자 전압 6,600 [V]인 경우 1극의 자속[Wb]은 얼마인가? 단, 권선 계수는 0.9라 한다.

① 0.0375 ② 0.3751 ③ 0.0662 ④ 0.6621

해설 1상의 기전력 : $E = \dfrac{6,600}{\sqrt{3}} = 3,810.6\,[\text{V}]$

주파수 : $f = \dfrac{pN_s}{120} = \dfrac{20 \times 360}{120} = 60\,[\text{Hz}]$

권수 : $W = \dfrac{180 \times 4}{3} = 240$

유기 기전력 : $E = 4.44k_w fW\phi\,[\text{V}]$에서 $\phi = \dfrac{3,810.6}{4.44 \times 0.9 \times 60 \times 240} = 0.0662\,[\text{Wb}]$

【답】③

2·4

3상 20,000 [kVA]인 동기 발전기가 있다. 이 발전기는 60 [c/s]인 때는 200 [rpm], 50 [c/s]인 때는 167 [rpm]으로 회전한다. 이 동기 발전기의 극수는?

① 18극　　　　　② 36극　　　　　③ 54극　　　　　④ 72극

해설　$f = 60$ [Hz], $N_s = 200$ [rpm] : $p = \dfrac{120f}{N_s} = \dfrac{120 \times 60}{200} = 36$ [극]

$f = 50$ [Hz], $N_s = 167$ [rpm] : $p = \dfrac{120f}{N_s} = \dfrac{120 \times 50}{167} = 35.9$ [극] ≒ 36 [극]　　【답】②

2·5

동기 발전기에서 전기자와 계자의 권선이 모두 고정되고 유도자가 회전하는 것은?

① 수차 발전기　　② 고주파 발전기　　③ 터빈 발전기　　④ 엔진 발전기

해설　동기 발전기는 회전자의 구조에 따라서 돌극형, 원통극형, 유도자형의 3종류가 있다. 특히 높은 주파수에는 유도자형이 발전기를 사용한다.　　【답】②

2·6

원통형 회전자를 가진 동기 발전기는 부하각 δ가 몇 도일 때 최대 출력을 낼 수 있는가?

① 0°　　　　　② 30°　　　　　③ 60°　　　　　④ 90°

해설　3상 발전기의 경우 출력 : $P = \sqrt{3}\, VI\cos\theta = 3 \times \dfrac{EV}{x_s}\sin\delta$ [W]

3상 발전기의 출력은 $\delta = 90°$일 때이며, 보통 $\delta = 45°$보다 작고 전부하시 $\delta = 20°$ 부근에서 운전된다.

　　【답】④

2·7

보통 회전 계자형으로 하는 전기 기계는?

① 직류 발전기　　② 회전 변류기　　③ 동기 발전기　　④ 유도 발전기

해설　회전 계자형을 사용하는 이유

① 전기자 권선은 전압이 높고 결선이 복잡하다. 발전기가 대용량이 되면 전류도 커지고, 3상 권선의 경우에는 4개의 도선(Y결선)을 인출하여야 한다.

② 계자 회로는 직류의 저압 회로로 소요 전력도 작으며, 인출 도선이 2개(직류여자전원)만 있어도 된다.

③ 계자극은 기계적으로 튼튼하게 만드는 데 용이하다.

④ 고장시의 과도 안정도를 높이기 위하여 회전자의 관성을 크게 하기 쉽다.　　【답】③

2·8

동기 발전기에서 기전력의 파형을 좋게 하고 누설 리액턴스를 감소시키기 위하여 채택한 권선법은?

① 집중권   ② 분포권   ③ 단절권   ④ 전절권

해설 분포권의 특징

　① 기전력의 고조파가 감소하여 파형이 좋아진다.
　② 권선의 누설 리액턴스가 감소한다.
　③ 열방산 효과가 좋아진다.
　④ 집중권에 비하여 유도 기전력이 낮아진다.　　　　　　　　【답】②

2·9

교류 발전기의 고조파 발생을 방지하는 데 적합하지 않은 것은?

① 전기자 슬롯을 스큐 슬롯(斜溝)으로 한다.
② 전기자 권선의 결선을 성형으로 한다.
③ 전기자 반작용을 작게 한다.
④ 전기자 권선을 전절권으로 감는다.

해설 단절권 : 기전력의 파형을 좋게 하고, 고조파를 제거하기 위해 사용한다.　　　【답】④

2·10

동기 발전기에서 기전력의 파형을 좋게 하는데 필요한 권선은?

① 전절권, 집중권　　　　　　　　② 단절권, 집중권
③ 집중권, 분포권　　　　　　　　④ 분포권, 단절권

해설 • 단절권의 장점

　① 고조파를 제거하여 기전력의 파형을 좋게 한다.
　② 코일 끝부분의 길이가 단축되어 기계 전체의 길이가 축소된다.
　③ 구리의 양이 적게 든다.
• 분포권의 장점
　① 기전력의 고조파가 감소하여 파형이 좋아진다.
　② 권선의 누설 리액턴스가 감소한다.
　③ 열방산 효과가 좋아진다.　　　　　　　　　　　　　　　【답】④

2·11

교류 발전기의 고조파 발생을 방지하는 데 적합하지 않은 것은?

① 전기자 권선의 결선을 성형으로 한다.
② 전기자 권선을 단절권으로 감는다.
③ 전기자 반작용을 크게 한다.
④ 전기자 슬롯을 스큐 슬롯으로 한다.

[해설] 전기자 반작용이 작을 경우 고조파 발생이 줄어든다.　　　　　　　　　【답】③

2·12

3상 동기 발전기에서 권선 피치와 자극 피치의 비를 $\dfrac{13}{15}$의 단절권으로 하였을 때의 단절권 계수는 얼마인가?

① $\sin\dfrac{13}{15}\pi$　　　　② $\sin\dfrac{15}{26}\pi$　　　　③ $\sin\dfrac{13}{30}\pi$　　　　④ $\sin\dfrac{15}{13}\pi$

[해설] 단절권 계수 : $K_s = \sin\dfrac{\beta\pi}{2} = \sin\left(\dfrac{13}{15}\times\dfrac{\pi}{2}\right) = \sin\dfrac{13}{30}\pi$　　　　【답】③

2·13

3상 4극의 24개의 슬롯을 갖는 권선의 분포 계수는?

① 0.966　　　　② 0.801　　　　③ 0.866　　　　④ 0.912

[해설] 매극 매상의 슬롯수 : $q = \dfrac{24}{3\times4} = 2$

분포권 계수 : $K_d = \dfrac{\sin\dfrac{\pi}{2m}}{q\sin\dfrac{\pi}{2mq}} = \dfrac{\sin\dfrac{\pi}{2\times3}}{2\sin\dfrac{\pi}{2\times3\times2}} = 0.9659$　　　　【답】①

2·14

동기 발전기의 기전력의 파형을 정현파로 하기 위해 채용되는 방법이 아닌 것은?

① 매극 매상의 슬롯수를 크게 한다.　　② 단절권 및 분포권으로 한다.
③ 전기자 철심을 사(斜)슬롯으로 한다.　　④ 공극의 길이를 작게 한다.

[해설] 고조파를 제거하고 파형을 정현파로 하기 위해서는

　　① 분포권 및 단절권을 채용한다.
　　② 전기자 철심을 스큐 슬롯(斜溝)으로 한다.
　　③ 공극의 길이를 크게 하여야 한다.　　　　【답】④

2·15

동기기의 기전력의 파형 개선책이 아닌 것은?

① 단절권   ② 공극 조정

③ 집중권   ④ 자극 모양

[해설] 고조파를 제거하고 파형을 정현파로 하기 위해서는

  ① 분포권 및 단절권을 채용한다.

  ② 전기자 철심을 스큐 슬롯(斜溝)으로 한다.

  ③ 공극의 길이를 크게 하여야 한다.   【답】 ③

2·16

3상 동기 발전기의 전기자 반작용은 부하의 성질에 따라 다르다. 다음 성질 중 잘못 설명한 것은?

① $\cos\theta \fallingdotseq 1$일 때, 즉 전압, 전류가 동상일 때는 실제적으로 감자 작용을 한다.

② $\cos\theta \fallingdotseq 0$일 때, 즉 전류가 전압보다 $90°$ 뒤질 때는 감자 작용을 한다.

③ $\cos\theta \fallingdotseq 0$일 때, 즉 전류가 전압보다 $90°$ 앞설 때는 증자 작용을 한다.

④ $\cos\theta = \phi$일 때, 즉 전류가 전압보다 ϕ만큼 뒤질 때 증자 작용을 한다.

[해설] 전기자 반작용

  ① 전기자 전류가 유기 기전력과 동상인 경우(역률 100 [%]) : 교차 자화 작용으로 주자속을 편자하도록 하는 횡축 반작용을 한다.

  ② 전기자 전류가 유기 기전력보다 $\pi/2$ 뒤진 경우 : 감자 작용에 의하여 주자속을 감소시키는 직축 반작용을 한다.

  ③ 전기자 전류가 유기 기전력보다 $\pi/2$ 앞선 경우 : 증자 작용에 의하여 단자 전압을 상승시키는 직축 반작용을 한다.   【답】 ④

2·17

동기 발전기에서 유기 기전력과 전기자 전류가 동상인 경우의 전기자 반작용은?

① 교차 자화 작용   ② 증자 작용

③ 감자 작용   ④ 직축 반작용

[해설] 전기자 전류가 유기 기전력과 동상인 경우(역률 100 [%]) : 교차 자화 작용으로 주자속을 편자하도록 하는 횡축 반작용을 한다.   【답】 ①

2·18

단락비가 큰 동기 발전기를 설명하는 말 중 틀린 것은?

① 전기자 반작용이 작다.　　　② 과부하 용량이 크다.

③ 전압 변동률이 크다.　　　④ 동기 임피던스가 작다.

해설 단락비가 큰 기계의 특징

① 동기 임피던스가 적다.

② 반작용 리액턴스 x_a가 적다.

③ 계자 기자력이 크다.

④ 기계의 중량이 크다.

⑤ 과부하 내량이 증대되고, 송전선의 충전 용량이 큰 여유가 있는 기계이나 반면에 기계의 가격이 상승한다.　　　【답】③

2·19

동기 전동기의 자기 기동에서 계자 권선을 단락하는 이유는?

① 고전압이 유도된다.　　　② 전기자 반작용을 방지한다.

③ 기동 권선으로 이용한다.　　　④ 기동이 쉽다.

해설 동기 전동기 기동시 계자 권선을 단락하는 이유 : 보통 기동시에는 계자 권선 중에 고전압이 유도되어 절연을 파괴하므로 방전 저항을 접속하여 단락 상태로 기동한다. 이 경우 계자 권선은 일종의 단상 2차 권선으로서 토크를 발생하기 때문에 계자 권선의 저항값의 3~7배 정도의 방전 저항을 사용하여야 한다.　　　【답】①

2·20

그림과 같은 동기 발전기의 동기 리액턴스는 3 [Ω]이고 무부하시의 선간 전압이 220 [V]이다. 그림과 같이 3상 단락되었을 때 단락 전류[A]는?

① 24　　　② 42.3

③ 73.3　　　④ 127

동기발전기의
3상단락

해설 단락 전류

$$I_s = \frac{E_0}{Z_s} = \frac{V/\sqrt{3}}{x_s} = \frac{220/\sqrt{3}}{3} = 42.34 \, [\text{A}]$$　　　【답】②

2·21

정격 전압 6,000 [V], 용량 5,000 [kVA]의 Y결선 3상 동기 발전기가 있다. 여자 전류 200 [A]에서의 무부하 단자 전압 6,000 [V], 단락 전류 600 [A]일 때, 이 발전기의 단락비는?

① 0.25   ② 1   ③ 1.25   ④ 1.5

해설 정격 전류 : $I_n = \dfrac{P}{\sqrt{3}\,V} = \dfrac{5,000 \times 10^3}{\sqrt{3} \times 6,000} = 481.23$ [A]

정격 전류(481.23 [A])와 같은 단락 전류를 흘리는데 필요한 여자 전류

: $I_f'' = 200 \times \dfrac{481.23}{600} = 160.41$ [A]

∴ 단락비 $K_s = \dfrac{I_f'}{I_f''} = \dfrac{200}{160.41} = 1.25$ 【답】 ③

2·22

동기 발전기의 퍼센트 동기 임피던스가 83 [%]일 때 단락비는 얼마인가?

① 1.0   ② 1.1   ③ 1.2   ④ 1.3

해설 단락비 : $K_s = \dfrac{1}{\%Z} \times 100 = \dfrac{1}{83} \times 100 = 1.2$ 【답】 ③

2·23

정격 용량 10,000 [kVA], 정격 전압 6,000 [V], 극수 24, 주파수 60 [Hz], 단락비 1.2 되는 3상 동기 발전기 1상의 동기 임피던스[Ω]는?

① 3.0   ② 3.6   ③ 4.0   ④ 5.2

해설 단락비 : $Z_s' = \dfrac{1}{K_s} = \dfrac{1}{1.2}$

정격 전류 : $I_n = \dfrac{10,000 \times 10^3}{\sqrt{3} \times 6,000}$ [A]

동기 임피던스 : $Z_s = \dfrac{Z_s' E_n}{I_n} = \dfrac{\dfrac{1}{1.2} \times \dfrac{6,000}{\sqrt{3}}}{\dfrac{10,000 \times 10^3}{\sqrt{3} \times 6,000}} = 3$ [Ω]   【답】 ①

2·24

동기 발전기의 단락 시험, 무부하 시험으로부터 구할 수 없는 것은?

① 철손   ② 단락비   ③ 전기자 반작용   ④ 동기 임피던스

해설 단락 시험 : 동기 임피던스, 동기 리액턴스 측정

　　　무부하 시험 : 철손, 기계손 측정 【답】 ③

2·25

전압 변동률이 작은 동기 발전기는?

① 동기 리액턴스가 크다.   ② 전기자 반작용이 크다.
③ 단락비가 크다.   ④ 값이 싸진다.

해설 단락비가 큰 기계의 특징

　　　① 동기 임피던스가 적다.   ② 반작용 리액턴스 x_a가 적다.
　　　③ 계자 기자력이 크다.   ④ 기계의 중량이 크다.
　　　⑤ 과부하 내량이 증대되고, 송전선의 충전 용량이 큰 여유가 있는 기계이나 반면에 기계
　　　　의 가격이 상승한다.
　　　∴ 변동률이 작은 발전기는 동기 임피턴스가 작은 발전기로 단락비가 큰 기계에 해당한다.

【답】 ③

2·26

단락비가 큰 동기기의 설명에서 옳지 않은 것은?

① 계자 자속이 비교적 크다.   ② 전기자 기자력이 작다.
③ 공극이 크다.   ④ 송전선의 충전 용량이 작다.

해설 단락비가 큰 기계의 특징

　　　① 동기 임피던스가 적다.   ② 반작용 리액턴스 x_a가 적다.
　　　③ 계자 기자력이 크다.   ④ 기계의 중량이 크다.
　　　⑤ 과부하 내량이 증대되고, 송전선의 충전 용량이 큰 여유가 있는 기계이나 반면에 기계
　　　　의 가격이 상승한다.

【답】 ④

2·27

동기 발전기의 병렬 운전 중 계자를 변화시키면 어떻게 되는가?

① 무효 순환 전류가 흐른다.   ② 주파수 위상이 변한다.
③ 유효 순환 전류가 흐른다.   ④ 속도 조정률이 변한다.

해설 병렬 운전 중 발전기의 계자 전류(I_f)를 변화시키면 기전력의 크기가 달라지며 무효 순환
　　　전류가 흐른다. 【답】 ①

2·28

A, B 2대의 동기 발전기를 병렬 운전 중 계통 주파수를 바꾸지 않고 B기의 역률을 좋게 하는 것은?

① A기의 여자 전류를 증대   ② A기의 원동기 출력을 증대
③ B기의 여자 전류를 증대   ④ B기의 원동기 출력을 증대

해설 동기 발전기의 여자 전류를 약하게 하면 앞선 무효전류가 흘러 역률이 좋아지고, 여자전류를 강하게 하면 뒤진 무효전류가 흘러 역률이 나빠지게 되다.   【답】①

2·29

동기 전동기의 V 곡선(위상 특성 곡선)에서 부하가 가장 큰 경우는?

① a   ② b
③ c   ④ d

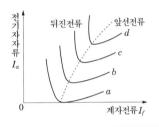

해설 위상 특성 곡선에서 동기 전동기는 계자 전류를 가감하면 전기자 전류의 크기와 위상을 조정할 수 있다. 부하가 클수록 V 곡선은 위로 이동한다. a는 무부하 곡선을 나타낸 것이다.   【답】④

2·30

동기전동기의 여자전류를 증가하면 어떤 현상이 생기나?

① 전기자 전류의 위상이 앞선다.
② 난조가 생긴다.
③ 토크가 증가한다.
④ 앞선 무효 전류가 흐르고 유도 기전력은 높아진다.

해설 위상 특성 곡선에서 동기 전동기는 계자 전류를 가감하면 전기자 전류의 크기와 위상을 조정할 수 있다. 위상 특성 곡선에서 여자를 증가하는 경우 발전기의 경우 위상이 뒤지며, 전동기의 경우 위상이 앞선다.   【답】①

2·31

동기 전동기는 유도 전동기에 비하여 어떤 장점이 있는가?

① 기동 특성이 양호하다.
② 전 부하 효율이 양호하다.
③ 속도를 자유롭게 제어할 수 있다.
④ 구조가 간단하다.

[해설] 동기 전동기의 특징

① 속도가 일정한 정속도 전동기이다.
② 항상 역률 1.0으로 조정할 수 있다.
③ 진상과 지상전류를 흘릴 수 있다.
④ 유도 전동기에 비하여 전부하시 효율이 좋다.
⑤ 보통 구조의 것은 기동 토크가 적고 속도조정을 할 수 없다.
⑥ 난조를 일으킬 우려가 있다.
⑦ 여자용의 직류전원을 필요로 하여 설비비가 많이 든다.

【답】②

2·32

동기 조상기를 부족 여자로 사용하면?

① 리액터로 작용   ② 저항손의 보상
③ 일반 부하의 뒤진 전류의 보상   ④ 콘덴서로 작용

[해설] • 동기 조상기의 여자를 과여자로 운전 : 선로에 앞선 전류가 흘러 일종의 콘덴서로 작용한다.
부하의 뒤진 전류를 보상하여 송전 선로의 역률을 양호하게 하고, 전압 강하를 보상한다.
• 동기 조상기의 여자를 부족여자로 운전 : 뒤진 전류가 흘러서 일종의 리액터로 작용한다.
무부하의 장거리 송전 선로에 흐르는 충전 전류에 의하여 발전기의 자기 여자 작용으로
일어나는 단자 전압의 이상 상승을 억제한다.

【답】①

2·33

무부하 운전 중의 동기 전동기에 일정 부하를 거는 경우에 발생하는 속도 N 의
변화를 나타내는 곡선은?

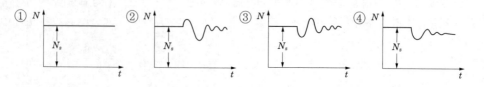

[해설] 부하가 급히 증가하면 난조가 일어나 진동한다. 동기이탈 되지 않으면 곧 동기 속도로 안
정된다.

【답】③

2·34

동기 전동기의 난조 방지에 가장 유효한 방법은?

① 회전자의 관성을 크게 한다.
② 자극면에 제동 권선을 설치한다.
③ 동기 리액턴스 x_s를 작게 하고, 동기 화력을 크게 한다.
④ 자극수를 적게 한다.

해설 제동 권선 : 회전 자극 표면에 설치한 유도 전동기의 농형 권선과 같은 권선을 말한다. 이
권선은 회전자가 동기 속도로 회전하고 있는 동안에는 전압을 유도하지 않아 아무런 작용
이 없다. 그러나, 조금이라도 동기 속도를 벗어나면 전기자 자속을 끊어 전압이 유도되어
단락 전류가 흐르게 되고 동기 속도로 되돌아가게 된다. 제동권선은 진동 에너지를 열로
소비하여 진동을 방지하는 역할을 하여 난조 방지에 쓰인다.

【답】②

2·35

무부하 운전 중의 동기 전동기에 일정 부하를 걸었을 때 부하각 δ의 변화를 나타
내는 곡선은?

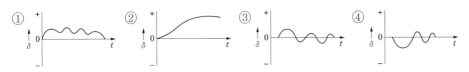

해설 부하가 급히 증가하면 난조가 일어나 진동한다. 동기이탈 되지 않으면 곧 동기 속도로 안
정된다.

【답】①

2·36

영월 제1발전소의 터빈 발전기의 출력은 1,350 [kVA]의 2극 3,600 [rpm] 11
[kV]로 되어 있다. 역률 80 [%]에서 전부하 효율이 96 [%]라 하면 이 때의 손실
은 약 몇 [kW]인가?

① 36.6   ② 45   ③ 56.6   ④ 65

해설 출력 : $P = 1,350 \times 0.8 = 1,080$ [kW]

효율 : $\eta = \dfrac{출력}{출력 + 손실} = \dfrac{P}{P + P_l}$ 에서 $0.96 = \dfrac{1,080}{1,080 + P_l}$

$\therefore P_l = \dfrac{1,080}{0.96} - 1,080 = 45$ [kW]

【답】②

심화학습문제

01 철극형(凸극형) 발전기의 특징은?

① 형이 커진다.
② 회전이 빨라진다.
③ 소음이 많다.
④ 전기자 반작용 자속수가 역률의 영향을 받는다.

해설

철극형 : 극의 중앙(직축)과 극간(횡축)에 비하여 공극이 작으므로 직축 리액턴스가 횡축 리액턴스보다 크다.

【답】④

02 동기 발전기의 직접 냉각 방식의 설명으로 옳은 것은?

① 적용 한계 출력은 20만[kVA]까지이다.
② 고정자 철심의 내부에 덕트를 설치하고 냉각 매체를 흘려 냉각시킨다.
③ 고정자 코일의 내부에 덕트를 설치하고 냉각 매체를 흘려 냉각시킨다.
④ 회전자 철심의 내부에 덕트를 설치하고 냉각 매체를 흘려 냉각시킨다.

해설

직접 냉각 방식 : 고정자 및 회전자 코일의 내부에 덕트를 설치하고 냉각 가스 또는 냉각수를 흘려 직접 냉각시키는 방식을 말한다.

【답】③

03 3상 66,000 [kVA], 22,900 [V] 터빈 발전기의 정격 전류[A]는?

① 2,882
② 962
③ 1,664
④ 431

해설

정격전류 : $I = \dfrac{P}{\sqrt{3}\ V} = \dfrac{66,000 \times 10^3}{\sqrt{3} \times 22,900} \fallingdotseq 1664$ [A]

【답】③

04 일반적으로 20극 5,000 [kVA]인 수차 발전기의 주여자기 용량[kW]은?

① 50
② 100
③ 200
④ 1,000

해설

동기 발전기의 주여자기 용량은 발전기의 용량
• 대용량기(100,000 [kVA] 이상)
 : 발전기 용량의 0.5~0.7 [%]
• 중용량기(15,000 [kVA]급) : 1.0 [%]
• 2000 [kVA] : 1.5 [%]
• 5000 [kVA] : 4극-25 [kW], 10극-35 [kW],
    20~28극-50 [kW], 50극-70 [kW]

【답】①

05 고정자에 3상 권선을 시행하여 회전 자계가 발생하고 있을 때 6개의 브러시를 등간격으로 배치한 정류자를 가진 회전자를 놓았다. 브러시 사이에 유기되는 전압의 상수는?

① 3상
② 6상
③ 4상
④ 1, 2차가 맞지 않으므로 불가능

【답】①

06 3상 동기 발전기의 3상의 유도 기전력 120 [V], 반작용 리액턴스 0.2 [Ω]이다. 90° 진상 전류 20 [A]일 때 발전기 단자 전압[V]은? 단, 기타는 무시한다.

① 116　　　　　② 120

③ 124　　　　　④ 140

해설

단자 전압 : $V = E - (-I_a R_a)$

$\therefore V = 120 + 20 \times 0.2 = 124$ [V]

【답】③

07 전기 기기에서 초전도 도체(super conductor)는 주로 어느 부분에 이용되는가?

① 전기자 권선

② 계자 권선

③ 접지선

④ 변압기의 저압 권선

해설

계자 권선에 초전도 도체를 사용할 경우 전기기기의 자속 밀도를 크게 할 수 있어 유리하다.

【답】②

08 교류 발전기의 동기 임피던스는 철심이 포화하면?

① 감소한다.　　　② 증가한다.

③ 관계없다.　　　④ 증가, 감소가 불명

해설

철심이 포화하면 여자전류가 증가하며, 자속은 증가하지 않는다. 임피던스는 자속에 비례하고 전류에 반비례한다. 자속이 일정해지면서 전류가 계속 증가하게 되면 임피던스는 점차 감소하게 된다.

【답】①

09 제동 권선을 가진 교류 동기 발전기의 정태 리액턴스를 x, 과도 리액턴스를 x', 초기 과도 리액턴스를 x''로 한다면 보통?

① $x < x' < x''$　　　② $x > x' > x''$

③ $x > x'' > x'$　　　④ $x < x'' < x'$

해설

- 정태 리액턴스 : 동기 리액턴스와 같다. ($x = x_d$)
- 과도 리액턴스 : 근사적으로 전기자 누설 리액턴스 x_l와 계자 누설 리액턴스 x_F'와의 합($x' = x_l + x_F'$)
- 초기 과도 리액턴스 : 전기자 누설 리액턴스와 제동 권선의 누설 리액턴스의 합($x'' = x_l + x_d'$)

$\therefore$ 일반적으로 $x > x' > x''$의 관계가 있다.

【답】②

10 정격 전압을 E [V], 정격 전류를 I [A], 동기 임피던스를 Z_s [Ω]이라 할 때 퍼센트 동기 임피던스 Z_s'는? 이 때, E [V]는 선간 전압이다.

① $\dfrac{I \cdot Z_s}{\sqrt{3} E} \times 100$

② $\dfrac{I \cdot Z_s}{3E} \times 100$

③ $\dfrac{\sqrt{3} \cdot I \cdot Z_s}{E} \times 100$

④ $\dfrac{I \cdot Z_s}{E} \times 100$

해설

% 동기 임피던스

$Z_s' = \dfrac{IZ_s}{E_n} \times 100\ [\%] = \dfrac{IZ_s}{E/\sqrt{3}} \times 100\ [\%]$

$= \dfrac{\sqrt{3}\,IZ_s}{E} \times 100\ [\%]$

【답】③

11 블론델(Blondel)의 원선도에 대하여 적은 것이다. 잘못된 것은?

① 여자 전류를 변화시키면, 전기자 전류의 벡터 궤적은 원으로 된다.
② 부하를 변화시킨 경우의 V곡선을 구할 수가 있다.
③ 여자를 일정하게 하고 부하를 변화시켰을 경우 역률을 구할 수 있다.
④ 부하의 조정에 의하여 역률을 조정, 1로 할 수 있는 것이 큰 이점이다.

해설

위상 특성 곡선 : 전압, 주파수, 출력이 일정할 때 계자 전류 I_f 와 전기자 전류 I_a의 관계를 나타내는 곡선을 말한다.

【답】 ②

12 다음의 특성 산정 선도에서 동기기와 관계없는 것은?

① 벡터 선도
② 블론델(Blondel) 선도
③ 포셔(Potier)의 3각형
④ 헤일랜드(Heyland) 선도

해설

헤일랜드 선도 : 유도 전동기의 특성 산출을 구하기 위하여 그리는 원선도

【답】 ④

13 동기 발전기의 부하 포화 곡선은 발전기를 정격 속도로 돌려 이것에 일정 역률, 일정 전류의 부하를 걸었을 때 어느 것의 관계를 표시하는 것인가?

① 부하 전류와 계자 전류
② 단자 전압과 계자 전류
③ 단자 전압과 부하 전류
④ 출력과 부하 전류

해설

• 무부하 포화곡선 : 유기기전력과 계자전류와의 관계를 표시한 곡선
• 부하포화곡선 : 단자전압과 계자전류와의 관계를 표시한 곡선

【답】 ②

14 무부하 포화 곡선과 공극선을 써서 산출할 수 있는 것은?

① 동기 임피던스
② 단락비
③ 전기자 반작용
④ 포화율

해설

동기 발전기의 포화 정도를 나타내는 데는 포화율(saturation factor)이 사용된다. 포화율 $\sigma = \dfrac{\mathrm{cc'}}{\mathrm{bc'}}$

【답】 ④

15 여자 전류 및 단자 전압이 일정한 비철극형 동기 발전기 출력과 부하각 δ와의 관계를 나타낸 것은? (단, 전기자 저항은 무시한다.)

① δ에 비례
② δ에 반비례
③ $\cos\delta$에 비례
④ $\sin\delta$에 비례

해설

동기발전기의 출력
$P = \dfrac{EV}{x_s}\sin\delta$ [W] 이므로 $\sin\delta$에 비례

【답】 ④

16 동기 발전기의 병렬 운전시 동기화력은 부하각 δ와 어떠한 관계가 있는가?

① $\sin\delta$에 비례 ② $\cos\delta$에 비례
③ $\sin\delta$에 반비례 ④ $\cos\delta$에 반비례

해설

동기화력 : $P = \dfrac{E_0^2}{2Z_0}\cos\delta$ [W] 이므로 $\cos\delta$에 비례

【답】②

17 3상 동기 발전기의 정격 출력이 10,000 [kVA], 정격 전압은 6,600 [V], 정격 역률은 0.8이다. 1상의 동기 리액턴스를 1.0 [p·u]라고 할 때 정태 안정 극한 전력[kW]을 구하면?

① 약 8000 ② 약 14,240
③ 약 17,800 ④ 약 22,250

해설

유기 기전력 : $e_0 = \sqrt{0.8^2 + (0.6+1.0)^2} = 1.78$
발전기 출력 : $P = \{(1.78 \times 1)/(1.0)\}\sin\delta$
$\therefore P_{max} = 1.78/1.0 = 1.78$
$\therefore P = P_{max} \times 3VI = 1.78 \times 10,000 = 17,800$ [kW]

【답】③

18 정격 출력 1,000 [kVA], 정격 전압 3,300 [V], 정격 역률 0.8인 동기 발전기 두 대가 병행 운전하여 정격 상태로 동작하고 있을 때 한 쪽 발전기의 여자를 감소하여 그 역률을 1로 하였을 때 다른 쪽 발전기의 전류[A] 및 역률은 얼마인가? 단, 부하에는 변화가 없는 것으로 한다.

① 약 258, 약 0.65
② 약 258, 약 0.55
③ 약 252, 약 0.65
④ 약 252, 약 0.55

해설

정격 상태에서 두 대의 출력
  $2 \times 1,000 \times 0.8 = 1,600$ [kW]
A기의 여자 전류를 감소해서 그 역률이 1이 되었을 때 그 전류가 I_A로 된다.
B기의 전류가 I_B로 되었다면 여자 전류의 변화에 의한 부하의 유효분의 배분에는 변화가 없다.

	A기	B기
유효분	$\sqrt{3}\,I_A V = 800$	$\sqrt{3}\,I_B V\cos\theta = 800$
무효분	0	$\sqrt{3}\,I_B V\sin\theta$ $= \sqrt{2,000^2 - 1,600^2} = 1,200$

$\therefore \tan\theta = \dfrac{\sin\theta}{\cos\theta} = \dfrac{1,200}{\sqrt{3}\,I_B V} \times \dfrac{\sqrt{3}\,I_B V}{800} = \dfrac{1,200}{800} = 1.5$

$\therefore \theta = 56°\,20'$ $\therefore \cos\theta = 0.5544$

$\therefore I_B = \dfrac{800 \times 10^3}{\sqrt{3}\,V\cos\theta} = \dfrac{800 \times 10^3}{\sqrt{3} \times 3,300 \times 0.544} = 252.5$ [A]

$\therefore I_A = \dfrac{800 \times 10^3}{\sqrt{3}\,V} = \dfrac{800 \times 10^3}{\sqrt{3} \times 3,300} = 140$ [A]

【답】④

19 2대의 3상 동기 발전기를 병렬 운전하여 역률 0.8, 1,000 [A]의 부하 전류를 공급하고 있다. 각 발전기의 유효 전류는 같고, A기의 전류가 667 [A]일 때 B기의 전류는 몇 [A]인가?

① 약 385 ② 약 405
③ 약 435 ④ 약 455

해설

부하 전류의 유효분
  $I' = I\cos\theta = 1,000 \times 0.8 = 800$ [A]
I_A와 I_B의 유효분
  $I_A' = I_B' = \dfrac{I'}{2} = \dfrac{800}{2} = 400$ [A]
A기의 역률 : $\cos\theta_1 = \dfrac{I_A'}{I_A} = \dfrac{400}{667} ≒ 0.6$
I_B의 무효분
  $I_B\sin\theta_2 = I\sin\theta - I_A\sin\theta_1$
    $= 1,000 \times \sqrt{1-0.8^2} - 667 \times \sqrt{1-0.6^2}$
    $= 600 - 534 = 66$ [A]
$\therefore I_B = \sqrt{(I_B\sin\theta_2)^2 + (I_B')^2} = \sqrt{66^2 + 400^2} ≒ 405$ [A]

【답】②

20 병렬 운전하는 두 동기 발전기 사이에 그림과 같이 동기 검정기가 접속되었을 때 상회전 방향이 일치되어 있다면?

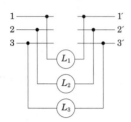

① L_1, L_2, L_3이 모두 어둡다.
② L_1, L_2, L_3 모두 밝다.
③ L_1, L_2, L_3 순서대로 명멸한다.
④ L_1, L_2, L_3 모두 점등되지 않는다.

해설

상회전 방향이 서로 반대 : L_1, L_2, L_3의 순서로 명멸한다.

【답】 ④

21 동기기에서 동기 리액턴스가 커지면 동작 특성이 어떻게 되는가?

① 전압 변동률이 커지고 병렬 운전시 동기화력이 커진다.
② 전압 변동률이 커지고 병렬 운전시 동기화력이 작아진다.
③ 전압 변동률이 작아지고 지속 단락 전류도 감소한다.
④ 전압 변동률이 작아지고 지속 단락 전류도 증가한다.

해설

• 동기 리액턴스(동기 임피던스)가 큰 경우 : 전압 변동률이 커지고 단락비가 작아진다.
• 동기화력 : $P = \dfrac{E_0^2}{2Z_0} \cos\delta$ [W]에서 동기 리액턴스에 반비례한다.

【답】 ②

22 동기 발전기의 병행 운전시에 발생하는 동기화력에 대한 전기자 저항 r의 영향은 전기자 저항이 크게 되면 동기화력은?

① 작게 된다.
② 크게 된다.
③ 관계없다.
④ 돌극기에서만 크게 된다.

해설

동기화력 : $P = \dfrac{E_0^2}{2Z_0} \cos\delta$ [W]

【답】 ①

23 정격 출력 $10,000$ [kVA], 정격 전압 $6,600$ [V], 정격 역률 0.8인 3상 동기 발전기가 있다. 동기 리액턴스 0.8 [p·u]인 경우의 전압 변동률[%]은?

① 13   ② 20
③ 25   ④ 61

해설

단위법에 의한 1상의 벡터도

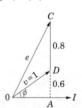

$\overline{OA} = 1 \times \cos\phi = 0.8$
$\overline{AD} = 1 \times \sin\phi = \sqrt{1 - \cos^2\phi} = 0.6$
$\overline{AC} = \overline{AD} + \overline{CD} = 0.6 + 0.8 = 1.4$
$\overline{OC} = \sqrt{0.8^2 + 1.4^2} = 1.61$
$\therefore \epsilon = \dfrac{1.61 - 1}{1} = 0.61 = 61$ [%]

【답】 ④

24 발전기는 부하가 불평형이 되어 발전기의 회전자가 과열 소손되는 것을 방지하기 위하여 설치하는 계전기는?

① 접지 계전기
② 역상 과전류 계전기
③ 계사 상실 계전기
④ 비율 차동 계전기

해설

역상과 부하 보호 계전기 : 동기 발전기가 접속되어 있는 계통에 불평형 고장이 발생하면 발전기에 역상 전류가 흐르게 되며, 이 역상 전류는 회전자와 반대 방향으로 회전하는 자계를 만들어 회전자에 2배의 주파수(제2고조파)의 전류를 유기한다. 이 전류에 의하여 회전자 표면에는 맴돌이 전류가 발생하고 그 끝부분에서는 국부 과열이 일어나 기계적 강도를 위협하게 된다. 이것을 방지하기 위하여 설치한다.

【답】②

25 그림에서 동기기의 영상 임피던스 값[Ω]은?

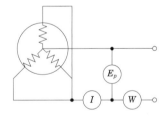

① $Z_0 = \dfrac{E_p}{I}$ ② $Z_0 = \dfrac{E_p}{3I}$

③ $Z_0 = \dfrac{3E_p}{I}$ ④ $Z_0 = \dfrac{2E_p}{3I}$

해설

3상 동기 발전기를 무여자로 운전하고 3단자를 일괄한 것과 중성점 사이에 정격 주파수의 정격 전압을 가하면 그 계기의 지시로부터 영상 임피던스는

$$Z_0 = \frac{3E_p}{I} \ [\Omega]$$

【답】③

26 3상 동기 발전기가 그림과 같이 1선 접지를 발생하였을 경우 영구 단락 전류 I_0를 구하는 식은? 단, E_a는 무부하 유기 기전력의 상전압, Z_0, Z_1, Z_2는 영상, 정상, 역상 임피던스이다.

① $I_0 = \dfrac{3E'_a}{Z_0 \times Z_1 \times Z_2}$

② $I_0 = \dfrac{E_a}{Z_0 \times Z_1 \times Z_2}$

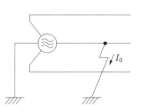

③ $I_0 = \dfrac{3E_a}{Z_0 + Z_1 + Z_2}$

④ $I_0 = \dfrac{3E_a}{Z_0 + Z_1^2 + Z_2^3}$

해설

문제의 $I_o = I_a$라 하고, 대칭 좌표법과 발전기의 기본식을 이용하여 풀면
$V_a = 0$, $I_b = I_c = 0$이 된다.

이때 $I_0 = I_1 = I_2 = \dfrac{1}{3}I_a$ 가 된다.

또, $V_a = V_0 + V_1 + V_2 = 0$
$\quad = -Z_0 I_0 + E_a - dZ_1 I_1 - Z_2 I_2$

$\therefore I_0 = I_1 = I_2 = \dfrac{E_a}{Z_0 + Z_1 + Z_2}$

$\therefore I_a = I_0 + I_1 + I_2 = \dfrac{3E_a}{Z_0 + Z_1 + Z_2}$

【답】③

27 6,600 [V], 200 [A]의 3상 동기 전동기(Y 결선)가 있다. 그 저항이 0.02 [pu], 동기 리액턴스 1.00 [pu]이다. 역률을 100 [%]로 했을 때의 부하각이 30°라면 부하 전류[A]는 얼마이며 또 유기 기전력[V]은?

① 약 43, 약 5,750
② 약 86, 약 6,850
③ 약 114, 약 7,530
④ 약 244, 약 8,450

해설

단위법에 의해 벡터도를 그리면

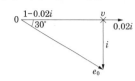

$$\tan 30° = \frac{1}{\sqrt{3}} = \frac{i}{1-0.02i}$$

$$\therefore i = \frac{1-0.02i}{\sqrt{3}} = \frac{1}{1.752} = 0.57 \ [\text{pu}]$$

실제의 부하 전류

$$I = 0.57 \times 200 = 114 \ [\text{A}]$$

유도 기전력

$$e_0 = \sqrt{(1-0.02i)^2 + i^2}$$
$$= \sqrt{(1-0.02 \times 0.57)^2 + 0.57^2} = 1.141 \ [\text{pu}]$$

실제의 유도 기전력

$$E_0 = 1.141 \times 6,600 = 7,530.6 \ [\text{V}]$$

【답】③

---

28 동기 전동기에 설치된 제동 권선은 다음과 같은 효과를 갖는다. 맞지 않는 것은?

① 전동기의 정지 시간의 단축
② 과부하 내량의 증대
③ 시동 토크의 발생
④ 동기 화력의 증대

해설

제동 권선의 효과
① 난조 방지
② 동기 전동기의 기동 토크 발생
③ 불평형 부하시의 전류, 전압 파형 개선
④ 송전선의 불평형 단락시의 이상 전압 방지

【답】②

---

29 3상 송전선의 수전단에서 전압 3,300 [V], 전류 800[A], 역률 0.8의 지상 전력을 수전하는 경우 동기 조상기를 사용해서 역률을 100 [%]로 개선하고자 한다. 필요한 동기 조상기의 용량 [kVA]은?

① 1,452   ② 1,584
③ 2,743   ④ 3,200

해설

역률 개선용 콘덴서 용량
$$Q = P(\tan\theta_1 - \tan\theta_2) \ [\text{kVA}]$$
$$\therefore Q = \sqrt{3} \times 3,300 \times 800 \times 0.8\{\tan(\cos^{-1}0.8)$$
$$- \tan(\cos^{-1}1)\} \times 10^{-3}$$
$$= 2,743.56 \ [\text{kVA}]$$

【답】③

---

30 50 [kW]를 소비하는 동기 전동기가 역률 0.8의 부하 200 [kW]와 병렬로 접속되고 있을 때 합성 부하에 0.9의 역률을 가지게 하려면 전동기의 진상 무효 전력[kVar]은?

① 18   ② 28   ③ 35   ④ 45

해설

역률
$$\cos\theta = \frac{\text{유효전력}}{\text{피상전력}}$$
$$= \frac{200+50}{\sqrt{(200+50)^2 + \left(\frac{200 \times 0.6}{0.8} - Q\right)^2}} = 0.9$$

에서 $Q = 28.92 \ [\text{kVar}]$

【답】②

---

31 역률 0.8의 부하 300 [kW]에 50 [kW]를 소비하는 동기 전동기를 병렬로 접속하여 합성 부하의 역률을 0.9로 하려면 전동기의 진상 무효 전력은 얼마인가?

① 20 [kVA]   ② 55.5 [kVA]
③ 40.2 [kVA]   ④ 151 [kVA]

해설

역률 개선 전 무효전력 : $300 \times \frac{0.6}{0.8} = 225$

역률 개선 후 무효전력 : $350 \times \frac{\sqrt{1-0.9^2}}{0.9} = 169.5$

∴ 전동기의 진상 무효 전력
$225 - 169.51 = 55.49 \ [\text{kVA}]$

【답】②

32 동기 조상기의 회전수는 무엇에 의하여 결정되는가?

① 효율
② 역률
③ 토크 속도
④ $N_s = \dfrac{120f}{P}$ 의 속도

해설

동기 조상기는 동기 전동기와 같은 원리로 전원 주파수와 극수에 의해서 정해지는 동기 속로 회전하는 기계이다.

【답】④

33 3상 교류 발전기의 손실은 단자 전압 및 역률이 일정하면 $P = P_0 + \alpha I + \beta I^2$ 으로 된다. 부하 전류 I 가 어떤 값일 때 발전기 효율이 최대가 되는가? 단, P_0 는 무부하손이며, α, β 는 계수이다.

① $I = \sqrt{\dfrac{P_0}{\beta}}$
② $I = \dfrac{\alpha}{\beta}$
③ $I = \dfrac{P_0}{2\alpha}$
④ $I = \dfrac{P_0}{2\beta}$

해설

αI : 부하 전류에 의한 누설 자속 때문에 생기는 와류손으로 표유 부하손이다. 직접 측정할 수 없는 손실이다. 따라서 무부하손 P_0 와 βI^2 이 같을 때 $(\beta I^2 = P_0)$ 최대 효율이 된다.

$$\therefore I = \sqrt{\dfrac{P_0}{\beta}}$$

【답】①

34 정격 용량 1,000 [kVA]인 교류 발전기가 뒤진 역률 0.75, 출력 500 [kW]의 유도 전동기에 전력을 공급하고 있다. 이 발전기가 정격 상태가 될 때까지는 몇 개의 50 [W] 전구를 켤 수 있는가? 단, 유도 전동기의 효율은 0.88이다.

① 3,000개
② 4,000개
③ 5,000개
④ 6,000개

해설

유도 전동기 유효전력

$$P_m = \frac{500}{0.88} = 568$$

유도 전동기 무효전력

$$Q_m = \frac{568}{0.75}\sin\phi = 757\sqrt{1 - 0.75^2} = 501$$

전구의 소비 전력을 P_l [kW]라 하면

$$(P_m + P_l)^2 + Q_m^2 = 1000^2$$

$$\therefore P_l = \sqrt{1{,}000^2 - 501^2} - 568 = 297.4\,[\mathrm{kW}]$$

$$\therefore 전구의\ 개수 = \frac{297.4}{50 \times 10^{-3}} = 5{,}948개$$

【답】④

35 발전기 권선의 층간 단락 보호에 가장 적합한 계전기는?

① 과부하 계전기
② 온도 계전기
③ 접지 계전기
④ 차동 계전기

해설

• 과부하 계전기 : 선로의 과부하 및 단락 검출용 보호계전기
• 온도 계전기 : 절연유 및 권선의 온도 상승 검출용 보호계전기
• 접지 계전기 : 선로의 접지 검출용 보호계전기
• 차동 계전기 : 발전기 및 변압기의 층간 단락 등 내부 고장 검출용 보호계전기

【답】④

변압기(transformer)

1. 변압기의 원리와 구조

1.1 변압기의 원리

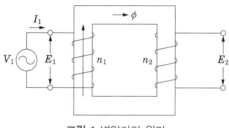

그림 1 변압기의 원리

그림 1과 같이 철심의 1차와 2차에 n_1 및 n_2의 코일을 감고 1차측 권선에 V_1의 전압을 가하면 철심에 교번자계에 의한 자속이 흘러 2차측 권선에 전자유도작용에 의해 유도기전력이 발생한다.

> 1차 유도기전력의 실효값 : $E = 4.44f n_1 \phi_m$ [V]
>
> 2차 유도기전력의 실효값 : $E = 4.44f n_2 \phi_m$ [V]

예제문제 01

그림과 같은 철심에 200회의 권선을 하여 여기에 60 [Hz] 60 [V]인 정현파 전압을 인가하였을 때 철심의 자속 ϕ_m [Wb]은?

① 약 1.126×10^{-3} ② 약 2.25×10^{-3}

③ 약 1.126 ④ 약 2.25

해설

유도 기전력 : $E_1 = 4.44 f N_1 \phi_m$ [V]

$\therefore \phi_m = \dfrac{E_1}{4.44 f N_1} = \dfrac{60}{4.44 \times 60 \times 200} = 1.126 \times 10^{-3}$ [Wb]

답 : ①

예제문제 02

권수비 $a = 6,600/220$, 60 [Hz] 변압기의 철심의 단면적 0.02 [m²] 최대 자속 밀도 1.2 [Wb/m²]일 때 1차 유기 기전력[V]은 약 얼마인가?

① 1,407 ② 3,521 ③ 42,198 ④ 49,814

해설
유도 기전력 : $E = 4.44 f \phi N_1 = 4.44 \times 60 \times 1.2 \times 0.02 \times 6,600 ≒ 42,198$ [V]

답 : ③

1차와 2차의 기전력의 비를 변압비(transformation ratio) 또는 권수비 a 표시하며 다음과 같다.

$$\frac{E_1}{E_2} = \frac{4.44 f \, N_1 \phi_m}{4.44 f \, N_2 \phi_m} = a$$

1차 및 2차 유기기전력의 비는 권수비와 같아지며, 여기서 1차 및 2차 권선 중에 포함된 임피던스(Impedance)를 무시하면 다음과 같이 표시할 수 있다.

$$\frac{1차 \ 단자전압 \ V_1}{2차 \ 단자전압 \ V_2} = \frac{1차 \ 권수 \ n_1}{2차 \ 권수 \ n_2}$$

$$\frac{V_1}{V_2} = \frac{n_1}{n_2} = a$$

따라서 권수비는

$$a = \frac{\dot{V_1}}{\dot{V_2}} = \frac{\dot{E_1}}{\dot{E_2}} = \frac{N_1}{N_2} = \frac{\dot{I_2}}{\dot{I_1}}, \ a = \frac{V_1}{V_2} = \frac{Z_1 I_1}{Z_2 I_2} = \frac{Z_1}{Z_2} \cdot \frac{1}{a} \text{에서} \ a^2 = \frac{Z_1}{Z_2}$$

가 된다.

예제문제 03

그림과 같은 변압기에서 1차 전류는 얼마인가?

① 0.8 [A]

② 8 [A]

③ 10 [A]

④ 20 [A]

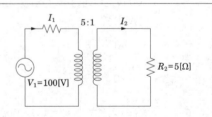

해설

권수비 : $a = \frac{V_1}{V_2} = \frac{N_1}{N_2} = \frac{I_2}{I_1}$ 에서 $I_1 = \frac{I_2}{a} = \frac{\frac{100}{25}}{5} = \frac{4}{5} = 0.8$ [A]

답 : ①

예제문제 04

1차측 권수가 1,500인 변압기의 2차측에 접속한 16 [Ω]의 저항은 1차측으로 환산했을 때 8 [kΩ]으로 되었다고 한다. 2차측 권수를 구하면?

① 75　　　　　　② 70　　　　　　③ 67　　　　　　④ 64

해설

권수비 : $a = \sqrt{\dfrac{R_2}{R_1}} = \sqrt{\dfrac{8,000}{16}} = 10\sqrt{5}$

$\therefore N_2 = \dfrac{N_1}{a} = \dfrac{1,500}{10\sqrt{5}} = 67$ 회

답 : ③

1.2 변압기의 구조

그림 2 유입변압기

(1) 철심

변압기(transformers)는 전력계통의 변전설비 및 수전설비에 많이 사용된다. 변압기를 철심형태에 따라 분류하면, 내철형, 외철형, 분포철심형, 권철심형 등으로 분류된다.

그림 3 철심

변압기의 철심은 두께 0.35 [mm]의 규소강판(규소함유량 4 [%])을 성층하여 사용한다. 변압기용 강판으로 필요한 조건은 비투자율을 크게 하여 여자전류를 적게 하며, 자기저항이 크게 하며, 와류손을 감소시키며, 히스테리시스 계수가 적게 발생하여야 한다.

예제문제 05

변압기 철심용 강판의 규소 함유량은 대략 몇 [%]인가?

① 2 　　　　　　② 3 　　　　　　③ 4 　　　　　　④ 7

해설

변압기용 철심 : 규소 함유량 4 [%]인 T 급 강판을 사용한다. 회전기는 이보다 함유량이 적은 B 급 강판이다.

답 : ③

예제문제 06

변압기의 철심으로 갖추어야 할 성질로 맞지 않는 것은?

① 투자율이 클 것 　　　　　　② 전기 저항이 작을 것

③ 히스테리시스 계수가 작을 것 　　　　④ 성층 철심으로 할 것

해설

철심은 자기 저항이 작아야 한다.

답 : ②

---

(2) 변압기유

변압기유는 절연 및 냉각의 매질역할을 겸용하는 것으로 다음과 같은 조건 만족해야 한다.

• 절연내력이 30 [kV] / 2.5 [mm] 이상이어야 한다.

• 비열 및 열전도률이 크며 점도가 용도에 따라 낮고 냉각효과가 커야 한다.

• 인화점은 130 [℃] 이상 높고 응고점은 −30 [℃] 이하로 낮아야 한다.

• 화학적으로 안정되어 변질되지 않아야 한다.

변압기는 온도 변화 및 부하변동에 의해 기름의 온도가 변화하고 부피가 수축, 팽창하므로 외부의 공기가 유입한다. 이것을 변압기의 호흡작용이라고 한다. 호흡작용으로 인해 수분 및 불순물이 혼입하여, 절연내력의 저하, 장기간 사용하면 화학적으로 변화가 일어나게 되어, 침전물이 생긴다. 이를 변압기유의 열화라 한다.

변압기의 열화방지를 위한 컨서베이터(conservator)를 변압기 상부에 설치하여 열화

방지 한다. 침전물이나 수분은 컨서베이터(conservator)의 하부에 처지게 되므로 배유 밸브를 열어 배출시킨다. 화학적 방법 DBPC(di-butyl-para-cresol)나 실리카겔 같은 산화방지제를 혼입시키는 방법을 겸용함으로써 기름의 열화방지를 한다. 방출 안전장치는 변압기에 고장이 생겨 기름의 팽창 또는 가스가 발생할 경우 외함이 폭발할 우려가 있어 베크라이트판 또는 유리판으로 만든 안전판을 설치한다.

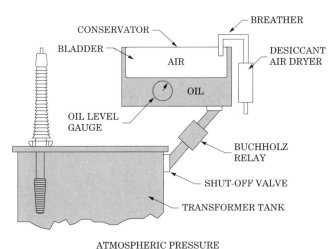

흡습호흡기(desiccant)

그림 4 컨서베이터

변압기유의 구비조건은 다음과 같다.

• 절연저항과 절연내력이 클 것
• 인화점이 높고, 응고점이 낮을 것
• 점도가 낮고 비열이 커서 냉각효과가 클 것
• 고온에서 석출물이 생기거나 산화하지 않을 것
• 절연재료와 금속에 접촉하여도 화학작용을 일으키지 않을 것

예제문제 07

변압기에 콘서베이터(conservator)를 설치하는 목적은?

① 열화 방지   ② 통풍 장치   ③ 코로나 방지   ④ 강제 순환

해설

변압기의 열화방지를 위한 컨서베이터(conservator)를 변압기 상부에 설치하여 열화방지한다. 침전물이나 수분은 컨서베이터(conservator)의 하부에 처지게 되므로 배유 밸브를 열어 배출시킨다. 화학적 방법 DBPC(di-butyl-para-cresol)나 실리카겔 같은 산화방지제를 혼입시키는 방법을 겸용함으로써 기름의 열화방지를 한다.

답 : ①

예제문제 08

변압기유로 쓰이는 절연유에 요구되는 특성이 아닌 것은?

① 응고점이 낮을 것　　　　　② 절연 내력이 클 것
③ 인화점이 높을 것　　　　　④ 점도가 클 것

해설
변압기유 구비조건
① 절연저항과 절연내력이 클 것
② 인화점이 높고, 응고점이 낮을 것
③ 점도가 낮고 비열이 커서 냉각효과가 클 것
④ 고온에서 석출물이 생기거나 산화하지 않을 것
⑤ 절연재료와 금속에 접촉하여도 화학작용을 일으키지 않을 것

답 : ④

예제문제 09

변압기의 유열화 방지 방법 중 옳지 않은 것은?

① 개방형 콘서베이터　　② 수소 봉입 방식　　③ 밀봉 방식　　④ 흡착제 방식

해설
기름의 열화 방지 : 콘서베이터, 브리더, 질소 봉입

답 : ②

예제문제 10

변압기 기름의 열화 영향에 속하지 않는 것은?

① 냉각 효과의 감소　　　　　② 침식 작용
③ 공기 중 수분의 흡수　　　　④ 절연 내력의 저하

해설
변압기 기름의 열화의 영향은
① 절연 내력의 저하 ② 냉각 효과의 감소 ③ 침전물 생성

답 : ③

(3) 부싱(bushing)

그림 5 변압기의 부싱

권선단자와 외함은 변압기의 사용전압에 견디도록 충분한 절연을 해야 한다. 이러한 절연의 목적으로 사용되는 것을 부싱이라 한다. 오일 부싱은 고전압 변압기에 사용되며 도체와 자기 애관 사이에 절연유를 주입하여 제작하였고, 콘덴서용 부싱(condenser type bushing)은 오일 부싱의 결점을 보완하기 위해 도체주의에 절연지와 금속편을 번갈아 감아 각층의 정전용량을 같게 하여 각층에 가해지는 전압을 균등하게 한 것이다.

1.3 변압기의 냉각방식

변압기 냉각방식은 다음과 같이 분류된다.

건식 자냉식은 기름을 쓰지않고 철심 및 권선이 공간에 의해 자연적으로 냉각되게 하며 보통 20 [kV] 이하의 계기용 변압기에 많이 사용되고 건식 풍냉식은 송풍기에 의해 강제 냉각 시키는 방법이며, 운전중의 허용온도는 140 [℃]이다. 유입 자냉식은 유입 변압기가 자연 냉각되는 방식으로 주상 변압기 등에 많이 사용되며 방열기 등을 붙여 냉각효과를 갖게 한다. 유입 풍냉식은 유입 자냉식의 방열기에 강제 통풍해서 냉각시키는 방법이며, 유입 수냉식은 변압기 내에 냉각수용 파이프를 통해 기름을 강제 냉각시키며, 냉각수는 펌프로 강제 귀환시키며 대용량에 적합한 방식이다.
변압기 기름의 구비조건은 다음과 같다.

2. 여자회로

일반적으로 모든 변압기는 일정한 정현파 전압으로 운전하도록 설계되어 있다. 이 때 공급 전압 V_1에 의하여 1차 권선에 흐르는 전류를 여자전류 또는 무부하 전류라고 하며 I_o로 나타낸다.

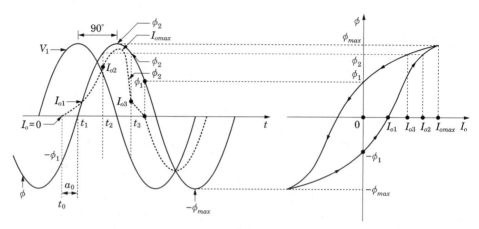

그림 6 여자전류의 파형

철심이 자속밀도 B와 자계의 세기 H의 특성을 가지고 있으며 여자전류는 히스테리시스루프에 의하여 그림 6과 같이 왜형파전류로 나타내게 된다. 여자전류 I_o는 주자속 ϕ와 동상분의 자화전류 I_ϕ와 직각성분 I_i의 벡터적인 합이 된다.

$$I_0 = I_\phi + I_i = \sqrt{I_\phi{}^2 + I_i{}^2}$$

$$I_i = \frac{P_i}{V_1} \text{ [A]}$$

여기서, I_0 : 여자 전류, I_ϕ : 자화 전류, I_i : 철손 전류, P_i : 철손

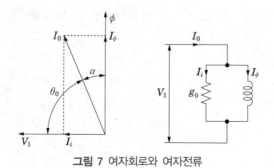

그림 7 여자회로와 여자전류

그림 7에서 자화전류와 철손전류는 다음과 같다.

$$I_\phi = I_o \cos\alpha = I_o \sin\theta_o$$

$$I_i = I_o \sin\alpha = I_o \cos\theta_o$$

예제문제 11

부하에 관계없이 변압기에 흐르는 전류로서 자속만을 만드는 것은?

① 1차 전류　　　　② 철손 전류　　　　③ 여자 전류　　　　④ 자화 전류

해설
여자전류 : 자속을 만드는 전류를 말한다.

답 : ④

예제문제 12

1차 전압이 2,200 [V], 무부하 전류가 0.088 [A], 철손이 110 [W]인 단상 변압기의 자화 전류 [A]는?

① 0.05　　　　　② 0.038　　　　　③ 0.072　　　　　④ 0.088

해설

철손 전류 : $I_w = \dfrac{P_i}{V_1} = \dfrac{110}{2,200} = \dfrac{1}{20} = 0.05$ [A]

자화 전류 : $I_u = \sqrt{I_0^2 - I_w^2}$ 식에서

$\therefore I_u = \sqrt{0.088^2 - 0.05^2} = 0.072$ [A]

답 : ③

변압기 1차 권선 n_1, 2차 권선 n_2, 저항과 손실을 무시하고 누설자속도 없는 이상적인 변압기를 가정하여 2차측 출력단을 개방하고 1차측의 입력단자간에 정격 주파수 f [Hz], 정격전압 V_1 [V]의 정현파 전압을 인가하는 경우 순시값 v_1 은 다음과 같다.

$$v_1 = \sqrt{2}\,V_1 \sin\omega t$$

여기서, $\omega = 2\pi f$

이때 흐르는 여자전류(exciting current)는

$$i_o = \frac{1}{L} \int e\, dt = \frac{1}{L} \int \sqrt{2}\,V_1 \sin\omega t\, dt$$

$$= -\sqrt{2}\,\frac{V_1}{\omega L} \cos\omega t = \sqrt{2}\,\frac{V_1}{\omega L} \sin(\omega t - 90°)$$

자속은

$$\varphi = \frac{\sqrt{2}\,V_1}{\omega n_1}\sin\left(\omega t - \frac{\pi}{2}\right) = \sqrt{2}\,\phi\sin\left(\omega t - \frac{\pi}{2}\right) = \phi_m \sin\left(\omega t - \frac{\pi}{2}\right)\,[\text{Wb}]$$

여기서, $\phi = \dfrac{V_1}{\omega n_1} = \dfrac{V_1}{2\pi f n_1}$ [Wb]이다.

자속 ϕ는 전압 V_1보다 위상이 $90°$ 뒤지고 여자전류 i_0와는 동상이며 동일한 V_1에 대해서는 주파수가 높아지면 ϕ_m이 작아지므로, 철심의 단면적이 작아도 된다.

예제문제 13

변압기 여자 전류에 많이 포함된 고조파는?

① 제2조파　　　　② 제3조파　　　　③ 제4조파　　　　④ 제5조파

해설

여자전류는 비정현파로 푸리에 급수 전개를 하면 우수 고조파는 존재하지 않고 기수 고조파중 제3고조파가 가장 많이 포함된다.

답 : ②

예제문제 14

60 [Hz]의 변압기에 50 [Hz]의 동일 전압을 가했을 때의 자속 밀도는 60 [Hz] 때의 몇 배인가?

① $\dfrac{6}{5}$　　　　② $\dfrac{5}{6}$　　　　③ $\left(\dfrac{5}{6}\right)^{1.6}$　　　　④ $\left(\dfrac{6}{5}\right)^2$

해설

• 유도기전력 : $E = 4.44 f N \phi_m$　　　• 최대 자속밀도 : $\phi_m = B_m A$

∴ B_m는 f 에 반비례 하므로 $B_{50} = \dfrac{6}{5} B_{60}$

답 : ①

---

3. 변압기의 등가회로

3.1 실제의 변압기

이상적인 변압기에서는 권선의 저항을 생략하고 변압기 안에는 손실이 없다고 가정하였으나, 실제로 변압기의 권선에는 저항이 있어 동손이 생기고 전압강하를 일으키게 된다. 따라서, 권선의 1차저항 r_1과 r_2를 각 권선에 직렬로 접속한다. 또 면 1차와 2차 권선에 쇄교하는 자속이 주자속이 되고 주자속에 의한 누설자속(leakage flux)이 존재하게 되므로 누설자속에 의한 리액턴스 x_1과 x_2를 각 권선에 직렬로 접속한다. 이를 그림 8과 같이 그릴 수 있다.

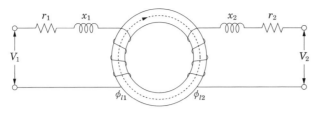

그림 8 실제의 변압기

그림 8의 실제의 변압기의 등가회로는 그림 9와 같이 그릴 수 있다.

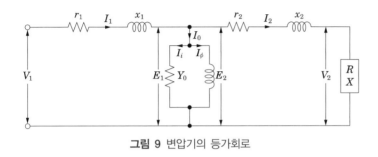

그림 9 변압기의 등가회로

변압기의 전압과 전류의 관계를 벡터도로 나타낼 수 그림 10과 같이 있다.

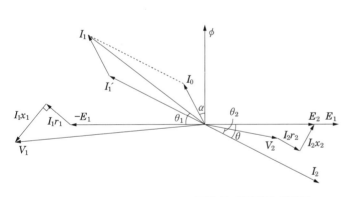

그림 10 변압기의 벡터도

$$\theta = \tan^{-1}\frac{x_2+X}{r_2+R}$$

$$\dot{Z_1} = r_1 + jx_1$$

$$\dot{Z_2} = r_2 + jx_2$$

$$\dot{E_1} = a\dot{E_2}$$

$$\dot{E_2} = \dot{I_2}(R+jX) + \dot{I_2}(r_2+jx_2)$$

$$\dot{V_1} = \dot{E_1} + \dot{I_1}(r_1+jx_1)$$

$$\dot{V_2} = \dot{E_2} - \dot{I_2}\dot{Z_2}$$

$$\dot{V_2} = \dot{I_2}(R+jX)$$

3.2 1차측에 환산한 근사등가회로(2차 회로를 1차로 환산)

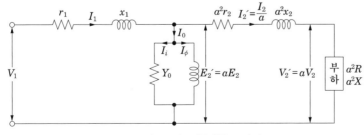

그림 11 2차를 1차로 환산한 등가회로

변압기의 권수비는

$$a = \frac{n_1}{n_2}$$

이며, 2차 권선을 1차 권선과 같게 하면 2차측 전압 E_2, 전류 I_2가 각각

$$E_2{}' = a\,E_2,\ I_2{}' = \frac{I_2}{a}$$

가 된다. 2차를 1차로 환산한 등가 임피던스는

$$Z_2{}' = a^2 Z_2 = a^2\,(r_2 + j\,x_2)$$

이므로

$$I_2{}' = \frac{a\,E_2}{a^2\,(R + jX) + a^2\,(r_2 + jx_2)}\ \text{[A]}$$

가 된다.

예제문제 15

변압기에서 등가 회로를 이용하여 단락 전류를 구하는 식은?

① $I_{1s} = V_1/(Z_1 + a^2 Z_2)$ ② $I_{1s} = V_1/(Z_1 \times a^2 Z_2)$

③ $I_{1s} = V_1/(Z_1^2 + a^2 Z_2)$ ④ $I_{1s} = V_1/(Z_1^2 - a^2 Z_2)$

해설

단락전류 : $I_s{}' = \dfrac{V_1}{Z_A + Z_2{}'} = \dfrac{V_1}{Z_1 + a^2 Z_2}$

답 : ①

예제문제 16

20 [kVA], 2,200/220 [V], 60 [cycle] 단상 변압기의 저압측을 단락하여 고압측에 86 [V]를 가할 때 전력계 360 [W], 전류계 10.5 [A]를 나타낸다면 고압측에 환산한 전 등가 리액턴스를 구하면?

① 1.31 [Ω]   ② 3.31 [Ω]   ③ 5.51 [Ω]   ④ 7.51 [Ω]

해설

2차를 1차로 환산한 임피던스 : $z_{21} = \dfrac{V_s}{I_{1s}} = \dfrac{86}{10.5} = 8.19\,[\Omega]$

2차를 1차로 환산한 저항 : $r_{21} = \dfrac{P_s}{I_{1s}^2} = \dfrac{360}{10.5^2} = 3.265\,[\Omega]$

$\therefore x_{21} = \sqrt{z_{21}^2 - r_{21}^2} = \sqrt{8.19^2 - 3.265^2} = 7.51\,[\Omega]$

답 : ④

변압기에서 2차를 1차로 환산한 등가회로의 부하 소비전력 P_2 [W]는, 실제의 부하의 소비전력 P_2 [W]에 대하여 어떠한가? 단, a는 변압비이다.

① a배   ② a^2배   ③ 1/a   ④ 변함없다

해설
변압기는 1차 출력이니 2차 출력이 같다.

답 : ④

3.3 2차측에 환산한 근사등가회로(1차 회로를 2차로 환산)

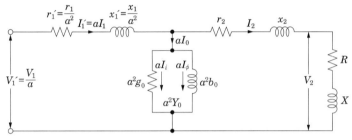

그림 12 1차를 2차로 환산한 등가회로

변압기의 권수비는

$$a = \frac{n_1}{n_2}$$

이며, 2차 권선을 1차 권선과 같게 하면 2차측 전압 E_1, 전류 I_1가 각각

$$E_1' = \frac{E_1}{a}, \ I_1' = a I_1$$

이 된다. 1차측 누설임피던스는

$$Z_1' = \frac{Z_1}{a^2} = \frac{r_1 + j x_1}{a^2} \ [\Omega]$$

이되며, 여자 어어드턴스는

$$Y_0' = a^2 Y_0 = a^2 (g_0 - j b_0)$$

가 된다.

4. 변압기의 특성

4.1 백분율 전압강하

(1) %저항 강하

정격전압에 대한 저항강하의 비를 백분율로 나타낸 것을 말한다.

$$p = \frac{r_{21}I_{1n}}{V_{1n}} \times 100 = \frac{r_{21}I_{1n}^2}{V_{1n}I_{1n}} \times 100 = \frac{P_s}{V_{1n}I_{1n}} \times 100 \ [\%]$$

(2) %리액턴스 강하

정격전압에 대한 리액턴스강하의 비를 백분율로 나타낸 것을 말한다.

$$q = \frac{x_{21}I_{1n}}{V_{1n}} \times 100 \ [\%]$$

(3) %임피던스 강하

정격전압에 대한 임피던스 강하의 비를 백분율로 나타낸 것을 말한다.

$$z = \frac{z_{21}I_{1n}}{V_{1n}} \times 100 = \frac{V_s}{V_{1n}} \times 100 = \sqrt{p^2 + q^2} = \frac{PZ}{10\,V^2} \ [\%]$$

여기서, I_{1n} : 1차 정격 전류, V_{1n} : 1차 정격 전압

(4) 정격전류에 대한 단락전류의 비

$$\frac{I_{1s}}{I_{1n}} = \frac{V_{1n}}{I_{1n}\sqrt{(r_{21})^2 + (x_{21})^2}} = \frac{100}{\%Z}$$

예제문제 18

10 [kVA], 2,000/100 [V] 변압기에서 1차에 환산한 등가 임피던스는 $6.2 + j7$ [Ω]이다. 이 변압기의 % 리액턴스 강하는?

① 3.5   ② 1.75

③ 0.35   ④ 0.175

해설

• 1차 정격전류 : $I_{1n} = \dfrac{10 \times 10^3}{2,000} = 5$ [A]

• 리액턴스 강하 : $q = \dfrac{I_{1n}x}{V_{1n}} \times 100 = \dfrac{5 \times 7}{2,000} \times 100 = 1.75$ [%]

답 : ②

예제문제 19

3상 변압기의 임피던스가 Z [Ω]이고, 선간 전압이 V [kV], 정격 용량이 P [kVA]일 때 %Z (% 임피던스)는?

① $\dfrac{PZ}{V}$ ② $\dfrac{10PZ}{V}$ ③ $\dfrac{PZ}{10\,V^2}$ ④ $\dfrac{PZ}{100\,V^2}$

해설

%임피던스 : $\%Z = \dfrac{\text{임피던스}}{\text{정격 임피던스}} \times 100 = \dfrac{Z}{\dfrac{(V \times 1,000)^2}{kVA \times 1,000}} \times 100 = \dfrac{Z \cdot kVA}{V^2 \times 10} = \dfrac{Z \cdot P}{10\,V^2}$

답 : ③

예제문제 20

임피던스 강하가 5 [%]인 변압기가 운전 중 단락되었을 때 그 단락 전류는 정격 전류의 몇 배인가?

① 15배   ② 20배   ③ 25배   ④ 30배

해설

단락 전류 : $I_{1s} = I_{1n}\dfrac{100}{\%Z} = I_{1n} \times \dfrac{100}{5} = 20I_{1n}$

답 : ②

4.2 임피던스 전압

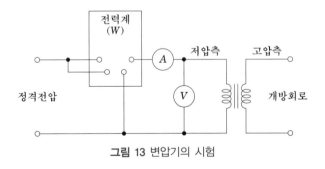

그림 13 변압기의 시험

%임피던스를 구하기위해서는 변압기를 단락시험과 무부하시험을 통해 구한다. 단락 시험은 전부하동손 즉, 임피던스와트를 구하고 임피던스전압을 구할수 있다. 단락시험을 행할때는 그림 13에서 개방회로단을 서로 단락한다. 즉, 변압기 2차를 단락하고 1차에 저전압을 가하여 1차 단락전류를 측정한다. 이때 1차 단락전류가 1차 정격전류와 같게 될 때 1차에 가한 전압을 임피던스 전압이라 한다. 임피던스 전압은 변압기 내의 전압강하를 의미한다. 또 이때 입력을 임피던스와트(전부하 동손)라 한다. 임피던스 전압과 임피던스 와트를 식으로 표현하면 다음과 같다.

$$임피던스\ 전압 : V_s = Z_{21}I_{1n} = \sqrt{(r_{21})^2 + (x_{21})^2}\,I_{1n}\,[\mathrm{V}]$$

$$임피던스\ 와트 : P_s = (r_{21})I_{1n}^2 = (r_1 + a^2 r_2)I_{1n}^2\,[\mathrm{W}]$$

예제문제 21

변압기의 임피던스 전압이란?

① 정격 전류가 흐를 때의 변압기 내의 전압 강하

② 여자 전류가 흐를 때의 2차측 단자 전압

③ 정격 전류가 흐를 때의 2차측 단자 전압

④ 2차 단락 전류가 흐를 때의 변압기 내의 전압 강하

해설

변압기 임피던스는 누설자속에 의한 리액턴스분과 권선저항에 의한 저항분이 있으며, 이러한 임피던스는 변압기의 내부 전압강하를 생기게 하는데 이것을 임피던스 전압이라고 한다.

답 : ①

예제문제 22

임피던스 전압을 걸 때의 입력은?

① 정격 용량

② 철손

③ 임피던스 와트

④ 전부하시의 전손실

해설

변압기 2차를 단락하고 서서히 전압을 증가하여 1차 단락전류가 1차 정격전류와 같게 될 때 이때 전압을 임피던스 전압이라 한다. 임피던스 전압일 경우 입력을 임피던스 와트라 한다.

답 : ③

4.3 전압 변동률

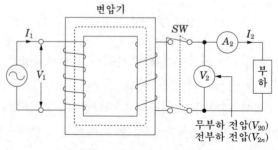

그림 14 변압기의 전압변동률

변압기의 전압 변동률은 2차측의 전압의 변화를 기준으로 산출한다.

$$\epsilon = \frac{V_{20} - V_{2n}}{V_{2n}} \times 100 \ [\%]$$

여기서, V_{20} : 무부하 2차 단자 전압, V_{2n} : 정격 2차 단자 전압

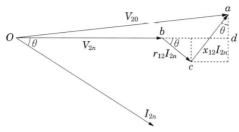

그림 15 변압기 2차측의 벡터도

변압기의 2차측 정격전압 $V_{2n} = 100 \ [\%]$로 하였을 때 무부하 2차 단자전압을

$$V_{20} = 100 + \epsilon \ [\%]$$

으로 나타내면 백분율 저항강하는

$$p = \frac{r_{12} I_{2n}}{V_{2n}} \times 100 \ [\%]$$

이며, 백분율 리액턴스 강하는 다음과 같다.

$$q = \frac{x_{12} I_{2n}}{V_{2n}} \times 100 \ [\%]$$

전압변동률(Voltage regulation) 은

$$\epsilon = \frac{V_{20} - V_{2n}}{V_{2n}} \times 100 = \frac{\overline{oa} - \overline{ob}}{\overline{ob}} \times 100 \fallingdotseq \frac{\overline{od} - \overline{ob}}{\overline{ob}} \times 100$$

$$= p\cos\theta + q\sin\theta + \frac{100}{2}\left(q\cos\frac{\theta}{100} - p\sin\frac{\theta}{100}\right)^2$$

$$\fallingdotseq p\cos\theta + q\sin\theta + \frac{1}{200}(q\cos\theta - p\sin\theta)^2$$

$$\therefore \ \epsilon \fallingdotseq p\cos\theta + q\sin\theta$$

또, 역률이 $100 \ [\%]$일 때 $\cos\theta = 1$, $\sin\theta = 0$이므로,

$$\epsilon \fallingdotseq p = \frac{I_{2n} r}{V_{2n}} \times 100 = \frac{I_{2n}^2 r}{V_{2n} I_{2n}} \times 100 = \frac{전부하 \ 동손}{정격 \ 용량} \times 100 \ [\%]$$

가 된다.

예제문제 **23**

어떤 단상 변압기의 2차 무부하 전압이 240 [V]이고 정격 부하시의 2차 단자 전압이 230 [V]이다. 전압 변동률[%]은?

① 2.35　　　　　② 3.35　　　　　③ 4.35　　　　　④ 5.35

해설

전압 변동률 : $\epsilon = \dfrac{V_{20} - V_{2n}}{V_{2n}} \times 100 = \dfrac{240 - 230}{230} \times 100 = \dfrac{10}{230} \times 100 = 4.35\ [\%]$

답 : ③

예제문제 **24**

역률 100 [%]인 때의 전압 변동률 ϵ은 어떻게 표시되는가?

① % 저항 강하　　　　　　　　　② % 리액턴스 강하
③ % 서셉턴스 강하　　　　　　　④ % 임피던스 전압

해설

전압 변동률 : $\epsilon = p\cos\theta + q\sin\theta$에서 역률 100 [%]일 경우 $\cos\theta = 1$, $\sin\theta = 0$이므로
$\epsilon = p \times 1 + q \times 0$ 이므로 $\epsilon = p$ 가 된다.

답 : ①

예제문제 **25**

어떤 변압기의 단락 시험에서 % 저항 강하 1.5 [%]와 % 리액턴스 강하 3 [%]를 얻었다. 부하 역률이 80 [%] 앞선 경우의 전압 변동률[%]은?

① −0.6　　　　　② 0.6　　　　　③ −3.0　　　　　④ 3.0

해설

전압 변동률 : $\epsilon = p\cos\theta - q\sin\theta = 1.5 \times 0.8 - 3 \times 0.6 = -0.6\ [\%]$

답 : ①

예제문제 **26**

어느 변압기의 백분율 저항 강하가 2 [%], 백분율 리액턴스 강하가 3 [%]일 때 역률(지역률) 80 [%]인 경우의 전압 변동률[%]은?

① −0.2　　　　　② 3.4　　　　　③ 0.2　　　　　④ −3.4

해설

전압 변동률 : $\epsilon = p\cos\theta + q\sin\theta = 2 \times 0.8 + 3 \times 0.6 = 3.4\ [\%]$

답 : ②

예제문제 27

[%] 저항 강하 1.8, [%] 리액턴스 강하가 2.0인 변압기의 전압 변동률의 최대값과 이때의 역률은 각각 몇 [%]인가?

① 7.24, 27　　　　② 2.7, 1.8　　　　③ 2.7, 67　　　　④ 1.8, 3.8

해설
- 최대 전압 변동률 : $\epsilon_{\max} = \sqrt{p^2 + q^2} = \sqrt{1.8^2 + 2^2} = 2.7\,[\%]$
- 그때 역률 : $\cos\theta_m = \dfrac{p}{\sqrt{p^2 + q^2}} = \dfrac{1.8}{2.7} = 0.67 = 67\,[\%]$

답 : ③

5. 변압기의 결선

5.1 변압기의 극성

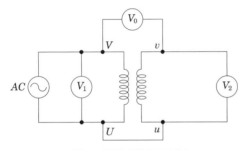

그림 16 변압기의 극성시험

변압기를 그림 16과 같이 연결하고 전압계 V_0의 값을 측정해서 변압기의 극성을 판별한다.

$$V_0 = V_1 - V_2$$

일 경우는 변압기 극성은 감극성(substractive polarity)이라 하며

$$V_0 = V_1 + V_2$$

일 경우는 가극성(additive polarity)이라 한다.

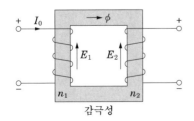
감극성

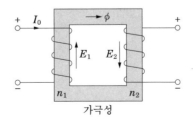
가극성

그림 17 변압기의 극성

그림 17의 좌측의 경우는 감극성의 경우이며, 우측의 경우는 가극성의 경우이다. 우리나라는 감극성을 표준으로 하여 사용하고 있다.

예제문제 28

단상 변압기가 감극성일 때의 단자 부호는?

  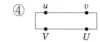

해설

고압측에서 보아 외함의 우측 단자를 U 로 하고, 감극성의 경우는 U 와 저압측 u 단자와 외함의 같은 쪽에 있도록 하고, 가극성일 때는 대각선상에 있도록 한다.

답 : ①

예제문제 29

210/105 [V]의 변압기를 그림과 같이 결선하고 고압측에 200 [V]의 전압을 가하면 전압계의 지시는 몇 [V]인가?

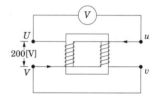

① 100

② 200

③ 300

④ 400

해설

권수비 : $a = \dfrac{210}{105} = 2$

$E_1 = 200$ [V]이므로 $E_2 = \dfrac{E_1}{a} = \dfrac{200}{2} = 100$ [V]

감극성이므로 V의 지시값 $= E_1 - E_2 = 200 - 100 = 100$ [V]

답 : ①

5.2 변압기의 3상 결선(three phase transformer connection)

3상 결선방법에는 △결선과 Y결선의 두 종류가 있다. 용량, 전압, 주파수 등의 정격이 동일하고, 권선의 저항, 누설리액턴스, 여자전류 등을 모두 같은 변압기를 사용하여 결선하여야 한다.

3상 변압기의 결선방법은 △－△, △－Y, Y－△, Y－Y 이 있고 2대를 용하여 3상결선하는 방법은 V결선 및 T결선(스콧결선) 등이 있다.

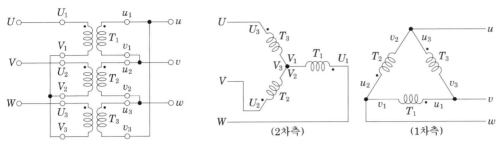

그림 18 변압기의 3상 결선법

(1) △-△결선

△-△결선은 다음과 같은 특징을 가지고 있다.

- 3대의 변압기중 1대가 고장시 V결선이 가능하다.
- 제3고조파가 △결선내에 순환하므로 선간에 나타나지 않는다.
- 결선상 중성점 접지가 불가능 하다.
- 중성점을 접지할 수 없다.
- 전압과 전류는 $V_l = V_p$, $I_l = \sqrt{3}\,I_p \angle -30°$의 관계가 있다.
- 출력은 $P_\triangle = \sqrt{3}\,V_l\,I_l = 3\,V_p\,I_p$ 이다.

(2) Y-Y결선

Y-Y결선의 특징은 다음과 같다.

- 1차, 2차 권선에 다같이 중성점에서 중성점을 접지할 수 있다.
- 1상당 권수가 △결선의 $\dfrac{1}{\sqrt{3}}$이 되므로 고전압권선에 적합하다.
- 1차, 2차간에 각 변위의 변화가 없다.
- 유기기전력에 제3고조파가 포함되므로 2차측 중성점을 접지하면 대지 충전전류가 흘러서 통신선에 유도장애를 준다.
- Y-Y결선을 사용시 별도의 △결선을 두어 Y-Y-△ 결선으로 한다. 여기서 △권선을 안정권선이라 한다.
- 전압과 전류는 $V_l = \sqrt{3}\,V_p \angle 30°$, $I_l = I_p$의 관계가 있다.
- 출력은 $P_Y = \sqrt{3}\,V_l\,I_l = 3\,V_p\,I_p$ 이다.

예제문제 30

단상 변압기의 3상 Y-Y결선에서 잘못된 것은?

① 3조파 전류가 흐르며 유도 장애를 일으킨다.

② 역 V결선이 가능하다.

③ 권선 전압이 선간 전압의 3배이므로 절연이 용이하다.

④ 중성점 접지가 된다.

해설
전압과 전류 : $V_l = \sqrt{3}\, V_p \angle 30°$, $I_l = I_p$의 관계가 있다.
출력 : $P_Y = \sqrt{3}\, V_l I_l = 3 V_p I_p$ 이다.

답 : ③

예제문제 31

변압기 결선에서 부하 단자에 제3고조파 전압이 발생하는 것은?

① △-△   ② △-Y   ③ Y-△   ④ Y-Y

해설
Y-Y결선 : 제3조파의 여자 전류 통로가 없으므로 유기기전력에 제3조파 전압이 포함된다.

답 : ④

---

(3) △-Y결선

△-Y결선은 △결선의 장점과 Y결선의 장점을 가지고 있다. 특징은 다음과 같다.

• △결선으로 제3고조파를 제거할 수 있다.

• Y결선으로 중성점을 접지할 수 있다.

• 1대 고장시 3상 운전할 수 없으며, V-V결선 운전이 불가능하다.

• 1차와 2차간에 30° 변위의 차가 생긴다.

• 일반적으로 △-Y결선은 승압용으로 Y-△결선은 강압용으로 사용한다.

예제문제 32

변압기의 1차측을 Y결선, 2차측을 △결선으로 한 경우 1차와 2차간의 전압의 위상 변위는?

① 0°   ② 30°   ③ 45°   ④ 60°

해설
1차 선간 전압은 2차 선간 전압보다 30° 위상이 빠르다.

답 : ②

예제문제 33

권선비 a : 1인 3개의 단상 변압기를 △-Y로 하고, 1차 단자 전압 V_1, 1차 전류 I_1이라 하면 2차의 단자 전압 V_2 및 2차 전류 I_2값은? 단, 저항, 리액턴스 및 여자 전류는 무시한다.

① $V_2 = \sqrt{3}\,\dfrac{V_1}{a}$, $I_1 = I_2$ 　　② $V_2 = V_1$, $I_2 = I_1\dfrac{a}{\sqrt{3}}$

③ $V_2 = \sqrt{3}\,\dfrac{V_1}{a}$, $I_2 = I_1\dfrac{a}{\sqrt{3}}$ 　　④ $V_2 = \sqrt{3}\,\dfrac{V_1}{a}$, $I_2 = \sqrt{3}\,aI_1$

해설

2차 상전압 : $V_2' = \dfrac{V_1}{a}$

2차는 Y결선이므로 선간 전압 : $V_2 = \sqrt{3}\,V_2' = \sqrt{3}\,\dfrac{V_1}{a}$

1차 출력=2차 출력이므로 $\sqrt{3}\,V_1 I_1 = \sqrt{3}\,V_2 I_2$

$\therefore I_2 = \dfrac{V_1}{V_2}I_1 = \dfrac{a}{\sqrt{3}}I_1$

답 : ③

(4) V–V 결선

△−△결선중 1대의 고장시 운전가능한 결선이며, 장래 부하증설이 예상되는 경우 채용되기도 한다.

출력은 $P_V = \sqrt{3}\,V_p I_p$ 으로 한상의 출력에 $\sqrt{3}$ 배가 된다. 따라서 출력비와 이용률은 다음과 같다.

• 출력비$= \dfrac{\text{V 결선 출력}}{\text{△ 결선 출력}} = \dfrac{\sqrt{3}\,V_p I_p}{3\,V_p I_p} = \dfrac{1}{\sqrt{3}} = 0.577$

• 이용률$= \dfrac{\sqrt{3}\,VI}{2\,VI} = 0.866$

예제문제 34

2대의 변압기로 V 결선하여 3상 변압하는 경우 변압기 이용률[%]은?

① 57.8 　　② 66.6 　　③ 86.6 　　④ 100

해설

이용률$= \dfrac{\sqrt{3}\,VI}{2VI} = \dfrac{\sqrt{3}}{2} = 0.866$

답 : ③

예제문제 **35**

△결선 변압기의 한 대가 고장으로 제거되어 V결선으로 공급할 때 공급할 수 있는 전력은 고장 전 전력에 대하여 몇 [%]인가?

① 86.6　　　　　　　　　　② 75.0

③ 66.7　　　　　　　　　　④ 57.7

해설

출력비 $= \dfrac{V결선의\ 출력}{△결선의\ 출력} = \dfrac{\sqrt{3}\,K}{3K} = \dfrac{\sqrt{3}}{3} = 0.577 = 57.7\,[\%]$

답 : ④

예제문제 **36**

용량 100 [kVA]인 동일 정격의 단상 변압기 4대로 낼 수 있는 3상 최대 출력 용량[kVA]은?

① $200\sqrt{3}$　　　　　　　② $200\sqrt{2}$

③ $300\sqrt{2}$　　　　　　　④ 400

해설

• 2대로 V결선으로 했을 경우의 출력 : $\sqrt{3}\,P$

• 2대로 V결선으로 했을 경우의 출력 : $2\sqrt{3}\,P$

　$\therefore\ 2\sqrt{3}\,P = 2\sqrt{3} \times 100 = 200\sqrt{3}\ [\text{kVA}]$

답 : ①

5.3 상수의 변환

단상 변압기 2대를 이용하여 3상을 2상으로 변환시킬 수 있는 결선은 스코트(scott) 결선 또는 T결선, 우드브리지(wood bridge), 메이어(Meyer) 결선 등이 있다.

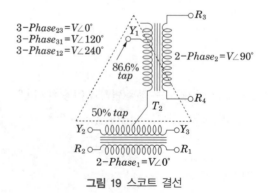

그림 19 스코트 결선

예제문제 37

중성점이 있는 같은 변압기 2대를 사용하여 T결선으로 3상 변압을 하려고 한다. 이때의 변압기 이용률은 얼마인가?

① 47.6 [%] ② 57.8 [%] ③ 66.6 [%] ④ 86.6 [%]

해설

cott 결선의 이용률 $= \dfrac{\sqrt{3}\,VI}{2\,VI} = 0.866 = 86.6\,[\%]$

답 : ④

예제문제 38

같은 권수의 2대의 단상 변압기의 3상 전압을 2상으로 변압하기 위하여 스코트 결선을 할 때 T좌 변압기의 권수는 전 권수의 어느 점에서 택해야 하는가?

① $\dfrac{1}{\sqrt{2}}$ ② $\dfrac{1}{\sqrt{3}}$ ③ $\dfrac{2}{\sqrt{3}}$ ④ $\dfrac{\sqrt{3}}{2}$

해설

T좌 변압기 : 1차 권선이 주좌 변압기와 같고 $\sqrt{3}/2$ 지점에서 인출한다.

답 : ④

예제문제 39

T-결선에 의하여 3,300 [V]의 3상으로부터 200 [V], 40 [kVA]의 전력을 얻는 경우 T좌 변압기의 권수비는?

① 약 16.5 ② 약 14.3 ③ 약 11.7 ④ 약 10.2

해설

주좌 변압기의 권수비를 a_M, T좌 변압기의 권수비를 a_T

$\therefore \; a_T = a_M \times \dfrac{\sqrt{3}}{2} = \dfrac{3300}{200} \times \dfrac{\sqrt{3}}{2} = 16.5 \times 0.866 = 14.29$

답 : ②

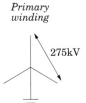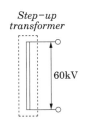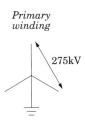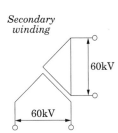

그림 20 우드브리지결선과 루프델타결선

3상을 6상으로 변환하는 방법은 환상결선(ring connection), 대각결선(diametrical connection), 2중성형 결선, 2중 3각 결선 등이 있다.

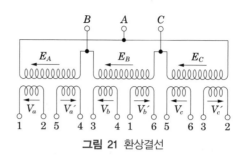

그림 21 환상결선

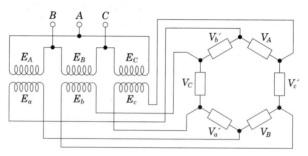

그림 22 대각결선

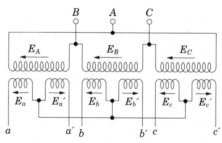

그림 23 2중 성형 결선

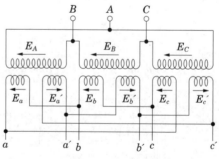

그림 24 2중 3각 결선

예제문제 40

> **3상 전원에서 6상 전압을 얻을 수 없는 변압기의 결선 방법은?**
>
> ① 스코트 결선   ② 2중 3각 결선
> ③ 2중 성형 결선   ④ 포크 결선
>
> **해설**
> 스코트(T) 결선 : 3상에서 2상을 얻는 결선
>
> 답 : ①

6. 변압기의 병렬운전

6.1 병렬 운전의 조건

변압기 병렬운전은 다음 조건을 만족하여야 한다.

- 각 변압기의 극성이 같을 것
- 각 변압기의 권수비가 같고, 1차와 2차의 정격 전압이 같을 것
- 각 변압기의 % 임피던스 강하가 같을 것
- 3상식에서는 위의 조건 외에 각 변압기의 상회전 방향 및 각 변위가 같을 것

각 변위(위상변위)란 1차 유기전압을 기준으로 하고 이에 대한 2차 유기전압의 뒤진 각을 말한다.

예제문제 41

> **다음 중에서 변압기의 병렬 운전 조건에 필요하지 않은 것은?**
>
> ① 극성이 같을 것   ② 용량이 같을 것
> ③ 권수비가 같을 것   ④ 저항과 리액턴스의 비가 같을 것
>
> **해설**
> 병렬 운전의 조건
> ① 각 변압기의 극성이 같을 것
> ② 각 변압기의 권수비가 같고, 1차와 2차의 정격 전압이 같을 것
> ③ 각 변압기의 % 임피던스 강하가 같을 것
> ④ 3상식에서는 위의 조건 외에 각 변압기의 상회전 방향 및 각 변위가 같을 것
>
> 답 : ②

6.2 변압기 병렬운전의 문제점

변압기의 병렬운전의 경우는 다음과 같은 문제점이 있다.

① 계통에 %Z가 적어져 단락용량이 증대된다.

변압기의 병렬운전의 경우 변압기의 연결이 서로 병렬형태로 연결되어 지므로 합성%임피던스가 작아진다. %임피던스가 작아지는 것은 다음 식에 의해 단락 용량의 증대를 가져온다.

$$P_s = \frac{100}{\%Z} P_n$$

따라서 단락용량을 고려하여 변압기의 %임피던스를 선정하고 병렬운전하여야 한다.

② 전 부하 운전시 변압기 허용 과부하율에 의한 변압기용량 증대로 손실증가 한다.
③ 차단기의 빈번한 동작에 의한 차단기 수명 단축(대수제어 등) 된다.

6.3 3상 변압기의 병렬 운전 결선

3상 변압기의 병렬운전 조건은 단상의 조건과 더불어 상회전과 변위가 같아야 한다. 따라서 병렬운전이 가능한 결선과 불가능한 결선이 있으며, 다음 표와 같이 나타낼 수 있다. 상회전과 변위를 고려하여 변압기가 병렬운전 가능한 결선과 불가능한 결선을 표 1에서 나타내었다.

표 1 병렬운전의 결선

병렬 운전 가능	병렬 운전 불가능
△-△와 △-△ Y-△ 와 Y-△ Y-Y 와 Y-Y △-Y 와 △-Y △-△와 Y-Y △-Y 와 Y-△	△-△와 △-Y △-Y 와 Y-Y

예제문제 42

변압기의 병렬 운전이 불가능한 것은?

① △-△와 △-△

② △-△와 Y-Y

③ △-△와 △-Y

④ △-Y와 △-Y

해설

3개의 △, 3개의 Y는 2차간에 정격 전압이 다르며 30°의 변위가 생겨 순환 전류가 흐른다.

병렬 운전 가능	병렬 운전 불가능
△-△와 △-△	
Y-△와 Y-△	
Y-Y와 Y-Y	△-△와 △-Y
△-Y와 △-Y	△-Y와 Y-Y
△-△와 Y-Y	
△-Y와 Y-△	

답 : ③

6.4 부하분담

변압기 병렬운전시 부하 분담은 누설임피던스에 반비례하며, 변압기에 용량에 비례한다. 이를 식으로 표현하면 다음과 같다.

각 변압기에 흐르는 전류는

$$I_a = \frac{Z_b}{Z_a + Z_b} I$$

$$I_b = \frac{Z_a}{Z_a + Z_b} I$$

각 변압기의 %임피던스는

$$\% Z_a = \frac{I_A Z_a}{V_n} \times 100$$

$$\% Z_b = \frac{I_B Z_b}{V_n} \times 100$$

이며, 여기서 $I_a Z_a = I_b Z_b$ 이므로

$$\frac{I_a}{I_b} = \frac{Z_b}{Z_a} = \frac{\dfrac{\% Z_b \cdot V_n}{I_B \times 100}}{\dfrac{\% Z_a \cdot V_n}{I_A \times 100}} = \frac{I_A}{I_B} \times \frac{\% Z_b}{\% Z_a}$$

가 된다. 따라서

$$\frac{VI_a}{VI_b} = \frac{VI_A}{VI_B} \times \frac{\% Z_b}{\% Z_a}$$

이며, 정리하면

$$\frac{[\text{kVA}]_a}{[\text{kVA}]_b} = \frac{[\text{kVA}]_A}{[\text{kVA}]_B} \times \frac{\% Z_b}{\% Z_a}, \ \frac{P_a}{P_b} = \frac{P_A}{P_B} \times \frac{\% Z_b}{\% Z_a}$$

가 된다.

예제문제 43

단상 변압기를 병렬 운전하는 경우 부하 전류의 분담은 어떻게 되는가?

① 용량에 비례하고 누설 임피던스에 비례한다.

② 용량에 비례하고 누설 임피던스에 역비례한다.

③ 용량에 역비례하고 누설 임피던스에 비례한다.

④ 용량에 역비례하고 누설 임피던스에 역비례한다.

해설

변압기 병렬운전시 부하 분담은 누설임피던스에 역비례하며, 변압기에 용량에 비례한다.

답 : ②

예제문제 44

2대의 정격이 같은 1,000 [kVA]의 단상 변압기의 임피던스 전압이 8 [%]와 9 [%]이다. 이것을 병렬로 하면 몇 [kVA]의 부하를 걸 수 있는가?

① 2,100   ② 2,200

③ 1,889   ④ 2,125

해설

부하 분담비 : $\dfrac{P_a[\text{kVA}]}{Z_b} = \dfrac{P_b[\text{kVA}]}{Z_a} = \dfrac{P_a + P_b}{Z_a + Z_b}$

$\therefore \dfrac{P_a}{9} = \dfrac{P_b}{8} = \dfrac{P}{17}$

임피던스가 작은 변압기 즉 P_a가 큰 부하를 분담하므로 과부하 되지 않기 위해서는

$\therefore P = 1,000 \times \dfrac{17}{9} = 1,889 \ [\text{kVA}]$

답 : ③

7. 특수변압기

7.1 단상 단권변압기

단권변압기는 단상변압기와 달리 1차와 2차권선이 독립되어 있지 않고 권선의 일부를 공통회로로 하고 있는 변압기를 말한다.

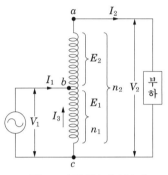

그림 25 단권변압기(승압기)

그림 25에서 a, b 단자 사이를 직렬권선(series winding), b, c 단자 사이를 분로권선 (shunt winding)이라 한다.

전압비는 $\dfrac{V_1}{V_2} = \dfrac{E_1}{E_1 + E_2} = \dfrac{n_1}{n_2} = a$ 이며, 전류비는 $\dfrac{I_1}{I_2} = \dfrac{n_2}{n_1} = \dfrac{1}{a}$ 가 된다.

단권변압기는 작은 용량으로 큰 부하용량에 공급하는 특징을 가지고 있다.

- 자기용량 : $\omega = E_2 I_2 = (V_2 - V_1) I_2$

- 부하용량 : $W = V_2 I_2$

따라서 부하용량에 대한 자기용량의 비는 다음과 같다.

$$\frac{\omega}{W} = \frac{(V_2 - V_1) I_2}{V_2 I_2} = \frac{V_2 - V_1}{V_2} = 1 - \frac{V_1}{V_2}$$

단권변압기는 분로권선 전류는 1차와 부하전류의 차이므로 가는 코일을 사용해도 되어 자로가 단축되고 재료를 절약할 수 있으며, 전압비(권수비)가 1에 가까울수록 동손이 감소되어 효율이 좋게 된다. 또 분로권선은 공통선로이므로 누설자속이 없어 전압변동율이 작으며, 저압측에도 인가 될 수 있어 위험이 따른다.

예제문제 45

다음은 단권 변압기를 설명한 것이다. 틀린 것은?

① 소형에 적합하다.

② 누설 자속이 적다.

③ 손실이 적고 효율이 좋다.

④ 재료가 절약되어 경제적이다.

해설

단권 변압기 : 소형뿐만 아니라 대형에도 널리 사용된다.

답 : ①

예제문제 46

단권 변압기에서 고압측 V_h, 저압측을 V_l, 2차 출력을 P, 단권 변압기의 용량을 P_{1n}이라 하면 P_{1n}/P는?

① $\dfrac{V_l + V_h}{V_h}$　　② $\dfrac{V_h - V_l}{V_h}$　　③ $\dfrac{V_l + V_h}{V_l}$　　④ $\dfrac{V_h - V_l}{V_l}$

해설

$$\frac{\omega}{W} = \frac{V_h - V_l}{V_h} = 1 - \frac{V_l}{V_h}$$

답 : ②

예제문제 47

용량 10 [kVA]의 단권 변압기를 그림과 같이 접속하면 역률 80 [%]의 부하에 몇 [kW]의 전력을 공급할 수 있는가?

① 55　　② 66

③ 77　　④ 88

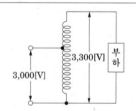

해설

$\dfrac{\omega}{W} = \dfrac{V_h - V_l}{V_h}$ 에서

$\therefore\ W = \omega \times \left(\dfrac{V_h}{V_h - V_l}\right) = 10 \times \dfrac{3,300}{3,300 - 3,000} = 110\ [kVA]$

$\cos\phi = 0.8$이므로 부하 전력 $P = 110 \times 0.8 = 88\ [kW]$

답 : ④

7.2 단권 변압기의 3상 결선

(1) Y결선

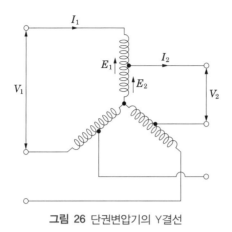

그림 26 단권변압기의 Y결선

그림 26에서 부하용량은

$$부하용량 = \sqrt{3}\, V_1 I_1 = \sqrt{3}\, V_2 I_2$$

자기용량은

$$자기용량 = \frac{3(V_1 - V_2)I_1}{\sqrt{3}} = \sqrt{3}\,(V_1 - V_2)I_1$$

이므로 부하용량에 대한 자기용량은 다음과 같으며, 단상과 같게 된다.

$$\frac{자기용량}{부하용량} = \frac{3(V_1 - V_2)I_1}{\sqrt{3} \times \sqrt{3}\, V_1 I_1} = \frac{V_1 - V_2}{V_1} = 1 - \frac{V_2}{V_1}$$

(2) △결선

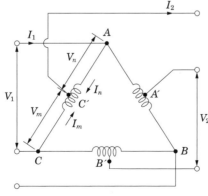

그림 27 단권변압기의 △결선

그림 27의 단권변압기 △결선의 벡터도는 그림 28과 같다.

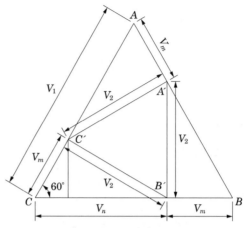

그림 28 단권변압기 △결선의 벡터도

그림 28에서

$$V_2^2 = \left(V_n - \frac{V_m}{2} \right)^2 + \frac{3}{4} V_m^2 = (V_n + V_m)^2 - 3 V_n V_m$$

$$V_n + V_m = V_1$$

$$\therefore V_2^2 = V_1^2 - 3 V_n V_m$$

따라서, $V_n = \dfrac{V_1^2 - V_2^2}{3 V_m}$

또 전류는 그림 27에서

$$I_2 = I_m + I_n$$

단권 변압기 이므로

$$I_m V_m = I_n V_n$$

$$\therefore \frac{V_m + V_n}{V_m} = \frac{I_m + I_n}{I_n}$$

$$\therefore \frac{V_1}{V_m} = \frac{I_2}{I_n}$$

$$\therefore I_n = I_2 \times \frac{V_m}{V_1}$$

$$자기용량 = 3 V_n I_n = 3 \times \frac{V_1^2 - V_2^2}{3 V_m} \times I_2 \frac{V_m}{V_1} = \frac{V_1^2 - V_2^2}{V_1} I_2$$

부하용량은 부하용량 $= \sqrt{3} \, V_2 I_2$

그러므로 부하용량에 대한 자기용량의 비는

$$\frac{자기용량}{부하용량} = \frac{V_1^2 - V_2^2}{\sqrt{3} \, V_1 V_2}$$

가 된다.

예제문제 48

단권 변압기의 3상 결선에서 △결선인 경우, 1차측 선간 전압 V_1, 2차측 선간 전압 V_2일 때 단권 변압기 용량/부하 용량은? 단, $V_1 > V_2$인 경우이다.

① $\dfrac{V_1 - V_2}{V_1}$ ② $\dfrac{V_1^2 - V_2^2}{\sqrt{3} \, V_1 V_2}$ ③ $\dfrac{\sqrt{3} \, (V_1^2 - V_2^2)}{V_1 V_2}$ ④ $\dfrac{V_1 - V_2}{\sqrt{3} \, V_1}$

해설

△결선의 경우 : $\dfrac{\omega}{W} = \dfrac{V_h^2 - V_l^2}{\sqrt{3} \, V_h V_l} = \dfrac{V_1^2 - V_2^2}{\sqrt{3} \, V_1 V_2}$

답 : ②

---

(3) V결선

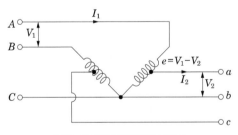

그림 29 단권변압기의 V결선

그림 29와 같이 2대의 단권 변압기를 이용하여 V결선하면 변압기 등가용량과 2차측 출력비는 $\dfrac{1}{0.866}$이고, 단권변압기이므로 $\left(1 - \dfrac{V_2}{V_1}\right)$가 된다.

따라서, 용량비는 다음과 같다.

$$\frac{\text{자기 용량}}{\text{부하 용량}} = \frac{2}{\sqrt{3}} \times \frac{(V_1 - V_2)I_1}{V_1 I_1} = \frac{2}{\sqrt{3}}\left(1 - \frac{V_2}{V_1}\right)$$

$$\therefore P_s = \frac{2}{\sqrt{3}}\left(1 - \frac{V_2}{V_1}\right)P = \frac{1}{0.866}\left(1 - \frac{V_2}{V_1}\right)P$$

가 된다.

예제문제 49

그림과 같이 1차 전압 V_1, 2차 전압 V_2인 단권 변압기를 V결선했을 때 변압기의 등가 용량과 부하 용량과의 비를 나타내는 식은? 단, 손실은 무시한다.

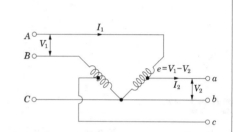

① $\dfrac{2}{\sqrt{3}} \cdot \dfrac{V_1 - V_2}{V_1}$ ② $\dfrac{\sqrt{3}}{2} \cdot \dfrac{V_1 - V_2}{V_1}$

③ $\dfrac{1}{2} \cdot \dfrac{V_1 - V_2}{V_1}$ ④ $\dfrac{2(V_1 - V_2)}{V_1}$

해설
단권 변압기의 3상 결선

결선 방식	Y결선	△결선	V결선
$\dfrac{\text{자기 용량}}{\text{부하 용량}}$	$1 - \dfrac{V_l}{V_h}$	$\dfrac{V_h^2 - V_l^2}{\sqrt{3}\, V_h V_l}$	$\dfrac{2}{\sqrt{3}}\left(1 - \dfrac{V_l}{V_h}\right)$

<u>답 : ①</u>

7.3 3권선 변압기

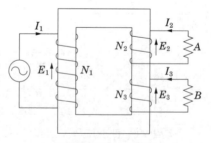

그림 30 3권선 변압기

그림 30과 같이 변압기 철심에 3개의 권선이 있는 변압기를 3권선 변압기라고 한다. 1차, 2차 및 3차 기전력을 E_1, E_2, E_3, 1차, 2차 및 3차 권선수를 w_1, w_2, w_3라고 하면 다음과 같다.

$$E_2 = \frac{w_2}{w_1} E_1$$

$$E_3 = \frac{w_3}{w_1} E_1$$

$$I_1 = \frac{w_2}{w_1} I_2 + \frac{w_3}{w_1} I_3$$

3권선 변압기는 일반적으로 Y-Y-△결선으로 하여 안정권선(△결선)을 통해 소내용 전원의 공급, 조상설비의 설치, 제3고조파의 억제 용도로 사용된다.

예제문제 50

3권선 변압기의 3차 권선의 용도가 아닌 것은?

① 소내용 전압 공급   ② 승압용   ③ 조상 설비   ④ 3고조파 제거

해설
Y-Y-△에서 △의 제3권선의 용도 : 소내용 전압 공급, 조상 설비로 사용, 제3고조파 제거

답 : ②

7.4 계기용 변압 변류기

(1) 전력수급용 계기용 변성기(MOF : Metering Out Fit)

계기용 변성기란 사용전력량을 측정하기 위해 사용하는 전류 및 전압의 변성용 기기로서 계기용 변류기와 계기용 변압기를 한탱크 내에 수납한 것을 말한다.

(2) 계기용 변압기(Potential Transformer : PT)

고압회로의 전압을 저압으로 변성하기 위해서 사용하는 것이며, 배전반의 전압계나 전력계, 주파수계, 역률계, 표시등 및 부족전압 트립코일의 전원으로 사용된다.

그림 31 계기용 변성기   그림 32 계기용 변압기

정격 1차전압 : 계통의 전압

정격 2차전압 : 110V 또는 115V

(3) 변류기(Current Transformer : CT)

변류기는 1차 측에 흐르는 대전류를 2차 측의 소전류로 변성하여 계기나 계전기에 공급하는 계측용 변압기를 말한다.

그림 33 변류기

변류기의 정격 1차 전류값은 그 회로의 최대 부하전류를 계산하여 그 값에 여유를 주어서 선정한다. 일반적으로 수용가의 인입회로나 전력용 변압기의 1차측에 설치하는 것은 최대부하전류의 125~150% 정도로 선정하고, 전동기 부하 등 기동전류가 큰 부하는 기동전류를 고려하여야 하므로 전동기의 정격 입력값이 200~250% 정도 선정한다.

2차 전류는 5A의 것이 사용된다. 디지털 보호계전기 등의 경우에는 1A의 것을 사용하는 경우도 있으며, 멀리 떨어진 장소에서 원방 계측하는 경우는 변류기 2차 배선의 부담을 줄이기 위하 2차 정격전류를 0.1A 로 하는 경우도 있다.

그림 34와 같이 변류기를 연결할 경우 가동접속 또는 화동접속이라 하며, 전류계에 흐르는 전류는 a상과 c상의 전류의 벡터합이 흐르게 된다.

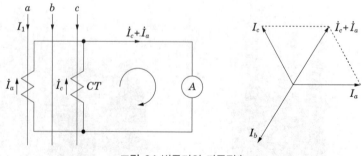

그림 34 변류기의 가동접속

전류계에 흐르는 전류는 $\dot{I}_a + \dot{I}_c$ 이며, 이 전류는 b상의 전류와 같게 된다.

1차 전류와 전류계에 흐르는 전류는 아래와 같다.

$$I_1 = 전류계\ Ⓐ\ 지시값 \times CT비$$

 51

평형 3상 회로의 전류를 측정하기 위해서 변류비 200 : 5의 변류기를 그림과 같이 접속하였더니 전류계의 지시가 1.5 [A]이었다. 1차 전류는 몇 [A]인가?

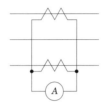

① 60
② $60\sqrt{3}$
③ 30
④ $30\sqrt{3}$

전류계의 지시값 : $1.5 \times \dfrac{200}{5} = 60$ [A]

답 : ①

그림 35와 같이 c상의 변류기를 반대로 접속한 것을 차동접속(교차 접속)이라 한다. 이 방식은 전류계에 흐르는 전류가 a상과 c상의 전류의 벡터차가 흐르게 된다.

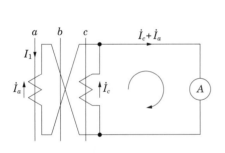
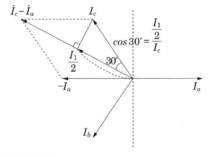

그림 35 변류기의 차동접속

전류계에 흐르는 전류는 $\dot{I_c} - \dot{I_a}$ 이며, 이 전류는 벡터도와 같이 CT 2차 전류의 $\sqrt{3}$ 배가 됨을 알 수 있다. 1차 전류는 아래와 같다.

$$I_1 = 전류계\ Ⓐ\ 지시값 \times \frac{1}{\sqrt{3}} \times CT비$$

예제문제 52

전류 변성기 사용 중에 2차를 개방해서는 안 되는 이유는 다음과 같다. 틀린 것은?

① 철손의 급격한 증가로 소손의 우려가 있다.
② 포화 지속으로 인한 첨두 기전압이 발생하여 절연 파괴의 우려가 있다.
③ 계기와 계전기의 정상적 작용을 일시 정지시키기 때문이다.
④ 일단 크게 작용한 히스테리시스 루프의 영향으로 계기의 오차 발생

해설

변류기 2차를 개방시 현상 : 1차 선전류가 모두 여자 전류로 되어 자기포화가 되며, 고전압이 유기되어 과열되며 절연 파괴가 된다.

답 : ③

예제문제 53

변압기에 관한 다음 말 중 틀린 것은 어느 것인가?

① 변류기(CT)는 사용 중 2차 회로를 개방하여서는 안 된다.
② 배전용 변압기는 철손이 큰 것을 사용하여 전일 효율이 높아지도록 한다.
③ 변압기의 효율은 철손과 동손이 같을 때에 최고이다.
④ 피크파 변압기는 자기포화를 이용한 것이다.

해설

전일효율 : $\eta = \dfrac{\Sigma h \times P}{\Sigma h \times P + 24 P_i + \Sigma h \times P_c} \times 100 \, [\%]$

철손이 큰 변압기는 철손이 작은 변압기 보다 전일 효율이 낮다.

답 : ②

7.5 몰드 변압기

고압 및 전압의 권선을 모두 에폭시 수지로 몰드한 고체 절연방식의 변압기를 몰드 변압기라 한다. 몰드 변압기는 난연성, 절연의 신뢰성, 보수 및 유지의 용이함을 위해 개발되었으며, 에너지 절약적인 측면은 유입변압기 보다 유리하다. 몰드변압기는 일반적으로 유입변압기보다 절연내력이 작으므로 VCB와 연결시 개폐서지에 대한 대책이 없으므로 SA(Surge Absorber)등을 설치하여 대책을 세워주어야 한다.

그림 36 몰드변압기

몰드 변압기를 유입 변압기와 비교하면 다음과 같은 특징이 있다.

- 난연성이 우수하다. 에폭시 수지에 무기물 충진제가 혼입된 구조로 되어 있으므로 자기 소호성이 우수하며, 불꽃 등에 착화하지 않는 특성이 있다.
- 신뢰성이 향상된다. 내코로나(Corona)특성, 임펄스 특성이 향상된다.
- 소형, 경량화 가능하다. 철심이 컴팩트화 되어 면적이 축소된다.
- 무부하 손실이 줄어든다. 이것으로 인해 운전경비가 절감되고, 에너지가 절약이 된다.
- 유지보수 점검이 용이하게 된다. 일반 유입변압기와 달리 절연유의 여과 및 교체가 없으며, 장기간 정지후 간단하게 재사용할 수 있으며, 먼지, 습기 등에 의한 절연내력이 영향을 받지 않는다.
- 단시간 과부하 내량이 크다.
- 소음이 적고 무공해운전 가능하다.
- 서지에 대한 대책을 수립하여야 한다. 사용장소는 건축전기설비, 병원, 지하상가나 주택이 근접하여 있는 공장이나 화학 플랜트 등의 특수 공장과 같이 재해가 인명에 직접 영향을 끼치는 장소에 좋으며, 특히 에너지절약 측면에서 적합하다.

예제문제 54

몰드 변압기(mold transformer)는 변압기 코일을 직접 에폭시(Epoxy) 수지로 몰드하는 고체 절연 방식의 변압기로 그 절연 방식 중 금형을 사용하는 금형 방식의 종류는?

① 프리 프레그 절연법　　　　　② 디핑법
③ 부유 경화법　　　　　　　　④ 함침법

해설
금형 방식(주형 몰드) : 주형법, 함침법, 함침주형법, FRP 주형법(신뢰성이 높고, 양산성이 우수하다.)
금형 방식의 단점을 보완하기 위한 방식으로 무 금형 방식(함침 몰드)이 있다.

답 : ④

7.6 아몰퍼스 몰드 변압기(Amorphous Mold Transformer)

절연매체로 Epoxy수지를 적용하고 철심소재를 기존의 방향성 규소강판 대신 비정질 자성재료(아몰퍼스 메탈)를 사용하여 무부하손(철손)을 기존변압기의 75% 이상 절감한 절전형·고효율 몰드 변압기를 아몰퍼스 변압기라 한다.

특징은 다음과 같다.

- 비정질 구조 및 초 박판 철심소재 채택으로 손실 절감(무부하손실 75% 이상 감소)
- 고진공 주형 권선에 의한 방재성 및 신뢰성 확보
- 고조파 대책으로도 뛰어난 성능 발휘
- 사각형(Rectangular type) 권선에 의한 소형화로 설치면적 축소
- 손실절감에 의한 변압기 수명연장 및 전력요금 절감

8. 손실 및 효율

8.1 손실

(1) 히스테리시스손

$$P_h = \delta_h \cdot f \cdot B_m^{1.6} \sim \delta_h \cdot f \cdot B_m^2 \ [\text{Wb/kg}]$$

에서 최대자속밀도를 구하면

$$B_m = \frac{E_1}{4.44 N_1 f A}$$

이므로 히스테리시스손은 다음과 같은 관계가 있다.

$$P_h = \delta_h f \left(\frac{E_1}{4.44 N_1 f A} \right)^{1.6} \sim \delta_h f \left(\frac{E_1}{4.44 N_1 f A} \right)^2$$

$$= K E_1^{1.6} \cdot f^{-0.6} \sim K' E_1^2 f^{-1}$$

의 관계가 있다.

(2) 와전류손

$$P_e = \delta_e \cdot (f \cdot t \cdot K_f \cdot B_m)^2 \ [\text{Wb/kg}]$$

에서 최대자속밀도를 구하면

$$B_m = \frac{E_1}{4.44 N_1 f A}$$

이므로

$$P_e = \delta_e \left(\frac{f \cdot t \cdot K_f \cdot E_1}{4 K_f N_1 f A} \right)^2 = K_0 E_1^2$$

여기서, δ_h : 히스테리시스 정수, δ_e : 재료에 의한 정수
f : 주파수 [Hz], B_m : 자속 밀도의 최대값
t : 철판의 두께 [mm], k_f : 파형률

의 관계가 있다. 철손은

$$P_i = P_h + P_e = (K E_1^{1.6} f^{-0.6} \sim K' E_1^2 f^{-1}) + K_o E_1^2$$

이며, 히스테리시스손이 80% 정도이므로

$$P_i \propto \frac{E_1^2}{f}$$

라고 볼 수 있다.

예제문제 55

변압기에서 발생하는 손실 중 1차측 전원에 접속되어 있으면 부하의 유무에 관계없이 발생하는 손실은?

① 동손　　　　　　　　　　② 표유부하손
③ 철손　　　　　　　　　　④ 부하손

해설
부하 유무에 관계없이 항상 발생하는 손실을 고정손이라 하며, 철손이 해당된다.

답 : ③

예제문제 56

변압기의 동손은 부하의 몇 제곱에 비례하는가?

① 4　　　　　　② 2　　　　　　③ 1　　　　　　④ 0.5

해설
동손 : $P_c = I^2 R\,[\mathrm{W}] \propto I^2$

답 : ②

예제문제 57

변압기에서 생기는 철손 중 와류손(eddy current loss)은 철심의 규소 강판 두께와 어떤 관계에 있는가?

① 두께에 비례　　　　　　　② 두께의 2승에 비례
③ 두께의 1/2승에 비례　　　　④ 두께의 3승에 비례

해설
• 히스테리시스손 : $P_h = \delta_h f B_m^2\,[\mathrm{W/kg}]$이고,
• 와류손 : $P_e = \delta_e (t f k_f B_m)^2\,[\mathrm{W/kg}]$이다.
∴ 와전류손(와류손)은 t^2에 비례한다.

답 : ②

예제문제 **58**

3,300 [V], 60 [Hz]용 변압기의 와류손이 720 [W]이다. 이 변압기를 2,750 [V], 50 [Hz]의 주파수에 사용할 때 와류손[W]은?

① 250　　　　　② 350　　　　　③ 425　　　　　④ 500

해설
와류손은 주파수와는 무관하고 전압의 제곱에 비례한다.

$$\therefore P_e{}' = P_e \times \left(\frac{V'}{V}\right)^2 = 720 \times \left(\frac{2,750}{3,300}\right)^2 = 500 \ [\text{W}]$$

답 : ④

8.2 효율(efficiency)

변압기에 부하를 걸었을 때 입력과 출력의 비를 말하며, 이것을 구하기 위하여 손실을 산출해야 한다. 효율은 실측효율과 규약효율(표준효율)로 나눈다.

$$\text{규약효율} \ \ \eta = \frac{\text{출력}}{\text{출력} + \text{손실}} \times 100 \ [\%]$$

(1) 전부하 효율

$$\eta = \frac{P_n \cos\theta}{P_n \cos\theta + P_i + I^2 r} \times 100 \ [\%]$$

이식은 다음과 같이 표현할 수 있다.

$$\eta = \frac{V_2 \cos\theta_2}{V_2 \cos\theta_2 + \dfrac{P_i}{I_2} + I_2 r} \times 100 \ [\%]$$

위 효율의 식에서 전압이 일정하므로 $V_2 \cos\theta_2$ 일정하므로

$$\frac{P_i}{I_2} + I_2 r$$

의 값이 최소가 될 때 효율은 최대가 된다.

$$\frac{dy}{dI_2} = -\frac{P_i}{I_2^2} + r = 0$$

따라서, $I^2 r = P_i$가 최대 효율이 되는 조건이 된다.

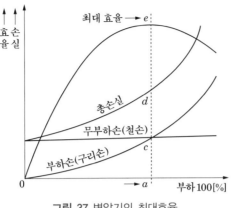

그림 37 변압기의 최대효율

(2) m 부하시의효율

$$\eta = \frac{m V_{2n} I_{2n} \cos\theta}{m V_{2n} I_{2n} \cos\theta + P_i + m^2 I_{2n}^2 r_{21}} \times 100 \ [\%]$$

m부하 운전시 최대 효율은 전부하시와 같이 "철손＝동손"일 때 최대 효율로 운전 가능하다. 따라서, $P_i = m^2 P_c$ 이 최대 효율조건이며, 최대 효율일 경우 부하율은 다음과 같다.

$$m = \sqrt{\frac{P_i}{P_c}}$$

예제문제 59

변압기의 철손이 P_i [kW], 전부하 동손이 P_c [kW]일 때 정격 출력의 $\dfrac{1}{m}$ 의 부하를 걸었을 때 전손실[kW]은 얼마인가?

① $(P_i + P_c)\left(\dfrac{1}{m}\right)^2$ ② $P_i\left(\dfrac{1}{m}\right)^2 + P_c$

③ $P_i + P_c\left(\dfrac{1}{m}\right)^2$ ④ $P_i + P_c\left(\dfrac{1}{m}\right)$

해설

$\dfrac{1}{m}$ 부하 효율 ＝ $\dfrac{\dfrac{1}{m} V_2 I_2 \cos\theta}{\dfrac{1}{m} V_2 I_2 \cos\theta + P_i + \left(\dfrac{1}{m}\right)^2 P_c}$ 에서 전손실은 $P_i + \left(\dfrac{1}{m}\right)^2 P_c$

답 : ③

예제문제 **60**

50 [kVA], 전부하 동손 1,200 [W], 무부하손 800 [W]인 단상 변압기의 부하 역률 80 [%]에 대한 전부하 효율은?

① 95.24 [%]　　　② 96.15 [%]　　　③ 96.65 [%]　　　④ 97.53 [%]

해설

전부하 효율 : $\eta = \dfrac{P_0 \cos\theta}{P_0 \cos\theta + P_i + P_c} \times 100$

$\qquad = \dfrac{50 \times 10^3 \times 0.8}{50 \times 10^3 \times 0.8 + 800 + 1,200} \times 100 = 95.24\,[\%]$

답 : ①

예제문제 **61**

전부하에서 동손 100 [W], 철손 50 [W]인 변압기가 최대 효율을 나타내는 부하[%]는?

① 50　　　　　② 67　　　　　③ 70　　　　　④ 86

해설

최대 효율은 철손과 동손이 같을 경우 이므로　$P_i = m^2 P_c$

$\therefore m = \sqrt{\dfrac{P_i}{P_c}} = \sqrt{\dfrac{50}{100}} = 0.7 = 70\,[\%]$

답 : ③

예제문제 **62**

정격 150 [kVA], 철손 1 [kW], 전부하 동손이 4 [kW]인 단상 변압기의 최대 효율[%]과 최대 효율시의 부하[kVA]를 구하면?

① 96.8, 125　　　② 97.4, 75　　　③ 97, 50　　　④ 97.2, 100

해설

최대 효율은 철손과 동손이 같을 경우 이므로　$P_i = m^2 P_c$

$\therefore m = \sqrt{\dfrac{1}{4}} = \dfrac{1}{2}$

$\therefore 150 \times \dfrac{1}{2} = 75\,[\text{kVA}]$에서 최대 효율이 된다.

최대효율 : $\eta_m = \dfrac{150 \times \dfrac{1}{2}}{150 \times \dfrac{1}{2} + 1 \times 2} \times 100 = 97.4\,[\%]$

답 : ②

(3) 전일효율

배전용 변압기의 부하는 항상 변화하므로 정격출력에서의 효율보다는 어느 일정기간 (1일, 1달, 1년)의 효율이 필요한데 하루 중의 출력 전력량과 입력 전력량의 백분율을 전일효율이라 하며 다음과 같다.

$$\eta_d = \frac{\sum h\, V_2 I_2 \cos\theta_2}{\sum h\, V_2 I_2 \cos\theta_2 + 24P_i + \sum h\, r_2 I_2^2} \times 100 \;[\%]$$

최대 출력을 내기 위해서는 철손과 동손이 같은 크기일 때 이므로 전부하시간이 적은 변압기일 경우는 철손을 적게 설계하는 것이 전일효율을 좋게하는 방법이 된다.

예제문제 63

변압기의 전일 효율을 최대로 하기 위한 조건은?

① 전부하 시간이 짧을수록 무부하손을 적게 한다.
② 전부하 시간이 짧을수록 철손을 크게 한다.
③ 부하 시간에 관계없이 전부하 동손과 철손을 같게 한다.
④ 전부하 시간이 길수록 철손을 적게 한다.

해설
전일 효율이 최대가 되려면 전부하 시간이 길수록 철손 P_i를 크게 하고 짧을수록 철손 P_i를 작게 한다.

답 : ①

예제문제 64

사용 시간이 짧은 변압기의 전일 효율을 좋게 하기 위해서는 P_i(철손)와 P_c(동손)와의 관계는?

① $P_i > P_c$ ② $P_i < P_c$ ③ $P_i = P_c$ ④ 무관계

해설
전일 효율의 최대 조건 : $24P_i = hP_c$
문제의 조건에서 경우 경부하 시간이 많으므로 $P_c > P_i$로 되어야 전일효율이 좋아진다.

답 : ②

---

9. 시험법

9.1 온도상승시험

변압기의 전부하를 연속으로 가하여 권선및 변압기유 등의 온도 상승을 시험하는 방법을 실부하법이라 한다. 실부하법은 전력소비가 많고 비경제적이므로 소형변압기 이외에는 별로 사용되지 않는다.

변압기 온도상승시험은 철손과 동손만을 공급하여 시험하는 반환부하법(loading back method)이 사용되는 것이 일반적이다.

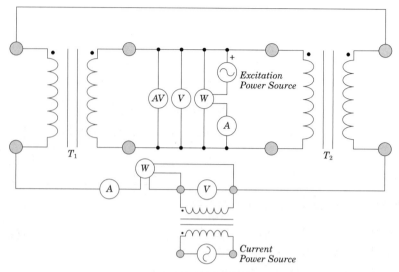

그림 38 단상변압기 반환부하법

온도시험에서 권선 또는 변압기유의 온도와 외부 공기, 물 등의 냉각매체의 온도와의 차를 온도상승이라 한다. 온도상승 한도는 규정을 초과해서는 안되며 온도의 측정법에는 온도계법과 저항법이 있다. 온도계법은 봉상 온도계, 다이얼 온도계 또는 저항 온도계에 의해 온도를 측정한다. 저항법은 온도시험 측정과 시험직후의 권선의 저항을 직류로 측정하여 온도를 결정하는 방법이다.

9.2 절연내력시험

① 변압기유 절연파괴시험

② 가압시험

③ 유도시험

변압기의 층간절연 시험을 하기 위해 권선의 단자간에 상호 유도전압의 2배 전압을 유도시켜 유도절연 시험을 한다. 유도시험의 시간은 시험전압의 주파수가 정격 주파수의 2배 이하일 경우 1분으로 하고, 1배를 넘는 경우에는 다음 식에 의해 산출된 시간에 의하며 최저시간은 15 [s]로 규정하고 상승시 15 [s], 하강시 5 [s] 정도를 취하는 것이 좋다.

$$\text{시험시간} = 120 \times \frac{\text{정격 주파수}}{\text{시험 주파수}} \; [sec]$$

④ 충격전압 시험

9.3 보호계전기

(1) 내부고장 보호를 위한 브흐홀쯔 계전기

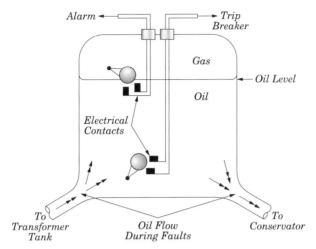

그림 39 브흐홀쯔 계전기의 원리도

브흐홀쯔 릴레이는 유입변압기의 탱크와 콘서베이타 사이의 연결관에 취부되어 내부에서 발생하는 GAS를 빼내고 GAS의 발생상태가 경미한 경우에는 경보를 울려주고 심한 경우에는 차단을 시켜변압기 내부 고장보호에 사용된다.

브흐홀쯔릴레이의 구조는 그림 39와 같이 알루미늄 케이스내에 2개의 Float가 지지축 중심으로 회전하면 접점이 연결되도록 되어있다. 케이스의 양쪽에는 유리(발생 GAS 지시계)가 있어서 발생가스양과 절연유의 색을 보게 되어 있고 상부에는 GAS 밸브가 취부되어 있어 그곳으로 GAS를 빼내게 되어있다. 계전기의 동작에는 제1단(경고장)과 제2단(중고장)이 있는데 제1단은 경보이고 제2단은 차단기 트립에 사용된다.

그림 40 브흐홀즈 계전기

(2) 비율 차동 계전기(Percentage Differential Relay)

비율차동계전기는 보호구간에 유입하는 전류와 유출하는 전류의 벡터차와 출입하는 전류의 관계비로 동작하는 것으로 발전기, 변압기 내부고장보호에 사용한다.

비율차동계전기는 오동작을 방지하기 위해 억제코일을 삽입하여 통과전류로 억제력을 발생시키고 차전류로 동작력을 발생 시키도록 한 방식이다.

외부사고시 과대전류가 통과할 때는 큰 차전류가 동작코일에 흐르지 않으면 계전기는 동작하지 않고 적은 전류가 흐를 때는 작은 차전류 만으로 동작하도록 되어 있으며 이런 억제전류와 동작전류의 일정한 비율관계로 동작하기 때문에 비율 차동 계전기라 고 한다.

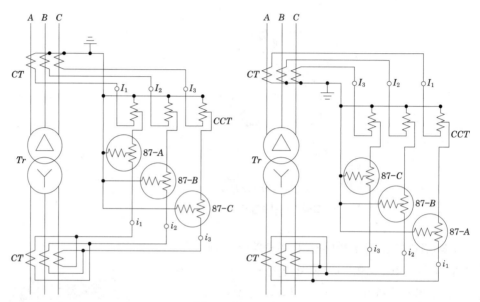

그림 41 비율차동계전기

예제문제 65

부흐홀쯔 계전기로 보호되는 기기는?

① 변압기   ② 발전기   ③ 동기 전동기   ④ 회전 변류기

[해설]
부흐홀쯔 계전기 : 변압기의 내부 고장으로 발생하는 기름의 분해 가스 증기를 포집하여 계전기의 접점을 닫는 것이므로 변압기의 주탱크와 콘서베이터와의 연결관 도중에 설치한다.

답 : ①

예제문제 66

변압기의 내부 고장 보호에 쓰이는 계전기로서 가장 적당한 것은?

① 과전류 계전기   ② 차동 계전기   ③ 접지 계전기   ④ 역상 계전기

[해설]
차동 계전기 : 두 대의 변류기 사이에 차동 계전기를 설치하고 변류기 사이에서 고장이 발생하면(내 부고장)두 변류기의 차 전류에 의해 동작하여 차단기를 트립시킨다.

답 : ②

9.4 절연저항측정

절연저항 시험은 절연열화 검출법의 하나로써 기기의 보수점검 시에 널리 행해진 시험이다. 원리적으로는 직류절연 특성 시험의 한가지이다.

변압기의 절연저항 시험(메가)는 모든 시험에 앞서서 열화의 경향을 파악하는 하나의 요소로 되지만, 정확한 판정을 하는 것은 곤란하다. 절연저항치는 흡습이나 오손 등의 상태에 따라 크게 변화하기 때문에 절연저항의 절대치만으로 절연의 양부(良否)를 판단할 수 없으며, 경년변화, 사용환경 등을 고려하여 종합적으로 판단하는 것이 중요하다.

9.5 절연유 산가측정

절연유가 공기와 접촉하면 산소와의 반응에 의하여 열화하여 산화물이 생성되며 산가가 증가한다. 산가가 0.2 이상이 되면 산화물이 슬러지화하여 변압기의 성능과 냉각에 좋지 않은 영향을 미치게 된다. 내압측정의 경우 내압이 좋지 않을 경우 절연유를 여과하면 되지만 산가는 판정기준 미달시 절연유를 즉시 교체해야 한다.

산가의 정의는 절연유 1(g) 중에 포함되는 전 산성성분을 중화하는데 필요한 수산화칼륨(KHO)(mg)수를 말한다.

전산가	판정기준	비고
0.02 이하	신 유	−
0.2 미만	양 호	−
0.2~0.4	요주의	빠른 시일내 교체
0.4 초과	불 량	즉시 교체

핵심과년도문제

3·1

변압기의 누설 리액턴스는? 여기서, N은 권수이다.

① N에 비례한다.
② N^2에 비례한다.
③ N에 무관하다.
④ N에 반비례한다.

해설 전자유도 법칙 : $e = L\dfrac{di}{dt} = N\dfrac{d\phi}{dt}$

$\therefore L = \dfrac{N\phi}{I}$ 식에 $\phi = \dfrac{\mu ANI}{l}$ 를 대입하면

$\therefore L = \dfrac{N \cdot \dfrac{\mu ANI}{l}}{I} = \dfrac{\mu AN^2}{l} \propto N^2$

【답】②

3·2

1차 전압 6,900 [V], 1차 권선 3,000회, 권수비 20의 변압기가 60 [Hz]에 사용할 때 철심의 최대 자속[Wb]은?

① 0.86×10^{-4}
② 8.63×10^{-3}
③ 86.3×10^{-3}
④ 863×10^{-3}

해설 권수비에 의해 2차 권수 $= \dfrac{1차\ 권수}{권수비} = \dfrac{3,000}{20} = 150$ [회]

최대 자속 : $\phi_m = \dfrac{E_1}{4.44 f N_1} = \dfrac{6,900}{4.44 \times 60 \times 3,000} = 0.00863 = 8.63 \times 10^{-3}$ [Wb]

【답】②

3·3

1차 전압 3,300 [V], 권수비 30인 단상 변압기가 전등 부하에 20 [A]를 공급할 때의 입력[kW]은?

① 6.6
② 5.6
③ 3.4
④ 2.2

해설 권수비에 의해 $I_1 = \dfrac{I_2}{a} = \dfrac{20}{30} = \dfrac{2}{3}$ [A]

전등 부하에서 역률 $\cos\theta = 1$

$\therefore$ 입력 $P_1 = V_1 I_1 \cos\theta = 3,300 \times \dfrac{2}{3} \times 1 = 2,200$ [W] $= 2.2$ [kW]

【답】④

3·4

전력용 변압기에서 1차에 정현파 전압을 인가하였을 때, 2차에 정현파 전압이 유기되기 위하여서는 1차에 흘러들어가는 여자 전류는 기본파 전류 외에 주로 몇 고조파 전류가 포함되는가?

① 제2고조파　　　② 제3고조파　　　③ 제4고조파　　　④ 제5고조파

해설 여자전류는 비정현파로 푸리에 급수 전개를 하면 우수 고조파는 존재하지 않고 기수 고조파중 제3고조파가 가장 많이 포함된다. 【답】②

3·5

2 [kVA], 3,000/100 [V]인 단상 변압기의 철손이 200 [W]이면 1차에 환산한 여자 컨덕턴스[℧]는?

① 66.6×10^{-3}　　　② 22.2×10^{-6}　　　③ 2×10^{-2}　　　④ 2×10^{-6}

해설 여자 콘덕턴스 : $g_0 = \dfrac{P_i}{(V_1')^2} = \dfrac{200}{3,000^2} = 22.2 \times 10^{-6}$ [℧] 【답】②

3·6

단상 변압기, 무부하 상태에서 $v_1 = 200 \sin(\omega t + 30°)$ [V]의 전압이 인가되었을 때, $i_0 = 3 \sin(\omega t + 60°) + 0.7 \sin(3\omega t + 180°)$ [A]의 전류가 흘렀다. 무부하손 [W]은?

① 150　　　　② 259.8　　　　③ 415.2　　　　④ 512

해설 주파수가 다른 전압과 전류 사이의 전력은 0 된다.

$$\therefore P = 200 \sin(\omega t + 30°) \times 3 \sin(\omega t + 60°)$$
$$= \frac{200}{\sqrt{2}} \times \frac{3}{\sqrt{2}} \times \cos(60° - 30°) = \frac{600}{2} \times \frac{\sqrt{3}}{2} = 259.8 \text{ [W]}$$

【답】②

3·7

변압비 3,000/100 [V]인 단상 변압기 2대의 고압측을 그림과 같이 직렬로 3300 [V] 전원에 연결하고, 저압측에서 각각 5 [Ω], 7 [Ω]의 저항을 접속하였을 때, 고압측의 단자 전압 E_1은 대략 몇 [V]인가?

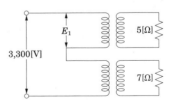

① 471 [V]　　　② 660 [V]　　　③ 1375 [V]　　　④ 1925 [V]

해설 $E_1 = \dfrac{Z_1}{Z_1 + Z_2} \times E = \dfrac{5}{5+7} \times 3,300 = 1,375 \, [\text{V}]$

$E_2 = \dfrac{Z_2}{Z_1 + Z_2} \times E = \dfrac{7}{5+7} \times 3,300 = 1,925 \, [\text{V}]$　　　　　【답】 ③

3·8

변압기에서 철심만을 서서히 빼면 권선에 흐르는 전류의 변화는?

① 불변　　　　　② 감소　　　　　③ 증가　　　　　④ 감소 후 증가

해설 철심을 통해 잘 지나가고 있는 자속에서 철심을 서서히 빼면 버리면 자속의 양이 점점 감소한다. 이 경우 권선은 원래 있던 자속의 양을 보충시키기 위해 더 많은 여자전류를 흘려줘한다. 따라서 철심을 서서히 제거하게 되면 여자전류가 증가한다.　　　　　【답】 ③

3·9

주상 변압기의 고압측에는 몇 개의 탭을 내놓았다. 그 이유는?

① 예비 단자용
② 수전점의 전압을 조정하기 위하여
③ 변압기의 여자 전류를 조정하기 위하여
④ 부하 전류를 조정하기 위하여

해설 변압기에 설치하는 탭은 변압기의 권수비를 조정하여 변압기 2차측 전압을 조정하기 위함이다.　　　　　【답】 ②

3·10

변압기의 1, 2차 권선간의 절연에 사용되는 것은?

① 에나멜　　　　　　　　　　② 무명실
③ 종이 테이프　　　　　　　　④ 크래프트지

해설 변압기의 1, 2차 권선간의 절연 : 크래프트지 또는 프레스 보드를 사용한다.　　　　　【답】 ④

3·11

변압기의 1차 전압으로 3각파를 인가하면 2차 유도 기전력은 어떤 파형의 전압이 발생하는가?

① 전압이 전혀 나타나지 않는다.　　　② 정현파
③ 찌그러진 정현파　　　　　　　　　④ 구형파

【답】 ③

3·12

철심에 히스테리시스가 있으므로 변압기에 정현파 기전력이 일어나는 여자 전류의 파형은?

① 정현파이다.　　　　　　　　② 편평(偏平)파이다.

③ 첨두(尖頭)파이다.　　　　　 ④ 반[cycle/sec]로 다르다.

해설 자기 포화와 히스테리시스 현상으로 홀수 고조파를 포함하는 첨두파가 된다.　　　【답】③

3·13

30 [kVA], 3,300/200 [V], 60 [Hz]의 3상 변압기 2차측에 3상 단락이 생겼을 경우 단락전류는 약 몇 [A]인가?(단, %임피던스 전압은 3 [%]이다.)

① 2,250　　　　② 2,620　　　　③ 2,730　　　　④ 2,886

해설 단락전류 : $I_s = \dfrac{100}{\%Z}I_n = \dfrac{100}{3} \times \dfrac{30 \times 10^3}{\sqrt{3} \times 200} = 2,886 \,[\text{A}]$　　　【답】④

3·14

5 [kVA], 3,000/200 [V]의 변압기의 단락 시험에서 임피던스 전압 = 120 [V], 동손 = 150 [W]라 하면 % 저항 강하는 몇 [%]인가?

① 2　　　　　② 3　　　　　③ 4　　　　　④ 5

해설 %저항강하 : $p = \dfrac{I_{1n}r}{V_{1n}} \times 100 = \dfrac{I_{1n}^2 r}{V_{1n}I_{1n}} \times 100 = \dfrac{P_c}{\text{kVA}} \times 100 = \dfrac{150}{5,000} \times 100 = 3 \,[\%]$　　　【답】②

3·15

3,300/200 [V], 10 [kVA]인 단상 변압기의 2차를 단락하여 1차측에 300 [V]를 가하니 2차에 120 [A]가 흘렀다. 이 변압기의 임피던스 전압[V]과 백분율 임피던스 강하[%]는?

① 125, 3.8　　　　　　　　　② 200, 4

③ 125, 3.5　　　　　　　　　④ 200, 4.2

해설 1차 정격 전류 : $I_{1n} = \dfrac{P}{V_1} = \dfrac{10 \times 10^3}{3,300} = 3.03 \,[\text{A}]$

1차 단락 전류 : $I_{1s} = \dfrac{1}{a}I_{2s} = \dfrac{200}{3,300} \times 120 = 7.27 \,[\text{A}]$

2차를 1차로 환산한 등가 누설 임피던스 : $Z_{21} = \dfrac{V_s'}{I_{1s}} = \dfrac{300}{7.27} = 41.26 \,[\Omega]$

임피던스 전압 : $V_s = I_{1n}Z_{21} = 3.03 \times 41.26 = 125.02$ [V]

백분율 임피던스 강하 : $\%Z = \dfrac{V_s}{V_{1n}} \times 100 = \dfrac{125.02}{3,300} \times 100 = 3.8$ [%] 【답】 ①

3·16

3,300/210 [V], 5 [kVA] 단상 변압기가 퍼센트 저항 강하 2.4 [%], 리액턴스 강하 1.8 [%]이다. 임피던스 전압[V]는?

① 99   ② 66   ③ 33   ④ 21

해설 $p = 2.4$ [%], $q = 1.6$ [%]인 경우 % 임피던스 $\%Z = \sqrt{p^2 + q^2} = \sqrt{2.4^2 + 1.8^2} = 3$ [%]

$\%Z = \dfrac{V_s}{V_{1n}} \times 100$ [%]에서 $V_s = \dfrac{\%Z V_{1n}}{100} = \dfrac{3 \times 3,300}{100} = 99$ [V] 【답】 ①

3·17

3,300/210 [V], 5 [kVA] 단상 변압기의 퍼센트 저항 강하 2.4 [%], 리액턴스 강하 1.8 [%]이다. 임피던스 와트[W]는?

① 320   ② 240   ③ 120   ④ 90

해설 %저항강하 : $\%R = \dfrac{P_s}{P_n} \times 100$에서

$P_s = \dfrac{\%R \cdot P_n}{100} = \dfrac{2.4 \times 5 \times 10^3}{100} = 120$ [W] 【답】 ③

3·18

5 [kVA], 2,000/200 [V]의 단상 변압기가 있다. 2차에 환산한 등가 저항과 등가 리액턴스는 각각 0.14 [Ω], 0.16 [Ω]이다. 이 변압기에 역률 0.8(뒤짐)의 정격 부하를 걸었을 때의 전압 변동률[%]은?

① 약 0.026   ② 약 0.26   ③ 약 2.60   ④ 약 26.00

해설 1차 정격전류 : $I_{1n} = \dfrac{P}{V_1} = \dfrac{5,000}{2,000} = 2.5$ [A]

2차 정격전류 : $I_{2n} = \dfrac{P}{V_2} = \dfrac{5,000}{200} = 25$ [A]

% 저항 강하 : $p = \dfrac{I_{2n} r_2}{V_{2n}} \times 100 = \dfrac{25 \times 0.14}{200} \times 100 = 1.75$ [%]

% 리액턴스 강하 : $q = \dfrac{I_{2n} x_2}{V_{2n}} \times 100 = \dfrac{25 \times 0.16}{200} \times 100 = 2$ [%]

$\therefore \epsilon = p\cos\theta + q\sin\theta = 1.75 \times 0.8 + 2 \times 0.6 = 2.6$ [%] 【답】 ③

3·19

역률 80 [%](지상)로 전부하 운전 중인 3상 100 [kVA], 3,000/200 [V] 변압기의 저압측 선전류의 무효분은 대략 몇 [A]인가?

① 98 ② 125 ③ 173 ④ 212

해설 출력 : $P = \sqrt{3}\ V_2 I_2$ 이므로 $I_2 = \dfrac{P}{\sqrt{3}\ V_2} = \dfrac{100 \times 10^3}{\sqrt{3} \times 200} = \dfrac{1,000}{2\sqrt{3}}$ [A]

무효 전류 : $I_c = I_2 \sin\theta = \dfrac{1,000}{2\sqrt{3}} \times \sqrt{1 - 0.8^2} = 173$ [A] 【답】③

3·20

"절연이 용이하나 제3고조파의 영향으로 통신 장애를 일으키므로 3권선 변압기를 설치 할 수 있다."라는 설명은 변압기의 3상 결선법의 어느 것을 말하는가?

① △-△ ② Y-△ 또는 △-Y ③ Y-Y ④ Y결선

해설 Y-Y결선은 제3고조파 여자 전류에 의한 제3고조파가 기전력에 포함된다. 【답】③

3·21

전압비 30 : 1의 단상 변압기 3대를 1차 △, 2차 Y로 결선하고 1차에 선간 전압 3,300 [V]를 가했을 때의 무부하 2차 선간 전압은?

① 250 ② 220 ③ 210 ④ 190

해설 2차 전압 : $V_2 = \sqrt{3} \times \dfrac{V_1}{a} = \sqrt{3} \times \dfrac{3,300}{30} = 190.5$ [V] 【답】④

3·22

1차 Y, 2차 △로 결선한 권수비 20 : 1로 되는 서로 같은 단상 변압기 3대가 있다. 이 변압기군에 2차 단자 전압 200 [V], 30 [kVA]의 평형 부하를 걸었을 때 각 변압기의 1차 전류[A]는?

① 50 ② 25 ③ 5 ④ 2.5

해설 1대의 변압기에 걸리는 부하 : $\dfrac{30}{3} = 10$ [kVA]

2차 상전류 : $I_{2p} = \dfrac{10 \times 10^3}{200} = 50$ [A]

1차 상전류 : 변압비가 20이므로 $I_{1p} = \dfrac{I_{2p}}{a} = \dfrac{50}{20} = 2.5$ [A] 【답】④

3·23

단상 100 [kVA], 13,200/200 [V] 변압기의 저압측 선전류의 유효분[A]은? 단, 역률 0.8 지상이다.

① 300　　　　② 400　　　　③ 500　　　　④ 700

해설 출력 : $P = V_2 I_2$에서 $I_2 = \dfrac{P}{V_2} = \dfrac{100 \times 10^3}{200} = 500$ [A]

$\therefore I_r = I_2 \cos\theta = 500 \times 0.8 = 400$ [A]　　　　【답】 ②

3·24

2 [kVA]의 단상 변압기 3대를 써서 △결선하여 급전하고 있는 경우 1대가 소손되어 나머지 2대로 급전하게 되었다. 이 2대의 변압기는 과부하를 20 [%]까지 견딜 수 있다고 하면 2대가 부담할 수 있는 최대 부하[kVA]는?

① 약 3.46　　　② 약 4.15　　　③ 약 5.16　　　④ 약 6.92

해설 최대 부하를 P라 하면 부하율은 $\dfrac{P}{2\sqrt{3}} = 1.2$가 된다.

$\therefore P = 1.2 \times 2\sqrt{3} = 4.15$ [kVA]　　　　【답】 ②

3·25

30 [kW]의 3상 유도 전동기에 전력을 공급할 때 2대의 단상 변압기를 사용하는 경우의 변압기의 표준 용량은? 단, 전동기의 역률과 효율은 각각 84 [%]와 86 [%]라 한다.

① 21 [kVA]　　　② 24 [kVA]　　　③ 25 [kVA]　　　④ 30 [kVA]

해설 변압기 1대의 출력을 P [kVA], V결선의 출력을 $\sqrt{3}P$ [kVA]라 하면,

전동기 입력 $= \dfrac{P'}{0.84 \times 0.86}$

$\therefore \sqrt{3}P = \dfrac{P'}{0.84 \times 0.86}$에서 $P = \dfrac{30}{\sqrt{3} \times 0.84 \times 0.86} = 23.976$ [kVA]　　　【답】 ②

3·26

3상 전원을 이용하여 2상 전압을 얻고자 할 때 사용할 결선 방법은?

① Scott 결선　　　② Fork 결선　　　③ 환상 결선　　　④ 2중 3각 결선

해설 •3상-2상간의 상수 변환

　　① 스코트 결선(T결선)　　② 메이어 결선　　③ 우드 브리지 결선

• 3상-6상간의 상수 변환
  ① 환상 결선　　　　　　　② 2중 3각 결선
  ③ 2중 성형 결선　　　　　④ 대각 결선　　　　　　⑤ 포크 결선　　　【답】 ①

3·27

변압기 병렬 운전에서 필요하지 않은 것은?

① 극성이 같을 것　　　　　　② 전압이 같을 것
③ 출력이 같을 것　　　　　　④ 임피던스 전압이 같을 것

해설 병렬 운전의 조건
  ① 각 변압기의 극성이 같을 것
  ② 각 변압기의 권수비가 같고, 1차와 2차의 정격 전압이 같을 것
  ③ 각 변압기의 % 임피던스 강하가 같을 것
  ④ 3상식에서는 위의 조건 외에 각 변압기의 상회전 방향 및 위상 변위가 같을 것
　　　　　　　　　　　　　　　　　　　　　　　　　　　　　　　　　【답】 ③

3·28

단상 변압기를 병렬 운전하는 경우 부하 전류의 분담은 무엇에 관계되는가?

① 누설 리액턴스에 비례한다.
② 누설 리액턴스 제곱에 반비례한다.
③ 누설 임피던스에 비례한다.
④ 누설 임피던스에 반비례한다.

해설 변압기 병렬운전시 부하 분담은 누설임피던스에 역비례하며, 변압기에 용량에 비례한다.
　　　　　　　　　　　　　　　　　　　　　　　　　　　　　　　　　【답】 ④

3·29

두 대의 변압기를 병렬 운전하고 있다. 다른 정격은 모두 같고 1차 환산 누설 임피던스만이 $2+j3$ [Ω]과 $3+j2$ [Ω]이다. 이 경우 변압기에 흐르는 부하 전류를 50 [A]라면 순환 전류[A]는 얼마인가?

① 10　　　　　　② 8　　　　　　③ 5　　　　　　④ 3

해설 순환 전류

$$I_c = \frac{25(3+j2)-25(2+j3)}{(2+j3)+(3+j2)} = \frac{75+j50-50-j75}{5+j5} = \frac{25-j25}{5+j5} = \frac{(25-j25)(5-j5)}{(5+j5)(5-j5)}$$

$$= \frac{125-j125-j125+j^2125}{5^2+5^2} = \frac{-j250}{50} = -j5 = 5\angle -90° \text{ [A]}$$
　　　　　　　　　　　　　　　　　　　　　　　　　　　　　　　　　【답】 ③

3·30

2차로 환산한 임피던스가 각각 $0.03 + j0.02 \, [\Omega]$, $0.02 + j0.03 \, [\Omega]$인 단상 변압기 2대를 병렬로 운전시킬 때 분담 전류는?

① 크기는 같으나 위상이 다르다.　② 크기와 위상이 같다.
③ 크기는 다르나 위상이 같다.　④ 크기와 위상이 다르다.

해설 각각의 변압기에 임피던스는 같으나, 유효분과 무효분이 다르기 때문에 위상이 달라진다.

【답】①

3·31

3,150/210 [V]인 변압기의 용량이 각각 250 [kVA], 200 [kVA]이고, % 임피던스 강하가 각각 2.5 [%]와 3 [%]일 때 그 병렬 합성 용량[kVA]은?

① 389　　　　② 417　　　　③ 435　　　　④ 450

해설 부하분담비 : $m = \dfrac{P_A}{P_B} = \dfrac{(\text{kVA})_A}{(\text{kVA})_B} = \dfrac{250}{200} = \dfrac{5}{4}$

$\therefore \dfrac{P_a}{P_b} = \dfrac{(\text{kVA})_a}{(\text{kVA})_b} = m \times \dfrac{(\%I_B Z_b)}{(\%I_A Z_a)} = \dfrac{5}{4} \times \dfrac{3}{2.5} = \dfrac{3}{2}$

$\therefore P_b = P_a \cdot \dfrac{2}{3} = 250 \times \dfrac{2}{3} = 166.67 \, [\text{kVA}]$

$\therefore 250 + 166.67 = 416.67 \, [\text{kVA}] ≒ 417 \, [\text{kVA}]$

【답】②

3·32

내철형 3상 변압기를 단상 변압기로 사용할 수 없는 이유는?

① 1차, 2차간의 각변위가 있기 때문에
② 각 권선마다의 독립된 자기 회로가 있기 때문에
③ 각 권선마다의 독립된 자기 회로가 없기 때문에
④ 각 권선이 만든 자속이 $\dfrac{3\pi}{2}$ 위상차가 있기 때문에

해설 •외철형 3상 변압기 : 각 상마다 독립된 자기 회로를 가지고 있으므로 단상 변압기로 사용할 수 있다.
　　•내철형 3상 변압기 : 각 권선마다 독립된 자기 회로가 없기 때문에 각 권선을 단상으로 사용할 수 없다.

【답】③

3·33

단상 3권선 변압기가 있다. 1차 전압은 100 [kV], 2차 전압은 20 [kV], 3차 전압은 10 [kV]이다. 2차에 10,000 [kVA] 유도 역률 80 [%] 의 부하에, 3차에 6,000 [kVA]의 진상 무효 전력이 걸렸을 때의 1차 전류[A]를 구하면? 단, 변압기 손실 및 여자 전류는 무시한다.

① 60　　　　② 80　　　　③ 100　　　　④ 120

해설 단권변압기를 이용하여 3상 결선(Y결선, △결선, V결선)에 전원공급이 가능하다.

【답】②

3·34

같은 출력에 대하여 단권 변압기를 표시한 글이다. 잘못 표시된 것은 어느 것인가?

① 사용 재료가 적게 들고 손실도 적다.
② 효율이 높다.
③ % 임피던스 강하가 적다.
④ 3상에는 사용할 수 없다.

해설 1차 전력은 2차, 3차의 부하 전력의 합이 되므로 $10,000(0.8 - j0.6) + j6,000 = 8,000$ [kVA]

$$\therefore I_1 = \frac{8,000}{100} = 80 \text{ [A]}$$

【답】④

3·35

1차 전압 100 [V], 2차 전압 200 [V], 선로 출력 50 [kVA]인 단권 변압기의 자기 용량은 몇 [kVA]인가?

① 25　　　　② 50　　　　③ 250　　　　④ 500

해설 $\dfrac{\omega}{W} = \dfrac{V_h - V_l}{V_h}$

$$\therefore \omega = W \times \frac{V_h - V_l}{V_h} = 50 \times \frac{200 - 100}{200} = 25 \text{ [kVA]}$$

【답】①

3·36

3,300/210 [V], 5 [kVA]의 단상 주상 변압기를 승압용 단권 변압기로 접속하고, 1차에 3,000 [V]를 가할 때의 출력[kVA]은?

① 약 69　　　　② 약 76　　　　③ 약 82　　　　④ 약 84

해설 2차측 전압 : $V_h = V_l\left(1 + \dfrac{1}{a}\right) = 3,000\left(1 + \dfrac{1}{3,300/210}\right) = 3,190\,[\mathrm{V}]$

2차측 전류 : $I_2 = \dfrac{P}{V_2} = \dfrac{5,000}{210} = 23.8\,[\mathrm{A}]$

출력(부하용량) : $P = V_h I_2 = 3,190 \times 23.8 \times 10^{-3} = 75.92\,[\mathrm{kVA}]$ 【답】 ②

3·37

다음 그림은 단권 변압기이다. W2 권선에 흐르는
전류의 크기는?

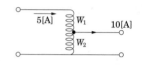

① 20 [A]　　　　② 15 [A]

③ 10 [A]　　　　④ 5 [A]

해설 키르히호프의 법칙에 의해 $I = 10 - 5 = 5\,[\mathrm{A}]$ 【답】 ④

3·37

단권 변압기 2대를 V결선하여 선로 전압 3,000 [V]를 3,300 [V]로 승압하여 300
[kVA]의 부하에 전력을 공급한다. 단권 변압기의 자기 용량[kVA]은?

① 약 27.20 [kVA]　　　　② 약 21.72 [kVA]

③ 약 15.72 [kVA]　　　　④ 약 9.09 [kVA]

해설 자기용량 : $eI_2 = (3,300 - 3,000) \times \dfrac{300 \times 10^3}{\sqrt{3} \times 3,300} \fallingdotseq 15.75\,[\mathrm{kVA}]$ 【답】 ③

3·38

용량 3 [kVA], 3000/100 [V]의 단상 변압기를 승압기로 연결하고 1차측에 3000
[V]를 가했을 때 그 부하 용량[kVA]는?

① 68　　　　② 85　　　　③ 93　　　　④ 127

해설 감극성 단상변압기를 승압기로 결선 하였을 경우

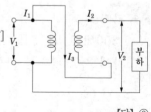

2차 전압 : $V_2 = V_1 + \dfrac{100}{3,000}V_1 = 3,000 + \dfrac{100}{3,000} \times 3,000 = 3,100\,[\mathrm{V}]$

2차 정격 전류 : $I_{2n} = \dfrac{3 \times 10^3}{100} = 30\,[\mathrm{A}]$

부하 용량 $P = V_2 I_{2n} = 3,100 \times 30 \times 10^{-3} = 93\,[\mathrm{kVA}]$

【답】 ③

3·39

단권 변압기(Auto transformer)에 대한 말이다. 옳지 않은 것은?

① 1차 권선과 2차 권선의 일부가 공통으로 되어 있다.
② 동일 출력에 대하여 사용 재료 및 손실이 적고 효율이 높다.
③ 3상에는 사용할 수 없는 단점이 있다.
④ 단권 변압기는 권선비가 1에 가까울수록 보통 변압기에 비하여 유리하다.

[해설] 단권 변압기는 단상 및 3상에 모두 사용이 가능하다.　　　　　　　　【답】③

3·40

평형 3상 3선식 선로에 2개의 PT와 3개의 전압계 V_1, V_2, V_3를 그림과 같이 접속하고, 선간 전압을 측정하고 있을 때 퓨즈 F_B가 절단되었다고 하면 각 전압계의 지시는 몇 [V]가 되는가? 단, 3상 선간 전압은 3,000 [V]이다.

① $V_1 = V_2 = 3,000$ [V], $V_3 = 6,000$ [V]
② $V_1 = V_2 = V_3 = 3,000$ [V]
③ $V_1 = V_2 = 1,500$ [V], $V_3 = 3,000$ [V]
④ $V_1 = V_2 = V_3 = 1,500$ [V]

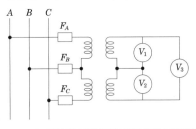

[해설] 퓨즈 F_B가 절단되면 오른쪽 그림과 같이 된다.
　　AC간의 단상 전압을 받으므로 1개의 PT에 가해지는 전압은 전의 1/2로 된다.
　　　$V_1 = V_2 = 1,500$ [V]
　　　$V_3 = 3,000$ [V]

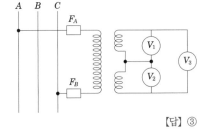

【답】③

3·41

변류기 개방시 2차측을 단락하는 이유는?

① 2차측 절연 보호　　　　　　② 2차측 과전류 보호
③ 측정 오차 방지　　　　　　　④ 1차측 과전류 방지

[해설] 변류기 2차를 개방시 현상 : 1차 선전류가 모두 여자 전류로 되어 자기포화가 되며, 고전압이 유기되어 과열되며 절연 파괴가 된다.　　　　　　　　【답】①

3·42

변압기의 2차측을 개방하였을 경우 1차측에 흐르는 전류는 무엇에 의하여 결정되는가?

① 여자 어드미턴스   ② 누설 리액턴스

③ 저항   ④ 임피던스

해설 변압기 2차측을 개방하면 1차측에 흐르는 전류는 여자 어드미턴스에 의해 결정된다. 이것을 여자 전류라 한다. 【답】①

3·43

누설 변압기의 특성은 어떤 것인가?

① 수하 특성   ② 정전압 특성

③ 저 저항 특성   ④ 저 임피던스 특성

해설 누설변압기 : 정전류 특성으로 전류가 증가하면 전압이 저하하는 수하 특성을 가진다. 【답】①

3·44

아크 용접용 변압기가 전력용 일반 변압기보다 다른 점이 있다면?

① 권선의 저항이 크다.   ② 누설 리액턴스가 크다.

③ 효율이 높다.   ④ 역률이 좋다.

해설 누설변압기 : 정전류 특성으로 전류가 증가하면 전압이 저하하는 수하 특성을 가진다. 이러한 특성을 갖도록 하기 위해서는 부하의 임피던스에 비하여 변압기의 누설 리액턴스를 월등히 더 크게 하면 된다. 【답】②

3·45

변압기의 정격을 정의한 다음 중에서 옳은 것은?

① 2차 단자 간에서 얻을 수 있는 유효 전력을 [kW]로 표시한 것이 정격 출력이다.

② 정격 2차 전압은 명판에 기재되어 있는 2차 권선의 단자 전압이다.

③ 정격 2차 전압을 2차 권선의 저항으로 나눈 것이 정격 2차 전류이다.

④ 전부하의 경우는 1차 단자 전압을 정격 1차 전압이라 한다.

해설 정격이란 제작자가 보증한 출력의 한도를 명판에 기재한 것을 말하며 이것을 정격출력이라 한다. 이때의 전압과 전류를 정격전압 정격전류라 한다. 【답】②

3·46

같은 정격 전압에서 변압기의 주파수만 높으면 가장 많이 증가하는 것은?

① 여자 전류
② 온도 상승
③ 철손
④ % 임피던스

해설 %리액턴스는 주파수에 비례하므로 증가한다.　　　　　　　　　　【답】④

3·47

변압기의 부하가 증가할 때의 현상으로서 옳지 않은 것은?

① 동손이 증가한다.
② 여자 전류는 변함없다.
③ 온도가 상승한다.
④ 철손이 증가한다.

해설 철손은 변압기의 부하와 무관하다.　　　　　　　　　　　　　　【답】④

3·48

다음 손실 중 변압기의 온도 상승에 관계가 가장 적은 요소는?

① 철손
② 동손
③ 유전체손
④ 와류손

해설 유전체손 : 절연물중에서 발생하는 손실로 그 값이 매우적어 일반적으로 무시된다.

　　　　　　　　　　　　　　　　　　　　　　　　　　　　　【답】③

3·49

변압기의 철손은 히스테리시스손과 와전류손의 합을 말한다. 와전류손은 많은 실험 결과 $P_e = \sigma_e (tfk_fB_m)^2$ [W/kg]이다. 여기서, σ_e는 재료에 의한 상수, t는 철판의 두께[m], f는 주파수[Hz], B_m은 자속 밀도의 최대값[Wb/m^2]일 때 k_f는 무엇을 가리키는가?

① 파고율
② 투자율
③ 파형률
④ 점적률(space factor)

해설 자속 밀도가 정현파이면 파형률은 $k_f = \dfrac{\pi}{2\sqrt{2}}$ 이다.　　　　【답】③

3·50

일정 전압 및 일정 파형에서 주파수가 상승하면 변압기 철손은 어떻게 변하는가?

① 증가한다.　　　　　　　　　　② 불변이다.

③ 감소한다.　　　　　　　　　　④ 어떤 기간 동안 증가한다.

해설 철손은 주파수와 반비례 한다.　　　　　　　　　　　　　　　　　　　　【답】③

3·51

정격 주파수 50 [Hz]의 변압기를 일정 전압 60 [Hz]의 전원에 접속하여 사용했을 때 1차 전류, 철손 및 리액턴스 강하는?

① 여자 전류와 철손은 $\dfrac{5}{6}$ 감소, 리액턴스 강하 $\dfrac{6}{5}$ 증가

② 여자 전류와 철손은 $\dfrac{5}{6}$ 감소, 리액턴스 강하 $\dfrac{5}{6}$ 감소

③ 여자 전류와 철손은 $\dfrac{6}{5}$ 증가, 리액턴스 강하 $\dfrac{6}{5}$ 증가

④ 여자 전류와 철손은 $\dfrac{6}{5}$ 증가, 리액턴스 강하 $\dfrac{5}{6}$ 감소

해설 철손과 여자 전류는 주파수에 반비례 한다. 리액턴스는 주파수에 비례한다.

$$P_h \propto \dfrac{1}{f}, \ x \propto f$$

【답】①

3·52

변압기의 손실 중 온도 상승에 따르는 변화를 옳게 말한 것은?

① 저항손은 감소한다.　　　　　　② 표유 부하손은 증가한다.

③ 와전류손은 감소한다.　　　　　④ 히스테리시스손은 증가한다.

【답】④

3·53

변압기의 철손이 전부하 동손보다 크게 설계되었다면 이 변압기의 최대 효율은 어떤 부하에서 생기는가?

① 1/2 부하　　　② 3/4 부하　　　③ 전부하　　　④ 과부하

해설 $P_i > P_c$ 이고 $P_i = m^2 P_c$ 에서 최대 효율이 되므로 과부하에서 최대 효율 발생한다.　　【답】④

3·54

변압기의 효율이 가장 좋을 때의 조건은?

① 철손=$\dfrac{1}{2}$ 동손 ② $\dfrac{1}{2}$ 철손=동손 ③ 철손=동손 ④ 철손=$\dfrac{2}{3}$ 동손

해설 $P_i = m^2 P_c$에서 최대 효율이 발생한다. 【답】③

3·55

변압기의 효율이 회전기기의 효율보다 좋은 이유는?

① 철손이 적다. ② 동손이 적다.
③ 동손과 철손이 적다. ④ 기계손이 없고, 여자 전류가 적다.

해설 정지기는 기계손이 없고, 여자 전류가 적기 때문에 손실이 줄어든다. 【답】④

3·56

150 [kVA]의 변압기 철손이 1 [kW], 전부하 동손이 2.5 [kW]이다. 이 변압기의 최대 효율은 몇 [%] 전부하에서 나타나는가?

① 약 50 ② 약 58 ③ 약 63 ④ 약 72

해설 변압기 최대효율 조건 : $m^2 P_c = P_i$에서 $m^2 \times 2.5 = 1$

∴ $m = \sqrt{\dfrac{1}{2.5}} = 0.632$ 이므로 63.2 [%] 부하에서 최대 효율이 된다. 【답】③

3·57

어떤 주상 변압기가 4/5 부하일 때, 최대 효율이 된다고 한다. 전부하에 있어서의 철손과 동손의 비 P_c / P_i는?

① 약 1.25 ② 약 1.56 ③ 약 1.64 ④ 약 0.64

해설 $\dfrac{4}{5} = 0.8$ 부하시의 동손을 P_{c8}, 전부하 동손을 P_{c0} 인 경우

최대효율 조건 : $P_{c8} = P_i$ 이므로 $P_{c8} = \left(\dfrac{4}{5}\right)^2 P_c$

∴ $P_c = \left(\dfrac{5}{4}\right)^2 P_{c8}$

∴ $\dfrac{P_c}{P_i} = \left(\dfrac{5}{4}\right)^2 = \dfrac{25}{16} = 1.563$ 【답】②

3·58

변압기 운전에 있어 효율이 최고가 되는 부하는 전부하의 70 [%]였다고 하면 전부하에 있어 이 변압기의 철손과 동손의 비율은?

① 1 : 1 ② 1 : 2 ③ 1 : 3 ④ 1 : 5

해설 최대효율 조건 $(0.7)^2 P_c = P_i$

$$\therefore \frac{P_i}{P_c} = \frac{(0.7)^2}{1} = \frac{0.49}{1} \fallingdotseq \frac{1}{2}$$

【답】②

3·59

출력 10 [kVA], 정격 전압에서의 철손이 85 [W], 뒤진 역률 0.8, 3/4 부하에서 효율이 가장 큰 단상 변압기가 있다. 역률 1일 때의 최대 효율은?

① 96 [%] ② 97.8 [%] ③ 98.8 [%] ④ 99 [%]

해설 역률이 0.8에서 1로 되어도 손실은 변동이 없다.

$$\therefore \eta = \frac{10 \times \frac{3}{4} \times 10^3}{10 \times \frac{3}{4} \times 10^3 + 85 \times 2} \times 100 = 97.8 \, [\%]$$

【답】②

3·60

역률 1일 때, 출력 2 [kW] 및 8 [kW]에서의 효율이 96 [%]가 되는 단상 주상 변압기가 있다. 출력 8 [kW], 역률 1에 있어서의 철손 P_i [W]와 동손 P_c [W]를 구하여라.

① $P_i = 27.3$, $P_c = 277$ ② $P_i = 66.3$, $P_c = 277$
③ $P_i = 27.3$, $P_c = 267$ ④ $P_i = 66.3$, $P_c = 267$

해설 철손을 P_i, 출력 8 [kW]와 2 [kW]일 때의 동손을 P_c, $P_c{'}$인 경우

$$P_c{'} = \left(\frac{1}{4}\right)^2 P_c$$

$$\therefore \eta = \frac{2,000}{2,000 + P_i + \left(\frac{1}{4}\right)^2 P_c} = \frac{8,000}{8,000 + P_i + P_c} = 0.96$$

$$\therefore P_i + \frac{1}{16} P_c = 83.3, \ P_i + P_c = 333.3 \text{에서} \ P_i = 66.3 \, [\text{W}], \ P_c = 267 \, [\text{W}]$$

【답】④

3·61

5 [kVA] 단상 변압기의 무유도 전부하에서의 동손은 120 [W], 철손은 80 [W]이다. 전부하의 $\frac{1}{2}$ 되는 무유도 부하에서의 효율[%]은?

① 98.3　　② 97.0　　③ 95.8　　④ 93.6

해설 전부하시 효율 : $\eta = \dfrac{VI\cos\phi}{VI\cos\phi + P_i + P_c} \times 100$

1/2 부하시 효율 : $\eta_{\frac{1}{2}} = \dfrac{5\times10^3\times\frac{1}{2}}{5\times10^3\times\frac{1}{2}+80+120\times\left(\frac{1}{2}\right)^2}\times100 = \dfrac{2,500}{2,500+80+30}\times100 = 95.8\,[\%]$

【답】③

3·62

100 [kVA], 2200/110 [V], 철손 2 [kW], 전부하 동손이 3 [kW]인 단상 변압기가 있다. 이 변압기의 역률이 0.9일 때 전부하시의 효율[%]은?

① 94.7　　② 95.8　　③ 96.8　　④ 97.7

해설 전부하시 효율 : $\eta = \dfrac{100\times0.9}{100\times0.9+2+3}\times100 = 94.7\,[\%]$　　【답】①

3·63

변압기의 내부 고장을 검출하기 위하여 사용되는 보호 계전기가 아닌 것을 고르면?

① 저전압 계전기　　② 차동 계전기
③ 가스 검출 계전기　　④ 압력 계전기

해설 변압기의 내부 고장 보호 : 차동 계전기, 부흐홀쯔 계전기　　【답】①

3·64

아래 계전기 중 변압기의 보호에 사용되지 않는 계전기는?

① 비율 차동 계전기　　② 차동 전류 계전기
③ 부흐홀쯔 계전기　　④ 임피던스 계전기

해설 변압기 보호에 사용되는 계전기 : 과전류 계전기, 차동 계전기, 부흐홀쯔 계전기, 압력 계전기, 지락 방향 계전기　　【답】④

3·65

무부하의 변압기를 회로에 투입할 때 과전류 계전기가 들어 있어 투입되지 않는 이유는?

① 선로의 충전 전류 때문에　　　　② 이상 전압 발생 때문에
③ 과도 돌입 여자 전류 때문에　　④ 전압이 동요하기 때문에

해설 무부하 상태의 변압기를 투입하면 그 순간에 과도 여자 전류가 흐르기 때문에 투입되지 않는다.

【답】③

3·66

다음 온도 측정 장치 중 변압기의 권선 온도 측정 장치로 쓸 수 있는 것은?

① 탐지 코일(search coil)　　　　② 열동 계전기
③ 다이얼 온도계　　　　　　　　④ 봉상 온도계

해설 권선의 온도는 직접 측정이 어렵다.

【답】②

3·67

변압기의 온도 시험을 하는 데 가장 좋은 방법은?

① 실부하법　　　　　　　　　　② 반환 부하법
③ 단락 시험법　　　　　　　　　④ 내전압법

해설 반환 부하법 : 동일 정격의 변압기가 2대 이상 있을 경우에 채용된다. 전력 소비가 적고 철손과 동손을 따로 공급하는 것으로 현재 가장 많이 사용하고 있다.

【답】②

3·68

변압기의 개방 회로 시험으로 구할 수 없는 것은?

① 무부하 전류　　　　　　　　　② 동손
③ 철손　　　　　　　　　　　　　④ 여자 임피던스

해설 변압기 개방 회로 시험 : 무부하 전류, 히스테리시스손, 와류손 등을 구할 수 있다.

【답】②

3·69

변압기의 등가회로 작성을 하기 위한 시험 중 무부하시험으로 알 수 있는 것은?

① 어드미턴스, 철손
② 임피던스 전압, 임피던스 와트
③ 권선의 저항, 임피던스 전압
④ 철손, 임피던스 와트

해설 변압기의 단락 시험 : 임피던스 와트, 임피던스 전압 및 입력 전류를 측정하여 누설 임피던스, 누설 리액턴스, 권선의 저항 등을 산출한다. 【답】①

3·70

단락 시험과 관계없는 것은?

① 여자 어드미턴스
② 임피던스 와트
③ 전압 변동률
④ 임피던스 전압

해설 변압기의 단락 시험 : 임피던스 와트, 임피던스 전압 및 입력 전류를 측정하여 누설 임피던스, 누설 리액턴스, 권선의 저항 등을 산출한다. 【답】①

3·71

변압기의 등가 회로 작성에 필요 없는 시험은?

① 단락 시험
② 반환 부하법
③ 무부하 시험
④ 저항 측정 시험

해설 등가 회로 작성 : 권선의 저항 측정, 철손을 측정하는 무부하 시험, 동손을 측정하는 단락 시험이 필요하다. 【답】②

3·72

단상 변압기의 임피던스 와트(impedance watt)를 구하기 위하여는 다음 중 어느 시험이 필요한가?

① 무부하 시험
② 단락 시험
③ 유도 시험
④ 반환 부하법

해설 • 개방 회로 시험(무부하 시험)으로 측정할 수 있는 항목
　　① 무부하 전류　② 히스테리시스손
　　③ 와류손　　　④ 여자 어드미턴스　⑤ 철손
• 단락 시험으로 측정할 수 있는 항목
　　① 동손　　　② 임피던스 와트　③ 임피던스 전압 　【답】②

3·73

권선의 층간 단락 사고를 검출하는 계전기는?

① 접지 계전기　　　　　　　　　② 과전류 계전기
③ 역상 계전기　　　　　　　　　④ 차동 계전기

해설 발전기 및 변압기의 층간 단락 등 내부 고장 검출에 사용되는 계전기 : 차동 계전기

【답】④

3·74

변압기의 층간 절연 내력을 시험하는 데 가장 적당한 방법은?

① 상용주파 가압 시험　　　　　　② 비접지의 충격 전압 시험
③ $\tan \delta$ 측정　　　　　　　　　④ 1단 접지 충격 전압 시험

【답】④

3·75

변압기의 제조 과정에서 건조가 완전히 되었는가 판단하는 데 가장 정확한 측정 방법은?

① 구속 시험　　　　　　　　　　② $\tan \delta$ 측정
③ 직류 저항 측정　　　　　　　　④ 충격 전압 시험

해설 $\tan \delta$ 측정 : 절연물에 교류전압을 인가하면 유전체손이 생기기 때문에 아래 그림과 같이 전전류 I 는 인가전압 V 보다도 90° 앞선 충전전류 I_c 와 인가전압 V 와 동상인 손실전류 I_r 과의 합성된 값이며, 전전류 I 는 충전전류 I_c 보다도 약간 늦은 전력손실이 발생한다. 이때 이 전력손실의 비율을 유전정접(誘電正接, $\tan\delta$) 이라 하며, 비율[%]로 나타낸다.

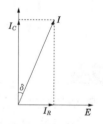

【답】②

3·76

변압기 권선을 건조하는데 맞지 않은 것은?

① 진공법　　　　② 단락법　　　　③ 반환 부하법　　　　④ 열풍법

해설 반환 부하법 : 변압기의 온도 상승 시험

【답】③

3·77

공장에서 행하는 방법으로 변압기를 탱크 속에 넣어 밀폐하고 탱크 속에 있는
파이프를 통하여 고온의 증기를 보내어 가열하는 건조 방법은?

① 진공법 ② 열풍법
③ 단락법 ④ 반환 부하법

【답】①

심화학습문제

01 변압기 철심의 자기 포화와 자기 히스테 리시스 현상을 무시한 경우, 리액터에 흐르 는 전류에 대해 옳은 것은?

① 자기 회로의 자기 저항값에 비례한다.
② 권선수에 반비례한다.
③ 전원 주파수에 비례한다.
④ 전원 전압 크기 제곱에 비례한다.

해설

리액터에 흐르는 전류 : $i = \dfrac{R}{N_1} \cdot \dfrac{\sqrt{2} \, V_1}{\omega N_1} \sin\left(\omega t - \dfrac{\pi}{2}\right)$

i의 실효값 : $I = \dfrac{V_1}{\dfrac{\omega N_1^2}{R}}$ [A]

【답】 ①

02 일반 변압기의 여자에 필요한 피상 전력은?

① $\dfrac{\pi}{\mu} f B_m^2 \times$ 철심 체적

② $\dfrac{\pi}{f} \mu B_m^2 \times$ 철심 체적

③ $\dfrac{f}{\mu} \mu B_m^2 \times$ 철심 체적

④ $\dfrac{\pi}{f \cdot \mu} B_m^2 \times$ 철심 체적

해설

자기 회로의 평균 길이를 l, 단면적을 A, 투자율을 μ 인 경우

최대자속 : $\phi_m = \sqrt{2} \dfrac{N_1 I_0 \mu A}{l}$ 에서 $I_0 = \dfrac{\phi_m l}{\sqrt{2} N_1 \mu A}$

인가전압 : $V_1 = \sqrt{2} \pi f N_1 \phi_m$

$\therefore V_1 I_0 = \dfrac{f}{\mu} \pi B_m^2 A l$

【답】 ①

03 그림과 같은 변압기 회로에서 부하 R_2에 공급되는 전력이 최대로 되는 변압기의 권수 비 a는?

① 5
② $\sqrt{5}$
③ 10
④ $\sqrt{10}$

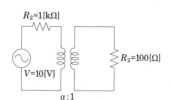

해설

최대 전력 전송조건에 의해 $R_1 = a^2 R_2$

$\therefore a = \sqrt{\dfrac{R_1}{R_2}} = \sqrt{\dfrac{1,000}{100}} = \sqrt{10}$

【답】 ④

04 단상 주상 변압기의 2차측(105 [V] 단자) 에 1 [Ω]의 저항을 접속하고 1차측에 1 [A] 의 전류가 흘렀을 때 1차 단자 전압이 900 [V]였다. 1차측 탭 전압[V]과 2차 전류[A]는 얼마인가? 단, 변압기는 2상 변압기, V_T는 1차 탭 전압, I_2는 2차 전류이다.

① $V_T = 3,150$, $I_2 = 30$
② $V_T = 900$, $I_2 = 30$
③ $V_T = 900$, $I_2 = 1$
④ $V_T = 3,150$, $I_2 = 1$

해설

권수비 : $R_1 = a^2 R_2 = a^2 \times 1 = a^2$ [Ω]

1차 전류 : $I_1 = \dfrac{V_1}{R_1} = \dfrac{V_1}{a^2} = \dfrac{900}{a^2} = 1$ [A]

$\therefore a^2 = 900$ 에서 $a = 30$

$\therefore V_T = a V_2 = 30 \times 105 = 3,150$ [V]

$\therefore I_2 = a I_1 = 30 \times 1 = 30$ [A]

【답】 ①

05 3상 변압기 5,000 [kVA], 77,000/20,000 [V]에 있어서 저압측에 전원을 공급하여 단락 시험을 한 결과 임피던스 와트는 60 [kW] 이었다. 저압측에서 본 1상의 저항값[Ω]은?

① 0.96   ② 0.67
③ 0.32   ④ 0.16

해설

저압측(2,000 [V]측)의 정격 전류는 Y 접속이므로

$$I_{2n} = \frac{5,000 \times 10^3}{\sqrt{3} \times 20,000} = 144.34 \text{ [A]}$$

$$\therefore r_1' + r_2 = \frac{P_s}{3I_{2n}^2} = \frac{60 \times 10^3}{3 \times (144.34)^2} = 0.96 \text{ [Ω]}$$

【답】 ①

06 200 [kVA], 6,350/660 [V]의 단상 변압기의 권선 저항과 리액턴스는 다음과 같다. 무부하 때 역률 0.263에서 0.96 [A]의 전류가 흐른다. 그림의 등가 회로에서 자화 병렬 회로의 정수 R_m, X_m은 대략 얼마인가? 단, $R_1 = 1.56$ [Ω], $R_2 = 0.016$ [Ω], $X_1 = 4.76$ [Ω], $X_2 = 0.048$ [Ω]이다.

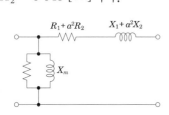

① $R_m = 20.6$ [kΩ], $X_m = 4.85$ [kΩ]
② $R_m = 22.2$ [kΩ], $X_m = 5.85$ [kΩ]
③ $R_m = 25.2$ [kΩ], $X_m = 6.85$ [kΩ]
④ $R_m = 28.2$ [kΩ], $X_m = 7.85$ [kΩ]

해설

$$R_m = \frac{V_1}{I_w} = \frac{V_1}{I_0 \cos\theta} = \frac{6,350}{0.96 \times 0.263}$$
$$= 25,150 \text{ [Ω]} = 25.2 \text{ [kΩ]}$$
$$X_m = \frac{V_1}{I_u} = \frac{V_1}{I_0 \sin\theta} = \frac{6,350}{0.96 \times \sqrt{1-0.263^2}}$$
$$= 6,850 \text{ [Ω]} = 6.85 \text{ [kΩ]}$$

【답】 ③

07 변압기의 누설 리액턴스를 줄이는 가장 효과적인 방법은 어느 것인가?

① 권선을 분할하여 조립한다.
② 권선을 동심 배치한다.
③ 코일의 단면적을 크게 한다.
④ 철심의 단면적을 크게 한다.

해설

권선을 분할하여 조립하면, 누설 리액턴스는 절반 이상 감소한다. 즉 교호 배치한다. 교호 배치는 고압권선과 저압권선을 교차시켜 감는 방법이다. 교호 배치는 주로 외철형에 쓰이고, 누설자속이 적으므로 대전류 변압기에 적용하면 유리하다.

【답】 ①

08 어느 변압기의 전압비가 무부하시에는 14.5 : 1이고 정격 부하의 어느 역률에서는 15 : 1이다. 이 변압기의 동일 역률에서의 전압 변동률을 구하면?

① 3.5   ② 3.7
③ 4.0   ④ 4.3

해설

권수비 : $\dfrac{V_1}{V_{20}} = 14.5$, $\dfrac{V_1}{V_{2n}} = 15$

$\therefore V_{20} = \dfrac{V_1}{14.5}$

$$V_{2n} = \frac{V_1}{15} , \quad \frac{V_{20}}{V_{2n}} = \frac{\frac{V_1}{14.5}}{\frac{V_1}{15}} = \frac{15}{14.5}$$

전압 변동률

$$\epsilon = \frac{V_{20} - V_{2n}}{V_{2n}} \times 100 = \left(\frac{V_{20}}{V_{2n}} - 1\right) \times 100 = \left(\frac{15}{14.5} - 1\right) \times 100$$
$$= 3.45 \text{ [%]} = 3.5 \text{ [%]}$$

【답】 ①

09 기중 차단기와 배선용 차단기의 보호 협조 시에 단락, 과전류 보호 방식이 아닌 것은?

① 전용량 차단 방식
② 캐스케이드(Cascade) 차단 방식
③ 선택 차단 방식
④ 한류 차단 방식

해설
한류 : 전류를 제한하는 방식

【답】④

10 단상 변압기가 있다. 전부하에서 2차 전압은 115 [V]이고, 전압 변동률은 2 [%]이다. 1차 단자 전압을 구하여라. 단, 1차, 2차 권선비는 20 : 1이다.

① 2,356 [V]
② 2,346 [V]
③ 2,336 [V]
④ 2,326 [V]

해설
1차 전압
$$V_{10} = V_{1n}\left(1 + \frac{\epsilon}{100}\right) = aV_{2n}\left(1 + \frac{\epsilon}{100}\right)$$
$$= aV_{2n}\left(1 + \frac{\epsilon}{100}\right) = 20 \times 115 \times \left(1 + \frac{2}{100}\right) = 2,346 \text{ [V]}$$

【답】②

11 용량 15 [kVA]인 주상 변압기의 전압 변동률[%]은 역률 100 [%] 부하에서는 대략?

① 2
② 4
③ 6
④ 8

해설

1 [kVA] : 4.0% 이하	7.5 [kVA] : 2.3% 이하
10 [kVA] : 2.3% 이하	15 [kVA] : 2.1% 이하
20 [kVA] : 2.1% 이하	30 [kVA] : 1.9% 이하
50 [kVA] : 1.6% 이하	

【답】①

12 어떤 변압기의 부하 역률이 60 [%]일 때 전압 변동률이 최대라고 한다. 지금 이 변압기의 부하 역률이 100 [%]일 때 전압 변동률을 측정했더니 3 [%]였다. 이 변압기의 부하 역률 80 [%]에서의 전압 변동률은 몇 [%]인가?

① 4.8
② 5.0
③ 6.2
④ 6.4

해설
부하 역률 100 [%]일 때 전압변동률
$$\epsilon_{100} = p = 3 \text{ [%]}$$
최대 전압 변동률일 경우 부하 역률
$$\cos\theta_m = \frac{p}{\sqrt{p^2 + q^2}} = 0.6 \text{ 에서 } \frac{3}{\sqrt{3^2 + q^2}} = 0.6$$
$$\therefore q = 4 \text{ [%]}$$
부하 역률이 80 [%]일 경우 전압변동률
$$\epsilon_{80} = p\cos\theta + q\sin\theta = 3 \times 0.8 + 4 \times 0.6 = 4.8 \text{ [%]}$$
최대 전압 변동률
$$\epsilon_{\max} = \sqrt{p^2 + q^2} = \sqrt{3^2 + 4^2} = 5 \text{ [%]}$$

【답】①

13 변압기 리액턴스 강하가 저항 강하의 3배이고 정격 전류에서 전압 변동률이 0이 되는 앞선 역률의 크기[%]는?

① 88
② 90
③ 92
④ 95

해설
전압 변동률 : $\epsilon = p\cos\theta + q\sin\theta = 0$
문제의 존건 : $\dfrac{p}{q} = \tan\theta = \dfrac{1}{3}$
$$\therefore \text{ 역률 } \cos\theta = \frac{1}{\sqrt{1 + \tan^2\theta}} = \frac{1}{\sqrt{1 + \left(\frac{1}{3}\right)^2}}$$
$$= \frac{3}{\sqrt{10}} = 0.95 = 95 \text{ [%]}$$

【답】④

14 6,600/210 [V]의 단상 변압기 3대를 △-Y로 결선하여 1상 18 [kW] 전열기의 전원으로 사용하다가 이것을 △-△로 결선했을 때 이 전열기의 소비 전력[kW]은 얼마인가?

① 31.2   ② 10.4

③ 2.0   ④ 6.0

해설

△-Y결선을 △-△결선으로 하면 상전압(2차측 전압)은 $\dfrac{1}{\sqrt{3}}$ 배가 된다.

전력은 전열기의 내부저항이 일정하므로 전압의 제곱에 비례하므로 $\left(\dfrac{1}{\sqrt{3}}\right)^2$이 된다.

$$\therefore 18 \times \left(\frac{1}{\sqrt{3}}\right)^2 = 6 \text{ [kW]}$$

【답】 ④

15 정격이 같은 50 [kVA]의 주상 변압기 3대를 △-△로 결선하여 역률 100 [%], 전압 200 [V]의 평형 3상 부하에 114 [kW]의 전력을 공급하고 있다. 지금 이 중에 변압기의 중성점과 한 단자와의 사이에 변압기의 정격 전류의 범위 내에서 100 [V]의 전등 부하를 걸려고 한다. 전등 부하는 몇 [kW]까지 걸 수 있겠는가?

① 6   ② 7.2

③ 7.8   ④ 8.8

해설

3상 부하에 의한 전류

$$I = \frac{114 \times 10^3}{3} \times \frac{1}{200} = 190 \text{ [A]}$$

변압기의 정격 전류

$$\frac{50 \times 10^3}{200} = 250 \text{ [A]}$$

변압기의 여유

$$250 - 190 = 60 \text{ [A]}$$

전등 부하의 전류 I'는 변압기군 내부를 그림과 같이 내부 임피던스에 반비례해서 분류한다.

$$I' = I_l \times \frac{5}{6} = 60 \text{ [A]}$$

$$\therefore I_l = 60 \times \frac{6}{5} = 72 \text{ [A]}$$

$$\therefore P = 100 \times 72 = 7,200 \text{ [W]} = 7.2 \text{ [kW]}$$

까지 전등 부하를 걸 수 있다.

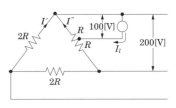

【답】 ②

16 같은 정격 30 [kVA], 3300/200 [V]의 변압기 2대를 그림과 같이 V결선으로 하고 여기에 전 부하 전류를 통하는 저항 R을 Y결선으로 해서 연결했을 때, 이 저항 R [Ω]의 값은?

① 1.15

② 1.07

③ 0.85

④ 0.77

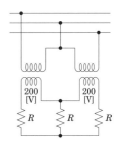

해설

정격 전류 : $I_2 = \dfrac{30 \times 10^3}{200} = 150 \text{ [A]}$

$$\therefore R = \frac{200}{\sqrt{3} \times 150} = 0.77 \text{ [Ω]}$$

【답】 ④

17 단상 변압기 $\dfrac{1,732}{200}$ [V]의 고압측에서의 여자 전류는 $i_0 = 3\sin\omega t + 0.8\sin(3\omega t + \alpha)$ [A]로 표시된다. 이 변압기 3대를 Y-△결선하여 고압 1차측에 $\sqrt{3} \times 1732 = 3,000$ [V]를 가하여 저압측 무부하일 때 저압 2차측 △회로 내의 실효값 순환 전류[A]는?

① 2.85   ② 3.44

③ 4.89   ④ 6.93

해설

순환전류 $I_c = 0.8 \times \dfrac{1,732}{200} \times \dfrac{1}{\sqrt{2}} = 4.89$ [A]

【답】 ③

18 Y-△결선의 3상 변압기군 A와 △-Y 결선의 3상 변압기군 B를 병렬로 사용할 때 A군의 변압기 권수비가 30이라면 B군 변압기의 권수비는?

① 30   ② 60

③ 90   ④ 120

해설

A, B 변압기군의 권수비를 각각 a_1, a_2, 1차, 2차의 유도 기전력과 선간 전압을 각각 E_1, E_2, V_1, V_2

A권수비 : $a_1 = \dfrac{E_1}{E_2} = \dfrac{V_1/\sqrt{3}}{V_2}$

B권수비 : $a_2 = \dfrac{E_1{'}}{E_2{'}} = \dfrac{V_1}{V_2/\sqrt{3}}$

$\therefore \dfrac{a_2}{a_1} = \dfrac{V_1/\dfrac{V_2}{\sqrt{3}}}{\dfrac{V_1}{\sqrt{3}}/V_2} = \dfrac{V_1 V_2}{\dfrac{V_1}{\sqrt{3}} \cdot \dfrac{V_2}{\sqrt{3}}} = 3$

$\therefore a_2 = 3a_1 = 3 \times 30 = 90$

【답】 ③

19 변압기의 결선 중에서 6상 측의 부하가 수은 정류기일 때 주로 사용되는 결선은?

① 포크 결선(Fork connection)

② 환상 결선(ring connection)

③ 2중 3각 결선(double star connection)

④ 대각 결선(diagonal connection)

해설

수은 정류기, 회전 변류기 다같이 6상을 사용한다. 이때 수은 정류기일 때는 포크 결선을 적용한다.

【답】 ①

20 특성이 다음과 같은 2대의 변압기 A, B를 병렬 운전하여 22 [kVA], 역률 1인 부하를 걸었을 때 변압기 A, B의 전류분담 I_A, I_B는 얼마인가?

변압기 A : 3,000/100 [V], 7.5 [kVA]
             $25 + j26$ [Ω] (1차 등가치)

변압기 B : 3,000/100 [V], 15 [kVA]
             $10 + j19$ [Ω] (1차 등가치)

① $I_A = 139.2$ [A], $I_B = 139.2$ [A]

② $I_A = 139.2$ [A], $I_B = 82.7$ [A]

③ $I_A = 82.7$ [A], $I_B = 139.2$ [A]

④ $I_A = 87.2$ [A], $I_B = 87.2$ [A]

해설

전부하 전류 : $I_2 = \dfrac{22 \times 10^3}{100} = 220$ [A]

부하분담 전류 : $I_A = \dfrac{Z_b}{Z_a + Z_b} I_2$, $I_B = \dfrac{Z_a}{Z_a + Z_b} I_2$

$\therefore I_A = \dfrac{10 + j19}{35 + j45} \times 220 = \sqrt{\dfrac{10^2 + 19^2}{35^2 + 45^2}} \times 220 = 82.7$ [A]

$\therefore I_B = \dfrac{25 + j26}{35 + j45} \times 220 = \sqrt{\dfrac{25^2 + 26^2}{35^2 + 45^2}} \times 220 = 139.2$ [A]

【답】 ③

21 60 [Hz], 1,328/230 [V]의 단상 변압기가 있다. 무부하 전류 $i = 3\sin\omega t + 1.1\sin(3\omega t + \alpha_3)$이다. 지금 위와 똑같은 변압기 3대로 Y-△결선하여 1차에 2,300 [V]의 평형 전압을 걸고 2차를 무부하로 하면 △회로를 순환하는 전류(실효값) [A]는 약 얼마인가?

① 0.77   ② 1.10

③ 4.48   ④ 6.35

해설

- 1차측 선간 전압 : 2,300 [V]
- 상전압 : 1,328 [V]
- 여자 전류 : $i = 3\sin\omega t + 1.1\sin(3\omega t + \alpha_3)$가 흘러야 한다. 그러나 Y−△결선이므로 제3고조파 전류는 회로에 흐를 수가 없고 2차 △회로에 순환 전류로 되어 흐르게 된다.

순화전류는 권수비를 곱하여 2차로 환산하여 실효값으로 표시하면

$$I_c = 1.1 \times \frac{1,328}{230} \times \frac{1}{\sqrt{2}} = 4.48 \text{ [A]}$$

【답】③

22 6,600/220 [V]인 두 대의 단상 변압기 A, B가 있다. A는 30 [kVA]로서 2차로 환산한 저항과 리액턴스의 값은 $r_A = 0.03$ [Ω], $x_A = 0.04$ [Ω]이고, B의 용량은 20 [kVA]로서 2차로 환산한 값은 $r_B = 0.03$ [Ω], $x_B = 0.06$ [Ω]이다. 이 두 변압기를 병렬 운전해서 40 [kVA]의 부하를 건 경우, A기의 분담 부하 [kVA]는 대략 얼마인가?

① 20   ② 21
③ 23   ④ 28

해설

%임피던스

$$\%Z_A = \frac{PZ_{21}}{10V_2^2} = \frac{30 \times \sqrt{0.03^2 + 0.04^2}}{10 \times 0.22^2} = 3.1 \text{ [%]}$$

%임피던스

$$\%Z_B = \frac{PZ_{21}}{10V_2^2} = \frac{20 \times \sqrt{0.03^2 + 0.06^2}}{10 \times 0.22^2} = 2.77 \text{ [%]}$$

부하분담비

$$\frac{P_A{}'}{P_B{}'} = \frac{\%Z_B \cdot P_A}{\%Z_A \cdot P_B} \text{에서} \quad \frac{P_A{}'}{P_B{}'} = \frac{2.77}{3.1} \times \frac{30}{20} = 1.34$$

$$\therefore P_A{}' + P_B{}' = 40 \text{ [kVA]}$$

$$P_A{}' = 1.34 P_B{}' \text{에서} \quad 1.34 P_B{}' + P_B{}' = 40$$

$$\therefore P_B{}' = 17.1 \text{ [kVA]}, \quad P_A{}' = 22.9 \text{ [kVA]}$$

【답】③

23 정격이 300 [kVA], 6,600/2,200 [V]인 단권 변압기 2대를 V결선으로 해서, 1차에 6,600 [V]를 가하고, 전부하를 걸었을 때의 2차측 출력[kVA]은? 단, 손실은 무시한다.

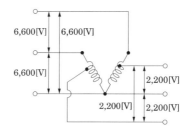

① 약 519   ② 약 487
③ 약 425   ④ 약 390

해설

$$\frac{\omega}{W} = \frac{2}{\sqrt{3}} \times \frac{V_h - V_l}{V_h} = \frac{1}{0.866}\left(1 - \frac{V_l}{V_h}\right)$$

$$\therefore W = \omega \times \frac{\sqrt{3}}{2} \times \frac{V_h}{V_h - V_l}$$

$$= 300 \times \frac{\sqrt{3}}{2} \times \frac{6,600}{6,600 - 2,200} = 389.7 ≒ 390 \text{ [kVA]}$$

【답】④

24 평형 3상 전류를 측정하려고 변류비 60/5 [A]의 변류기 두 대를 그림과 같이 접속했더니 전류계에 2.5 [A]가 흘렀다. 1차 전류는 몇 [A]인가?

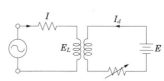

① 약 12.0   ② 약 17.3
③ 약 30.0   ④ 약 51.9

해설

전류계에 흐르는 전류

$$I_a - I_c = I_A \times \frac{5}{60} - I_c \times \frac{5}{60} = \frac{I_A - I_C}{12} = \frac{\sqrt{3}\,I_B}{12}$$

$$\therefore \frac{\sqrt{3}\,I_B}{12} = 2.5$$

$$\therefore I_B = \frac{12 \times 2.5}{\sqrt{3}} = 10\sqrt{3} = 17.3$$

【답】②

25 부하시 전압 조정 변압기의 설명이 잘못된 것은?

① 부하 전류를 끊지 않고 권수를 변환할 수 있는 변압기를 말한다.

② 전력 계통 사이에 무효 전력 또는 유효 전력을 자유 이동시킬 수 있다.

③ 전력 계통의 전압 또는 부하 부담을 희망하는 값으로 유지하기 위하여 사용된다.

④ 부하시 신속하고 정확한 탭 변환 장치를 하나, 변환용 보조 변압기를 시설할 필요가 없다.

해설

부하시탭절환장치(OLTC : On-Load Tap Changer)
: 부하가 걸린체로 전압을 조정하는 장치

【답】④

26 주상 변압기에서 보통 동손과 철손의 비는 (a)이고 최대 효율이 되기 위하여는 동손과 철손의 비는 (b)이다. ( )의 알맞은 것은?

① a=1 : 1, b=1 : 1

② a=2 : 1, b=1 : 1

③ a=1 : 1, b=2 : 1

④ a=3 : 1, b=1 : 1

해설

최대 효율 조건 : 철손=동손

【답】②

27 변압기의 손실비와 최대 효율을 나타내는 부하 전류와의 관계는?

① 손실비가 커지면 부하 전류가 적어진다.

② 손실비가 커지면 부하 전류가 많아진다.

③ 손실비가 커지면 그 제곱에 비례하여 부하 전류가 커진다.

④ 부하 전류는 손실비에 관계없다.

해설

손실비 : $LR = \dfrac{P_c}{P_i}$

최고 효율 조건 : $m^2 P_c = P_i \rightarrow m = \sqrt{\dfrac{P_i}{P_c}}$

그러므로 손실비가 크다는 것은 P_c가 P_i에 비해 크다는 것을 의미하며 또한 m이 적다는 것을 의미하므로 부하 전류가 적어진다는 것을 의미한다.

【답】①

28 15,000 [kVA], 169 [kV] 변압기의 전부하 효율은 대략 몇 [%]인가?

① 99   ② 98

③ 95   ④ 93

해설

3.3 [kV] : 1 [kVA] − 93.8 [%], 15 [kVA] − 97.3 [%]

11 [kV] : 100 [kVA] − 97.6 [%]

66 [kV] : 3300 [kVA] − 97.8 [%]

169 [kV] : 15,000 [kVA] − 99.0 [%]

【답】①

29 가포화 리액터와 저항을 직렬로 접속한 회로에 교류 전압을 가할 때, 이 리액터를 따로 직류로 여자하여 그 여자 전류가 철심이 포화되기 전까지 차차 증가하면 교류 회로의 전류는?

① 증가한다.   ② 감소한다.

③ 변화 없다.   ④ 증가한 후 감소한다.

해설

가포화 리액터 : 사각형의 포화특성을 가진 고리 모양의 자심(磁心)에 두 개의 권선(捲線)을 감아 자심의 비직선성을 이용하여 한쪽 권선(제어권선)에 직류의 제어전류를 보내고 다른 쪽 권선(부하권선)의 전류를 변화시킨다. 자기증폭기(磁氣增幅器)는 이 원리를 이용한 것이며 가포화 리액터만으로, 또는 정류기 등과 조합하여 구성된다.

가포화 리액터는 포화 상태에 가까워질수록 리액턴스 X_L이 감소된다. 따라서 철심이 포화되기 전까지 여자 전류 I_d가 증가하면 교류 회로의 전류도 증가한다.

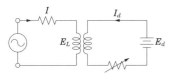

【답】①

30 수은 접점 2개를 사용하여 아크 방전 등의 사고를 검출하는 계전기는?

① 과전류 계전기　　② 가스 검출 계전기
③ 부흐홀쯔 계전기　④ 차동 계전기

해설

브흐홀쯔 릴레이 : 2개의 접점(경보용 및 트립용)을 사용한다. 유입변압기의 탱크와 콘서베이터 사이의 연결관에 취부되어 내부에서 발생하는 GAS를 빼내고 GAS의 발생상태가 경미한 경우에는 경보를 울려주고 심한 경우에는 차단을 시켜변압기 내부 고장보호에 사용된다.

【답】③

31 변압기를 설명하는 다음 말 중 틀린 것은?

① 사용 주파수가 증가하면 전압 변동률은 감소한다.
② 전압 변동률은 부하의 역률에 따라 변한다.
③ △-Y결선에서는 고주파 전류가 흘러서 통신선에 대한 유도 장해는 없다.
④ 효율은 부하의 역률에 따라 다르다.

해설

① 주파수가 증가하면 리액턴스가 증가하므로 전압 변동률은 증가한다.
② $\epsilon = p\cos\theta + q\sin\theta$이므로 $\cos\theta$에 따라 ϵ은 변한다.
③ △-Y결선에서는 △결선이 있어 제3고조파에 여자 전류의 통로가 있어 전압 파형은 일그러지지 않고 제3고조파에 의한 장해가 적다.
④ $\eta = V_2 I_2 \cos\theta / (V_2 I_2 \cos\theta + P_i + P_c)$에서 $\cos\theta$에 따라 η가 다르다.

【답】①

32 용량 10 [kVA], 철손 120 [W], 전부하 동손 200 [W]인 단상 변압기 2대를 V결선하여 부하를 걸었을 때, 전부하 효율은 몇 [%]인가? 단, 부하의 역률은 $\sqrt{3}/2$이라 한다.

① 98.3　　　　　　② 97.9
③ 99.2　　　　　　④ 96.0

해설

효율 : $\eta = \dfrac{\sqrt{3}\,V_2 I_2 \cos\theta_2}{\sqrt{3}\,V_2 I_2 \cos\theta_2 + 2P_i + 2P_c \times 100}$

$= \dfrac{\sqrt{3}\times 10 \times \sqrt{3}/2}{\sqrt{3}\times 10 \times \sqrt{3}/2 + 2\times 0.12 + 2\times 0.2}\times 100$

$= \dfrac{15}{15 + 0.24 + 0.4}\times 100 = 95.9 ≒ 96 \,[\%]$

【답】④

33 변압기의 규약 효율 산출에 필요한 기본 요건이 아닌 것은?

① 파형은 정현파를 기준으로 한다.
② 별도의 지정이 없는 경우 역률은 100 [%] 기준이다.
③ 손실은 각권선의 부하손의 합과 무부하손의 합이다.
④ 부하손은 40 [℃]를 기준으로 보정한 값을 사용한다.

해설

조건이 없을 경우 역률은 100 [%], 온도는 75 [℃] 기준한다.

【답】④

34 보호 계전기 구성 요소의 기본 원리에 속하지 않는 것은?

① 전자 흡인　　　　② 전자 유도
③ 정지형 스위칭 회로　④ 광전관

해설

광전관 : 광전 효과를 이용하여 빛의 변화를 전류의 변화로 바꾸는 것을 말한다.

【답】④

1. 유도전동기의 원리

유도전동기는 회전자와 고정자가 각각 독립된 권선을 가지고 있으며, 고정자 권선에서 회전자 권선측의 전자 유도 작용에 의해서 운전되고 정상상태에서 비동기 속도로 회전하는 비동기기의 일종인 교류기를 말한다.

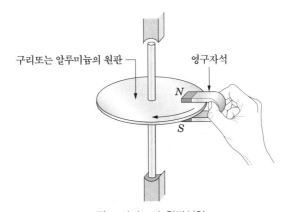

구리또는 알루미늄의 원판

영구자석

N

S

그림 1 아라고의 원판실험

그림 1과 같이 구리판에 영구자석을 넣고 회전시키면 구리판이 따라 도는 것을 알 수 있다. 영구자석을 회전시키면 구리판이 영구자석의 자속을 끊어 플레밍의 오른손 법칙에 의해 기전력이 만들어진다. 이 기전력에 의해 구리판 표면에는 맴돌이 전류가 흐르며 이 전류는 자속을 만든다. 만들어진 자속은 플레밍의 왼손 법칙에 의해 힘이 발생하여 회전하게 된다. 회전 방향은 영구자석을 회전시키는 방향이 된다.

이것은 만일 원판이 자석과 같은 회전속도가 되면 원판과 자석간의 속도 차이가 없어져서 맴돌이 전류를 유도하지 못하게 되고 회전력이 생기지 않는다. 따라서, 원판이 자석에 유도되어 회전하려면 반드시 자석보다 느리게 회전 하여야 한다. 이 실험은 1820년 D. F. Arago에 의해 진행되었으며, 이 실험을 Arago의 원판실험이라 한다.

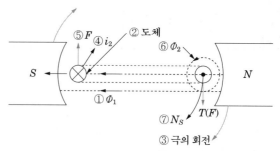

그림 2 유도전동기의 회전원리

그림 2에서 유도전동기의 회전원리를 알아보면 다음과 같다.

① 영구 자석을 그림과 같이 설치하고 자속 Φ_1을 만든다.

② 도체를 영구자석의 자기장 속에 넣는다.

③ 영구 자석을 그림과 같은 방향으로 회전한다.

④ 도체에는 렌츠의 전자유도 법칙에 의해서 유도전류 i_2가 흐르며 그림과 같은 방향으로 전류가 흐른다.

⑤ 도체는 플레밍의 왼손 법칙에 의해 힘 F가 생긴다.

⑥ 단락 순환 전류 i_2는 스스로 자속 Φ_2를 만들며 주자속 Φ_1 사이에 토크 T가 발생된다.

⑦ 자극의 회전방향으로 도체는 추종하여 회전하게 된다.

여기서 ③의 영구자석을 회전시키는 것은 기계적이 것이 아닌 전기적으로 회전시켜야 하며 이것은 회전자계에 의해 가능하다.

예제문제 01

3상 유도 전동기의 회전 방향은 이 전동기에서 발생되는 회전 자계의 회전 방향과 어떤 관계가 있는가?

① 아무 관계도 없다.
② 회전 자계의 회전 방향으로 회전한다.
③ 회전 자계의 반대 방향으로 회전한다.
④ 부하 조건에 따라 정해진다.

해설
대칭 3상 교류는 회전 자계가 발생하고, 회전자는 회전 자계 방향으로 회전한다.

답 : ②

회전자계에 의한 회전속도는 일반적으로 동기속도라 하며, 다음 식과 같다.

$$동기 \ 속도 : N_s = \frac{120f}{p} \ [\text{rpm}]$$

여기서, f : 주파수, p : 극수, N : 회전 속도[rpm]

회전자의 회전속도는 회전력을 만들기 위해서는 반드시 속도가 조금 늦게 회전하여야 하므로 회전자 속도를 N이라 하면 동기속도와 회전자 속도간의 차이가 생기게 된다. 이를 상대속도라 한다.

$$상대속도 : N_s - N$$

이와같이 속도차이가 생기는 이유로 인하여 슬립이 생기게 된다.

$$슬립 : s = \frac{N_s - N}{N_s}$$

따라서 슬립에 의해 회전자 속도를 구하면 다음과 같다.

$$N = (1-s)N_s \ [\text{rpm}]$$

유도전동기의 회전방향은 회전자계의 방향에 따라 달라지며, 회전자계는 3상 교류에서 발생하며, 이를 반대로 하기 위해서는 3선중 2선의 접속을 반대로 하면 가능하다.

그림 3 유도전동기의 회전방향

예제문제 02

50 [Hz], 슬립 0.2인 경우의 회전자 속도가 600 [rpm]일 때에 3상 유도 전동기의 극수는?

① 16　　　　　② 12　　　　　③ 8　　　　　④ 4

해설
회전자 속도 : $N = (1-s)N_s$

∴ 동기속도 $N_s = \dfrac{N}{1-s} = \dfrac{600}{1-0.2} = 750 \ [\text{rpm}]$

∴ $p = \dfrac{120f}{N_s} = \dfrac{120 \times 50}{750} = 8 \ [극]$

답 : ③

예제문제 03

60 [Hz] 8극인 3상 유도 전동기의 전부하에서 회전수가 855 [rpm]이다. 이때 슬립은?

① 4 [%]　　　　② 5 [%]　　　　③ 6 [%]　　　　④ 7 [%]

해설

$f = 60$ [Hz], $p = 8$, $N = 855$ [rpm]에서 동기속도 : $N_s = \dfrac{120f}{p} = \dfrac{120 \times 60}{8} = 900$ [rpm]

$\therefore s = \dfrac{N_s - N}{N_s} = \dfrac{900 - 855}{900} = 0.05 = 5$ [%]

답 : ②

예제문제 04

50 [Hz], 4극의 유도 전동기의 슬립이 4 [%]인 때의 매분 회전수는?

① 1,410 [rpm]　　② 1,440 [rpm]　　③ 1,470 [rpm]　　④ 1,500 [rpm]

해설

동기속도 : $N_s = \dfrac{120f}{p} = \dfrac{120 \times 50}{4} = 1,500$ [rpm]

$\therefore N = (1-s)N_s = (1-0.04) \times 1,500 = 1,440$ [rpm]

답 : ②

2. 유도전동기의 구조

2.1 고정자

고정자는 고정자틀, 고정자 철심 및 1차권선이 될 수 있는 고정자 권선의 3부분으로 구성되어 있다. 고정자 철심은 0.35~0.5 [mm]의 규소강판 또는 자성강판을 사용 성층하여 만든다.

그림 4 유도전동기의 구조

- 고정자 철심은 두께 0.35 [mm] 또는 0.5 [mm]의 강판을 성층한다.
- 통풍 덕트를 철심의 두께 50~60 [mm]마다 설치한다.
- 권선법 : 중권, Y 결선, △ 결선

2.2 회전자(rotor)

회전자는 회전자축, 철심, 권선의 3개의 주요 부분으로 이루어져 있다.

(1) 농형 회전자

원형, 정사각형 또는 직사각형으로 된 슬롯에 등 또는 알루미늄 막대를 넣고 철심의
양끝에서 같은 재질의 고리(단락환 : end ring)로 단락하여 용접한다.

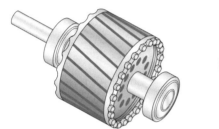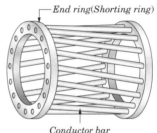

그림 5 농형회전자, shorting ring

(2) 권선형 회전자

반폐형 슬롯에 소용량은 둥근선, 중용량 이상은 평각 동선으로 고정자와 같은 극 수의
자극이 되도록 3상의 파권을 한다. 고압용은 보통 Y 결선, 저압용은 Y 또는 △결선으
로 하고 그 세 단자는 3개의 슬립링(slip ring)에 접속되고 이것과 접촉하는 브러시를
통하여 외부에 있는 기동용 가감저항기에 접속되고 접속된 회전자는 슬립링을 단락한
경우 이 외에 외부에 있는 저항기를 통해 하나의 폐회로를 형성하게 된다. 외부저항기
는 기동특성을 좋게 하거나 속도를 제어하는 목적으로 사용되게 된다.

그림 6 권선형 회전자

233

3. 유도 전동기의 특성

3.1 정지시 특성

유도전동기가 정지하고 있는 상태 즉, 기동하기 바로 직전에 전원을 인가하였을 경우의 특성은 다음과 같다.

(1) 유기 기전력

고정자에 여자전류가 흐르면 고정자(1차 권선)와 회전자(2차 권선)에 유기되는 기전력유기 되는데 이것은 변압기의 경우와 같다.

$$E_1 = 4.44 k_{\omega 1} f N_1 \phi \ [\text{V}]$$

$$E_2 = 4.44 k_{\omega 2} f N_2 \phi \ [\text{V}]$$

여기서, f 는 공급 주파수, N_1 은 1차권선수, $k_{\omega 1}$ 은 권선계수, ϕ 는 평균자속

여기서 a 를 1상의 기전력의 비를 권선비(turn ratio)라 하면 다음과 같이 표시된다.

$$\frac{E_1}{E_2} = \frac{k_{\omega 1} N_1}{k_{\omega 2} N_2} = a$$

3.2 회전시 특성

회전자가 슬립 s 로 회전하고 있을 때 2차측의 회전자와 회전자계 상대속도는 회전자가 정지하고 있을 때의 s 배만큼 되기 때문에 이때에 2차 유도기전력 E_2' 및 주파수 f' 는 다음과 같은 수식으로 나타낼 수 있다.

$$E_2' = s E_2$$

$$f' = s f$$

여기서 f' 는 슬립주파수 한다.
따라서 2차 기전력은 다음과 같다.

$$E_2' = s E_2 = s \cdot 4.44 f \, \phi k_{w2} N_2 = 4.44 f' \, \phi k_{w2} N_2 \ [\text{V}]$$

유도 전동기 회전시 흐르는 2차 전류는

$$I_2 = \frac{s\,E_2}{r_2 + j\,s\,x_2} = \frac{s\,E_2}{\sqrt{r_2^2 + (s\,x_2)^2}}$$

이며, 역률은 다음과 같다.

$$\cos\theta_2 = \frac{r_2}{\sqrt{r_2^2 + (s\,x_2)^2}}$$

여기서, $\theta_2 = \tan^{-1}\dfrac{s\,x_2}{r_2}$ 이다.

또 2차 전류는 변형하면

$$I_2 = \frac{E_2{}'}{Z_2} = \frac{s\,E_2}{\sqrt{r_2^2 + (s\,x_2)^2}} = \frac{E_2}{\sqrt{\left(\dfrac{r_2}{s}\right)^2 + x_2^2}}$$

가 된다. 즉, 슬립 s로 회전중인 유도전동기 2차 회로는 정지시의 있어서 2차 저항만을 $\dfrac{r_2}{s}$로 바뀌는 것으로 고려하면 그림 7과 같이 등가회로를 그릴 수 있으며, 유도전동기의 1차측(고정자)에서 2차측(회전자)으로 공급되고 있는 전력의 일부는 손실되고 대부분은 기계적인 출력이 된다.

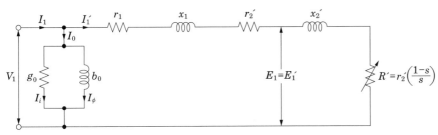

그림 7 유도전동기 등가회로

그림 7에서 기계적 출력은 다음과 같다.

$$P_0 = P_2 - r_2 I_2^2$$

$$P_0 = \frac{r_2}{s} I_2^2 - r_2 I_2^2 = \frac{1-s}{s} r_2 I_2^2$$

여기서 $P_0 = \dfrac{r_2}{s} I_2^2$, $R' = \dfrac{1-s}{s} r_2$

어기서 $R' = \dfrac{1-s}{s} r_2$는 기계적 출력을 나타내는 저항이 된다.

예제문제 05

권선형 유도 전동기의 슬립 s에 있어서의 2차 전류는? 단, E_2, X_2는 전동기 정지시의 2차 유기 전압과 2차 리액턴스로 하고 R_2는 2차 저항으로 한다.

① $\dfrac{E_2}{\sqrt{(R_2/s)^2 + X_2^2}}$

② $sE_2 / \sqrt{R_2^2 + \dfrac{X_2^2}{s}}$

③ $E_2 / \left(\dfrac{R_2}{1-s}\right)^2 + X_2$

④ $E_2 / \sqrt{(sR_2)^2 + X_2^2}$

해설

슬립 s일 때의 회전자 전류 : $I_2' = \dfrac{sE_2'}{\sqrt{r_2'^2 + (sx_2')^2}} = \dfrac{E_2'}{\sqrt{\left(\dfrac{r_2'}{s}\right)^2 + x_2'^2}}$

답 : ①

예제문제 06

다상 유도 전동기의 등가 회로에서 기계적 출력을 나타내는 정수는?

① $\dfrac{r_2'}{s}$

② $(1-s)r_2'$

③ $\dfrac{s-1}{s}r_2'$

④ $\left(\dfrac{1}{s}-1\right)r_2'$

해설

슬립 s일 때의 회전자 전류 : $I_2' = \dfrac{sE_2'}{\sqrt{r_2'^2 + (sx_2')^2}} = \dfrac{E_2'}{\sqrt{\left(\dfrac{r_2'}{s}\right)^2 + x_2'^2}}$

슬립 s일 때의 역률 : $\cos\theta_2 = \dfrac{\dfrac{r_2'}{s}}{\sqrt{\left(\dfrac{r_2'}{s}\right)^2 + x_2'^2}}$

슬립 s일 때의 2차 동손 : $P_{c2} = (I_2')^2 r_2$

슬립 s일 때의 회전자 입력 : $P_2 = E_2' I_2' \cos\theta_2 = I_2'^2 \dfrac{r_2'}{s}$

∴ 출력 $P = P_2 - I_2'^2 r_2' = I_2'^2 \left(\dfrac{r_2}{s} - r_2'\right) = I_2'^2 r_2' \dfrac{1-s}{s} = I_2'^2 r_2' \left(\dfrac{1}{s} - 1\right)$

답 : ④

예제문제 07

1차 권수 N_1, 2차 권수 N_2, 1차 권선 계수 K_{W1}, 2차 권선 계수 K_{W2}인 유도 전동기가 슬립 s로 운전하는 경우 전압비는?

① $\dfrac{K_{W1}N_1}{K_{W2}N_2}$

② $\dfrac{K_{W2}N_2}{K_{W1}N_1}$

③ $\dfrac{K_{W1}N_1}{sK_{W2}N_2}$

④ $\dfrac{sK_{W1}N_2}{K_{W1}N_1}$

해설

슬립 s일 때의 전압비 : $\dfrac{E_1}{E_2'} = \dfrac{a}{s} = \dfrac{N_1 K_{W1}}{sN_2 K_{W2}}$

답 : ③

예제문제 08

회전자가 슬립 s로 회전하고 있을 때 고정자, 회전자의 실효 권수비를 α라 하면, 고정자 기전력 E_1과 회전자 기전력 E_2와의 비는?

① $\dfrac{\alpha}{s}$ ② $s\alpha$ ③ $(1-s)\alpha$ ④ $\dfrac{\alpha}{1-s}$

해설

정지시 전압비 : $\dfrac{E_1}{E_2}=\alpha$ $\therefore E_2=\dfrac{E_1}{\alpha}$

슬립 s일 때의 전압비 : $E_2{}'=sE_2=\dfrac{sE_1}{\alpha}$ $\therefore \dfrac{E_1}{E_2{}'}=\dfrac{E_1}{sE_1/\alpha}=\dfrac{\alpha}{s}$

답 : ①

예제문제 09

6극, 3상 유도 전동기가 있다. 회전자도 3상이며 회전자 정지시의 1상의 전압은 200 [V]이다. 전부하시의 속도가 1,152 [rpm]이면 2차 1상의 전압은 몇 [V]인가? 단, 1차 주파수는 60 [Hz]이다.

① 8.0   ② 8.3   ③ 11.5   ④ 23.0

해설

• 동기속도 : $N_s=\dfrac{120\times60}{6}=1,200$ [rpm]   • 슬립 : $s=\dfrac{1,200-1,152}{1,200}=0.04$

$\therefore E_2{}'=sE_2=0.04\times200=8$ [V]

답 : ①

예제문제 10

6극 60 [Hz], 200 [V], 7.5 [kW]의 3상 유도 전동기가 960 [rpm]으로 회전하고 있을 때 회전자 전류의 주파수[Hz]는?

① 8   ② 10   ③ 12   ④ 14

해설

• 동기속도 : $N_s=\dfrac{120f}{P}=\dfrac{120\times60}{6}=1,200$ [rpm]   • 슬립 : $s=\dfrac{N_s-N}{N_s}=\dfrac{1,200-960}{1,200}=0.2$

$\therefore f_2=sf_1=0.2\times60=12$ [Hz]

답 : ③

---

4. 유도전동기 전력의 변환

유도전동기의 1차측 입력은

$$P_1{}'=V_1\,I_1\cos\theta_1\ [\text{W}]$$

이며, 2차 입력은

$$(1차\ 입력) - (1차\ 저항손) - (1차\ 철손) = 2차\ 입력$$

의 관계가 있다. 또 1차 출력은 2차 입력과 같다.

4.1 2차 저항손

2차 저항손은

$$P_{c2} = r_2 I_2^2 = r_2 I_2 \frac{s E_2}{\sqrt{r_2^2 + (s\, x_2)^2}} = s\, E_2 I_2 \cos\theta_2\, [\text{W}]$$

즉, 2차 저항손은 2차 입력에 s배가 되는 것을 알 수 있다.

$$s = \frac{P_{c2}}{P_2} = \frac{2차\ 전저항손}{2차\ 전입력}$$

따라서

$$P = P_2 - P_{c2} = P_2 - s\, P_2 = (1-s)\, P_2 = \frac{N}{N_s} P_2\, [\text{W}]$$

이므로

$$(2차\ 입력 : P_2) : (2차\ 저항손 : s\, P_2) : (기계적\ 출력\ P_0)$$
$$= P_2 :\ s\, P_2 :\ (1-s)\, P_2 = 1 :\ s :\ (1-s)$$

가 된다.

예제문제 11

3상 유도기에서 출력의 변환식이 맞는 것은?

① $P_0 = P_2 - P_{2c} = P_2 - s P_2 = \dfrac{N}{N_s} P_2 = (1-s) P_2$

② $P_0 = P_2 + P_{2c} = P_2 + s P_2 = \dfrac{N_s}{N} P_2 = (1+s) P_2$

③ $P_0 = P_2 + P_{2c} = \dfrac{N}{N_s} P_2 = (1-s) P_2$

④ $(1-s) P_2 = \dfrac{N}{N_s} P_2 = P_0 - P_{2c} = P_0 - s P_2$

해설

2차 효율 : $\eta_2 = \dfrac{P_0}{P_2} = (1-s) = \dfrac{N}{N_s}$ 이므로,

$\therefore P_0 = P_2 - P_{2c} = P_2 - s P_2 = \dfrac{N}{N_s} P_2 = (1-s) P_2$

답 : ①

예제문제 12

3상 유도 전동기의 회전자 입력 P_2, 슬립 s이면 2차 동손은?

① $(1-s)P_2$

② P_2/s

③ $(1-s)P_2/s$

④ sP_2

해설

2차 입력 : $P_2 = I_2^2 \cdot \dfrac{r_2}{s} = \dfrac{P_c}{s}$

$\therefore s = \dfrac{P_c}{P_2}$ 또는 $P_c = sP_2$

답 : ④

예제문제 13

3상 유도 전동기의 출력이 10 [kW], 슬립이 4.8 [%]일 때의 2차 동손[kW]은?

① 0.4

② 0.45

③ 0.5

④ 0.55

해설

$P_2 = \dfrac{P}{1-s} = \dfrac{10}{1-0.048} = 10.5 \,[\text{kW}]$

$\therefore P_{c2} = sP_2 = 0.048 \times 10.5 = 0.5 \,[\text{kW}]$ 또는

$\therefore P_{c2} = P_2 - P = 10.5 - 10 = 0.5 \,[\text{kW}]$

답 : ③

예제문제 14

정격 출력 50 [kW]의 정격 전압 220 [V], 주파수 60 [Hz], 극수 4의 3상 유도 전동기가 있다. 이 전동기가 전부하에서 슬립 $s = 0.04$, 효율 90 [%]로 운전하고 있을 때 다음과 같은 값을 갖는다. 이 중 틀린 것은?

① 1차 입력=55.56 [kW]

② 2차 효율=96 [%]

③ 회전자 입력=47.9 [kW]

④ 회전자 동손=2.08 [kW]

해설

1차 입력 : $P_1 = \dfrac{P_0}{\eta} = \dfrac{50}{0.9} = 55.56 \,[\text{kW}]$

2차 효율 : $\eta_2 = (1-s) = 1 - 0.04 = 0.96 = 96 \,[\%]$

회전자 입력 : $P_2 = \dfrac{1}{1-s}P_0 = \dfrac{1}{1-0.04} \times 50 = 52.08 \,[\text{kW}]$

회전자 동손 : $P_{c2} = sP_2 = \dfrac{s}{1-s}P_0 = \dfrac{0.04}{1-0.04} \times 50 = 2.08 \,[\text{kW}]$

또는 $P_{c2} = sP_2 = 0.04 \times 52.08 = 2.08 \,[\text{kW}]$

답 : ③

3상 유도 전동기가 있다. 슬립 s [%]일 때 2차 효율은 얼마인가?

① $1 - s$ ② $2 - s$ ③ $3 - s$ ④ $4 - s$

해설

2차 효율 : $\eta_2 = \dfrac{P}{P_2} = \dfrac{(1-s)P_2}{P_2} = 1 - s = \dfrac{N}{N_s}$

답 : ①

5. 유도전동기의 토크와 비례추이

5.1 토크

유도전동기의 토크는 다음과 같다.

$$\tau = \frac{P}{2\pi n} = \frac{60}{2\pi}\frac{P}{N} \ [\text{N}\cdot\text{m}]$$

$$\tau = \frac{1}{9.8} \cdot \frac{60}{2\pi}\frac{P}{N} = 0.975\frac{P_2}{N_s} \ [\text{kg}\cdot\text{m}]$$

여기에 $N = (1-s)N_s$, $P = (1-s)P_2$를 대입하여 풀면

$$\tau = \frac{(1-s)P_2}{2\pi(1-s)N_s} = \frac{P_2}{2\pi N_s} = \frac{P_2}{\omega_s} \ [\text{N}\cdot\text{m}]$$

토크(Torque)는 2차 입력에 비례하고 동기속도에 반비례한다. 그런데, 동기속도가 일정하므로 τ와 P_2는 비례하게 된다. 2차 입력, P_2는 유도전동기의 토크 크기의 대소를 표시하는 것으로 동기와트로 표시한 토크라고 한다.

동기와트로 표시한 토크 : $P_2 = 1.026 \times$ 동기속도 $\times \text{kg}\cdot\text{m}$

3상 유도 전동기에서 동기 와트로 표시되는 것은?

① 토크   ② 동기 각속도
③ 1차 입력   ④ 2차 출력

해설

토크 : $T = \dfrac{P}{\omega} = \dfrac{P_2(1-s)}{\omega_s(1-s)} = \dfrac{P_2}{\omega_s}$

∴ 동기와트 $P_2 = \omega_s T$

답 : ①

예제문제 **17**

4극 60 [Hz]의 3상 유도 전동기에서 1 [kW]의 동기 와트 토크(synchronous watt torque)는 몇 [kg·m]인가?

① 0.54

② 0.50

③ 0.48

④ 0.46

해설

동기속도 : $N_s = \dfrac{120f}{p} = \dfrac{120 \times 60}{4} = 1,800 \ [\text{rpm}]$

$\therefore T = 0.975 \dfrac{P}{N} = 0.975 \times \dfrac{1 \times 10^3}{1800} = 0.5417 \ [\text{kg·m}]$

답 : ①

예제문제 **18**

20 [HP], 4극 60 [Hz]인 3상 유도 전동기가 있다. 전부하 슬립이 4 [%]이다. 전부하시의 토크 [kg·m]는? 단, 1 [HP]은 746 [W]이다.

① 8.41

② 9.41

③ 10.41

④ 11.41

해설

동기속도 : $N_s = \dfrac{120f}{p} = \dfrac{120 \times 60}{4} = 1,800 \ [\text{rpm}]$

회전자 속도 : $N = (1-s)N_s = (1-0.04) \times 1,800 = 1,728 \ [\text{rpm}]$

출력 : $P = 20 \times 746 = 14,920 \ [\text{W}]$

$\therefore T = 0.975 \times \dfrac{P}{N} = 0.975 \times \dfrac{14,920}{1,728} = 8.41 \ [\text{kg·m}]$

답 : ①

예제문제 **19**

8극 60 [Hz]의 유도 전동기가 부하를 걸고 864 [rpm]으로 회전할 때 54.134 [kg·m]의 토크를 내고 있다. 이때의 동기 와트[kW]는?

① 약 48

② 약 50

③ 약 52

④ 약 54

해설

동기속도 : $N_s = \dfrac{120f}{p} = \dfrac{120 \times 60}{8} = 900 \ [\text{rpm}]$

토크 : $T = 0.975 \dfrac{P}{N} = 0.975 \dfrac{P_2}{N_s} \ [\text{kg·m}]$

$\therefore$ 동기와트 $P_2 = 1.026 N_s T = 1.026 \times 900 \times 54.134 \times 10^{-3} = 49.99 \ [\text{kW}]$

답 : ②

예제문제 20

전동기 축의 벨트 축 지름이 28 [cm], 1,140 [rpm]에서 20 [kW]를 전달하고 있다. 벨트에 작용하는 힘[kg]은?

① 약 234   ② 약 212   ③ 약 168   ④ 약 122

해설

전동기의 발생 토크 : $T = 0.975 \times \dfrac{P}{N} = 0.975 \times \dfrac{20 \times 10^3}{1,140} = 17.11 \ [\text{kg} \cdot \text{m}]$

벨트에 작용하는 힘 : $F = \dfrac{T}{r} = \dfrac{17.11}{0.14} = 122.2 \ [\text{kg}]$

답 : ④

5.2 비례추이

유도전동기의 등가회로에서 동기와트의 토크를 τ_s 라 하면 이것은 회전자 입력 P_2 와 같으므로 P_2 와 I_1' 는 다음과 같은 식으로 나타낼 수 있다.

$$P_2 = m_1 (I_1')^2 \cdot \frac{r_2'}{s} \ [\text{W}]$$

$$I_1' = \frac{V_1}{\sqrt{\left(r_1 + \dfrac{r_2'}{s}\right)^2 + (x_1 + x_2')^2}} \ [\text{A}]$$

$$\tau_s = P_2 = m_1 V_1^2 \frac{\dfrac{r_2'}{s}}{\left(r_1 + \dfrac{r_2'}{s}\right)^2 + (x_1 + x_2')^2}$$

여기서, m_1 : 1차측상수, P_2 : 동기와트로 표시한 토크

여기서, m_1, V_1, r_1, x_1 및 x_2' 는 일정하므로 τ_s 는 $\dfrac{r_2'}{s}$ 의 변화에 따른 함수가 되므로 r_2'가 변화할 때 s를 변화되어야(r_2'를 m배 함과 동시에 s가 m배가 되면) τ_s 는 변화하지 않는다. 비례추이란 2차 회로에 저항을 변화시키면 2차 합성저항에 비례해서 토크 곡선이 그림 8 과 같이 변화하게 되는데 이를(proportional shifting) 라고 한다.

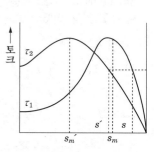

그림 8 비례추이

$$\frac{r_2'}{s} = \frac{m r_2'}{m s}$$

선형 유도전동기와 같이 2차 회로 저항을 자유롭게 가감할 수 있는 것에서는 비례추이에 의하여 기동 토크도 크게 향상시킬 수 있고 속도제어에도 응용할 수 있다.

비례추이를 하면

- 2차 저항 r_2'를 변화해도 최대 토크는 변하지 않는다.
- r_2'를 크게 하면 최대토크 발생 슬립 s_m도 커진다.
- r_2'를 크게 하면 기동 전류는 감소하고 기동 토크는 증가한다.

비례추이를 하는 제량 다음과 같다.

- 토크 τ
- 1차 전류 I_1
- 2차 전류 I_2
- 역률 $\cos\theta$
- 1차 입력 P_1

예제문제 21

유도 전동기의 토크 속도 곡선이 비례 추이(proportional shifting)한다는 것은 그 곡선이 무엇에 비례해서 이동하는 것을 말하는가?

① 슬립   ② 회전수
③ 공급 전압   ④ 2차 합성 저항

해설
비례 추이 : 권선형 유도 전동기에서 2차 저항이 증가하면 토크 곡선 등이 슬립이 증가하는 방향으로 2차 저항에 비례하며 이동한다. 즉 같은 토크에서 2차 저항과 슬립은 비례하게 되는데 이것을 비례 추이라 한다.

답 : ④

예제문제 22

3상 권선형 유도 전동기의 2차 회로에 저항을 삽입하는 목적이 아닌 것은?

① 속도는 줄어지지만 최대 토크를 크게 하기 위하여
② 속도 제어를 하기 위하여
③ 기동 토크를 크게 하기 위하여
④ 기동 전류를 줄이기 위하여

해설
비례 추이를 하면
① 2차 저항 r_2'를 변화해도 최대 토크는 변하지 않는다.
② r_2'를 크게 하면 s_m도 커진다.
③ r_2'를 크게 하면 기동 전류는 감소하고 기동 토크는 증가한다.

답 : ①

예제문제 23

비례 추이와 관계가 있는 전동기는?

① 동기 전동기

② 3상 유도 전동기

③ 단상 유도 전동기

④ 정류자 전동기

해설

3상 권선형 유도 전동기에서 비례 추이를 이용하여 기동과 속도 제어를 한다.

답 : ②

예제문제 24

유도 전동기 토크 특성 곡선에서 2차 저항이 최대인 것은?

① ④

② ③

③ ②

④ ①

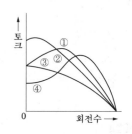

해설

비례 추이 : 저항이 클수록 최대 토크를 발생하는 슬립점이 점점 왼쪽으로 이동한다.

답 : ②

예제문제 25

권선형 유도 전동기에서 2차 저항을 변화시켜 속도를 제어하는 경우 최대 토크는?

① 최대 토크가 생기는 점의 슬립에 비례한다.

② 최대 토크가 생기는 점의 슬립에 반비례한다.

③ 2차 저항에만 비례한다.

④ 항상 일정하다.

해설

비례 추이를 하면

① 2차 저항 r_2'를 변화해도 최대 토크는 변하지 않는다.

② r_2'를 크게 하면 s_m도 커진다.

③ r_2'를 크게 하면 기동 전류는 감소하고 기동 토크는 증가한다.

답 : ④

3상 유도 전동기에서 2차측 저항을 2배로 하면 그 최대 토크는 몇 배로 되는가?

① 2배

② $\sqrt{2}$ 배

③ 1/2배

④ 변하지 않는다.

해설
최대 토크는 2차 저항에 무관하며 최대 토크를 발생하는 슬립만 2차 저항에 비례한다.

답 : ④

5.3 최대토크

$$\tau_s = P_2 = \frac{m_1 V_1^2 \dfrac{r_2'}{s}}{\left(r_1 + \dfrac{r_2'}{s}\right)^2 + (x_1 + x_2')^2}$$

최대토크 조건을 구하기 위해

$$\frac{d\tau_s}{ds} = 0$$

놓으면 최대토크 발생슬립은

$$s_m = \frac{r_2'}{\sqrt{r_1^2 + (x_1 + x_2')^2}}$$

이므로 최대 토크는

$$\tau_{sm} = \frac{m_1 V_1^2}{2\left[r_1 + \sqrt{r_1^2 + (x_1 + x_2')^2}\right]}$$

가 된다. 여기서 전동기 회전자에 적당한 저항을 넣으면 기동시 최대 토크를 발생시킬 수 있고 기동저항 R_2 (고정자측에서 환산한 R_2')라 하면 기동시에는 $s = 1$이 되므로 다음과 같은 식이 된다.

$$\frac{r_2'}{s_m} = \frac{r_2' + R_2'}{1}$$

$$\therefore \frac{r_2'}{s_m} = \frac{r_2' + R_2}{1}$$

최대토크 발생슬립 s_m을 대입하면

$$r_2' + R_2' = \sqrt{r_1^2 + (x_1 + x_2')^2}$$

$$\therefore R_2' = \sqrt{r_1^2 + (x_1 + x_2')^2} - r_2'$$

예제문제 27

1차(고정자측) 1상당 저항이 r_1 [Ω], 리액턴스 x_1 [Ω]이고 1차에 환산한 2차측(회전자측) 1상당 저항은 r_2' [Ω], 리액턴스 x_2' [Ω]이 되는 권선형 유도 전동기가 있다. 2차 회로는 Y로 접속되어 있으며, 비례 추이를 이용하여 최대 토크로 기동시키려고 하면 2차에 1상당 얼마의 외부 저항(1차에 환산한 값)을 연결하면 되는가?

① $\dfrac{r_2'}{\sqrt{r_1^2 + (x_1 + x_2')^2}}$

② $\sqrt{r_1^2 + (x_1 + x_2')^2} - r_2'$

③ $\sqrt{(r_1 + r_2')^2 + (x_1 + x_2')^2}$

④ $\sqrt{r_1^2 + (x_1 + x_2)^2} + r_2'$

해설

최대토크 발생슬립 : $s_t = \dfrac{r_2'}{\sqrt{r_1^2 + (x_1 + x_2')^2}}$

최대토크 : $T_m = \dfrac{m_1 V_1^2}{2r_1 + \sqrt{r_1^2 + (x_1 + x_2')^2}}$

기동시에는 $s = 1$이므로, 기동 저항을 R_s'라고 하면 $\dfrac{r_2'}{s_t} = \dfrac{r_2' + R_s'}{s}$

$\therefore \dfrac{r_2'}{s_t} = \dfrac{r_2' + R_s'}{1}$ 에서 $r_2' + R_s' = \sqrt{r_1^2 + (x_1 + x_2')^2}$

$\therefore R_s' = \sqrt{r_1^2 + (x_1 + x_2')^2} - r_2'$

답 : ②

예제문제 28

슬립 s_t에서 최대 토크를 발생하는 3상 유도 전동기에서 2차 1상의 저항을 r_2라 하면 최대 토크로 기동하기 위한 2차 1상의 외부로부터 가해 주어야 할 저항은?

① $\dfrac{1 - s_t}{s_t} r_2$

② $\dfrac{1 + s_t}{s_t} r_2$

③ $\dfrac{r_2}{1 - s_t}$

④ $\dfrac{r_2}{s_t}$

해설

기동시의 슬립과 2차 저항을 s_s, r_{2s}, 저항을 접속하지 않았을 때의 것을 s_t, r_2 인 경우

$\dfrac{r_2}{s_t} = \dfrac{r_{2s}}{s_s}$

기동시 $s_s = 1$에서 전부하 토크를 발생시키는 데 필요한 외부 저항 R은

$\dfrac{r_2}{s_t} = \dfrac{r_2 + R}{1}$ 에서 $R = \dfrac{r_2}{s_t} - r_2 = \dfrac{1 - s_t}{s_t} r_2$

답 : ①

예제문제 29

4극 60 [Hz]인 3상 유도 전동기가 있다. 2차 1상의 저항이 0.01 [Ω], $s = 1$일 때 2차 1상의 리액턴스가 0.04 [Ω]이라면 이 전동기는 몇 [rpm]에서 최대 토크가 발생하겠는가?

① 1,300　　　　② 1,350　　　　③ 1,400　　　　④ 1,450

해설

최대 토크를 발생하는 슬립 : $s_t = \dfrac{r_2{}'}{\sqrt{r_1^2 + (x_1 + x_2{}')^2}} \fallingdotseq \dfrac{r_2}{x_2} = \dfrac{0.01}{0.04} = 0.25$

$\therefore N_t = (1 - s_t)N_s = (1 - 0.25) \times \dfrac{120 \times 60}{4} = 0.75 \times 1,800 = 1,350 \,[\text{rpm}]$

답 : ②

예제문제 30

전부하 슬립 2 [%], 1상의 저항이 0.1 [Ω]인 3상 권선형 유도 전동기의 슬립링을 거쳐서 2차의 외부에 저항을 삽입하여 그 기동 토크를 전부하 토크와 같게 하고자 한다. 이 저항값[Ω]은?

① 5.0　　　　② 4.9　　　　③ 4.8　　　　④ 4.7

해설

기동시 $s' = 1$에서 전부하 토크를 발생시키는 데 필요한 외부 저항 R은

$\dfrac{r_2}{s} = \dfrac{r_2 + R}{s'}$ 에서 $\dfrac{0.1}{0.02} = \dfrac{0.1 + R}{1}$

$\therefore R = \dfrac{0.1}{0.02} - 0.1 = 4.9 \,[\Omega]$

답 : ②

예제문제 31

3상 권선형 유도 전동기(4극 60 [Hz])의 전부하 회전수가 1,746 [rpm]일 때 전부하 토크와 같은 크기로 기동시키려면 회전자 회로의 각 상에 삽입할 저항[Ω]의 크기는? 단, 회전자 1상의 저항은 0.06 [Ω]이다.

① 2.42　　　　② 1.94　　　　③ 0.94　　　　④ 1.46

해설

동기속도 : $N_s = \dfrac{120f}{p} = \dfrac{120 \times 60}{4} = 1,800 \,[\text{rpm}]$

슬립 : $s = \dfrac{N_s - N}{N_s} = \dfrac{1,800 - 1,746}{1,800} = 0.03$

비례 추이의 원리 : $\dfrac{r_2{}'}{s} = \dfrac{r_2{}' + R}{s}$ 에서 $R = \dfrac{s'}{s}r_2{}' - r_2{}' = r_2{}'\left(\dfrac{1}{s} - 1\right) = 0.06\left(\dfrac{1}{0.03} - 1\right) = 1.94 \,[\Omega]$

답 : ②

6. 원선도

유도 전동기의 실부하 시험을 하지 않고서도 유도 전동기에 대한 간단한 시험의 결과 로부터 전동기의 특성을 쉽게 구 할 수 있도록 한 것으로, 유도 전동기의 1차 부하 전류의 벡터의 자취가 항상 반 원주 위에 있는 것을 이용하여, 간이 등가 회로의 해석 에 이용한 것을 헤일랜드(Heyland circle diagram) 원선도라 한다.

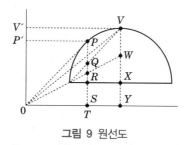

그림 9 원선도

원선도를 작성하기 위해서는 여러 가지 정수가 측정되어야 하며 다음 시험법에 의해 측정한다.

• 무부하 시험(개방시험) : 철손, 여자전류, 여자 어드미턴스
• 구속시험(단락시험) : 동손, 단락전류
• 저항 측정시험 : 전압강하법으로 측정

그림 9에서 다음과 같은 내용을 구할 수 있다.

$$역률 \ \cos\theta = \frac{\overline{OP'}}{\overline{OP}}$$

$$슬립 \ s = \frac{P_{c2}}{P_2} = \frac{\overline{QR}}{\overline{PR}}$$

$$효율 \ \eta = \frac{P_0}{P_1} = \frac{\overline{PQ}}{\overline{PT}}$$

$$2차 \ 효율 \ \eta_2 = \frac{P_0}{P_2} = \frac{\overline{PQ}}{\overline{PR}}$$

예제문제 32

유도 전동기의 원선도에서 구할 수 없는 것은?

① 1차 입력　　　② 1차 동손　　　③ 동기 와트　　　④ 기계적 출력

해설
원선도에서는 기계적 동력이 구해진다. 출력은 기계적 동력에서 기계적 손실을 빼야 한다.

답 : ④

3상 유도 전동기의 원선도를 그리는 데 **옳지 않은** 시험은?

① 저항 측정　　　② 무부하 시험　　　③ 구속 시험　　　④ 슬립 측정

해설

슬립 : 원선도 상에서 구할 수 있다.

답 : ④

그림과 같은 3상 유도 전동기의 원선도에서 P 점과 같은 부하 상태로 운전할 때 2차 효율은?

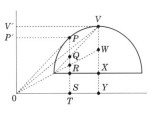

① $\dfrac{PQ}{PR}$　　　② $\dfrac{PQ}{PT}$

③ $\dfrac{PR}{PT}$　　　④ $\dfrac{PR}{PS}$

해설

2차 효율 : $\eta_2 = \dfrac{P}{P_2} = \dfrac{PQ}{PR}$

답 : ①

다음은 3상 유도 전동기 원선도이다. 역률[%]은 얼마인가?

① $\dfrac{OS'}{OS} \times 100$　　　② $\dfrac{SS'}{OS} \times 100$

③ $\dfrac{OP'}{OP} \times 100$　　　④ $\dfrac{OS'}{OP} \times 100$

해설

역률 : $\cos\theta_2 = \dfrac{OP'}{OP} \times 100$

답 : ③

7. 기동법

3상 유도전동기의 기동전류는 정격전류의 약 3~7배 정도이다. 이것은 정지시에 시스템이 가지는 관성(Inertia)를 극복할 수 있도록 충분히 전동기를 자화시키는데 필요한 에너지가 크기 때문이다. 기동시 회로로부터 큰 전류를 끌어냄으로써, 전압강하(Voltage drop), 과도현상(High transient), 그리고 어떤 경우에는 알지 못하는 전동기

정지(Uncontrolled shutdown) 등을 일으킨다. 높은 기동전류는 권선이나 회전자 Bar, 부하기기, 그리고 전동기 자체(Foundation)에 기계적 충격(Stress)를 가하게 된다. 이러한 부정적 영향들을 줄이기 위한 목적으로 여러 가지 기동방법을 사용한다. 기동방식 선정시에는 부하기기, 전동기 그리고 전원회로(Power network)등을 고려하여야 하며, 구체적으로는 아래의 사항들을 고려하여야 한다.

- 기동시 전압 강하
- 기동시 필요한 가속토크
- 필요한 기동시간

용량이 작은 소형 3상 유도전동기는 특별한 기동장치가 필요 없으며, 전압을 감압하지 않고 전전압을 가하는 방법으로, 전원만 투입하면 기동한다. 그러나 용량이 증가하면 기동전류가 증가하기 때문에 기동전류를 줄여야 한다. 기동전류를 줄이기 위해서는 유도전동기에 가하는 전원전압을 줄여 기동 하는데, 이것을 감압기동이라 한다.

감압의 방법에는 △로 결선되어 운전하는 회전자를 Y로 변경하여 전압을 $1/\sqrt{3}$ 배로 가하는 방법, 리액터를 연결하여 전압강하를 이용하는 방법, 단권변압기를 이용하는 방법등 여러 가지 방법이 있다. 이 경우 기동전류는 단자전압에 비례하고 기동토크는 단자전압에 2승이 비례함으로 기동시 소요되는 토크를 검토하여 기동전압을 결정해야 한다.

다음 표 1은 유도전동기의 기동방법을 나타낸 것이다.

표 1 기동방식의 종류 비교

구분	전전압 직입기동	감압기동			
		스타델타기동 (오픈트랜지션)	스타델타기동 (클로즈드트랜지션)	리액터기동	콘돌퍼기동
회로 구성	MCB MC OLR	MCB OLR MCD MCS1	MCB OLR MCM R MCD MCS2 MCS1	MCR 리액터 MCS OLR MCR 리액터탭 50-60-70-80-90%	MCR OLR MCB MCN MCS A.T. 단권T,탭 50-65-80%
전류 특성 (선로 전류) %α	I_S	$I_1 = I_S \times \dfrac{1}{3}$	$I_1 = I_S \times \dfrac{1}{3}$	$I_2 = I_2 \times \dfrac{V}{V}$	$I_3 = I_S \times \left(\dfrac{V}{V}\right)^2$
	100%	33.3%	33.3%	50-60-70 -80-90%	64-42-25%

구분	전전압 직입기동	감압기동			
		스타델타기동 (오픈트랜지션)	스타델타기동 (클로즈드트랜지션)	리액터기동	콘돌퍼기동
토크 특성 %β	T_S	$T_1 = T_S \times \dfrac{1}{3}$	$T_1 = T_S \times \dfrac{1}{3}$	$T_2 = T_S \times \left(\dfrac{V'}{V}\right)^2$	$T_3 = T_S \times \left(\dfrac{V'}{V}\right)^2$
	100	33.3	33.3	25-36-49-64 -81	64-42-24
가속성	가속토크 가장 큼 기동시의 쇼크 큼	토크증가 작음 최대토크 작음	토크증가 작음 최대토크 작음 델타전환시의 쇼크 작음	토크증가 큼 최대토크 가장큼 원활한 가속	토크증가 약간 작음 최대토크 약간 작음 원활한 가속
가 격	저렴	감압기동에서는 가장 저렴	오픈트랜지션보다 약간 고가	약간 고가	고가

7.1 전전압 기동(직입기동)

1차측 유도 전동기 단자에 직접 전압을 인가하여 기동하는 방법이다. 소용량 전동기에 적합하며, 별도의 기동장치를 가지고 있지 않는다. 기동전류는 전부하 전류의 약 6~7배, 기동토크는 1~2배 정도로 된다. 전전압 기동법은 가장 간단한 방법의 기동법이며, 전원용량에 따라 전압강하로 인한 다른기기의 영향을 주며, 필요 이상의 토크가 갑자기 전동기에 가해짐으로 전동기에도 충격을 주는 단답이 있다.

7.2 Y-△ 기동법

유도전동기 1차측을 Y결선 기동하여 충분히 가속한 다음 △결선으로 변경하여 운전하는 방식이다. 전동기 1차 권선은 각상의 양단의 단자가 필요하여 6개의 단자가 있으며, Y는 △결선시 보다 전압이 $1/\sqrt{3}$ 배가 되며 토크는 1/3배가 된다. 기동전류도 1/3배가 된다.

Y-△ 기동법은 주로 5.5kW~35kW의 농형유도전동기에 사용된다.

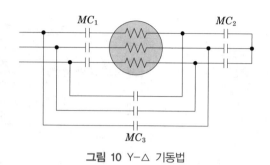

그림 10 Y-△ 기동법

예제문제 **36**

유도 전동기의 1차 접속을 △에서 Y로 바꾸면 기동시의 1차 전류는?

① $\frac{1}{3}$로 감소　　② $\frac{1}{\sqrt{3}}$로 감소　　③ $\sqrt{3}$ 배로 증가　　④ 3배로 증가

해설

Y결선의 경우 선전류 : $I_Y = \frac{V}{\sqrt{3}\,Z}$

△결선의 경우 선전류 : $I_\triangle = \frac{\sqrt{3}\,V}{Z}$

$\therefore \dfrac{I_Y}{I_\triangle} = \dfrac{\frac{V}{\sqrt{3}\,Z}}{\frac{\sqrt{3}\,V}{Z}} = \dfrac{1}{3}$ 이므로 $I_Y = \dfrac{1}{3}I_\triangle$

△에서 Y로 바꾸면 권선 내의 전류는 1/3이 된다.

답 : ①

예제문제 **37**

유도 전동기의 기동에서 Y-△ 기동은 대략 몇 [kW] 범위의 전동기에서 이용되는가?

① 5 [kW] 이하　　　　　　② 5~15 [kW] 정도
③ 15 [kW] 이상　　　　　　④ 용량에 관계없이 이용이 가능하다.

해설
Y-△ 기동 : 일반적으로 5~15 [kW] 범위의 전동기의 기동에 적용된다.

답 : ②

7.3 리액터 기동법

전동기 1차측에 리액터를 직렬로 연결하여 리액터에 의한 전압강하에 의해 전동기 단자전압을 저하시켜 기동하고, 충분히 가속하여 리액터를 단락시켜 운전하는 방식이다. 주로 22kW 이상의 전동기에 사용된다. 리액터 탭은 50-60-70-80-90[%]이며, 기동토크는 25-36-49-64-81[%]이다.

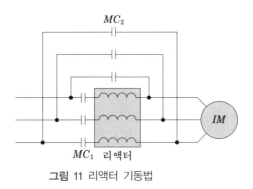

그림 11 리액터 기동법

7.4 기동보상기법

전동기 1차측에 단권변압기를 연결하여 전압을 감압하여 기동하는 방식으로 기동시
단권변압기를 연결하여 감압 기동한 다음 단권변압기 탭을 순차적으로 변경 하면서
충분히 가속후 단권변압기를 통해 전전압을 가하는 방식이다.

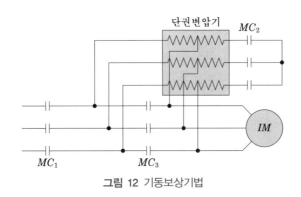

그림 12 기동보상기법

예제문제 38

유도 전동기 기동 보상기의 탭 전압으로 보통 사용되지 않는 전압은 정격 전압의 몇 [%] 정
도인가?

① 35 [%]   ② 50 [%]   ③ 65 [%]   ④ 80 [%]

해설
기동 보상기의 탭 : 보통 50, 60, 80 [%]을 용도에 따라 선택하여 사용한다.

답 : ①

7.5 콘도르퍼 기동

기동보상기법을 이용하는 경우 감압기동에서 전전압으로 변경하는 경우 과도전류가
크게 흐른다. 이것을 방지하기 위해 콘도르퍼 기동법을 적용한다.

콘도르퍼 기동법은 기동보상기로 기동후 리액터기동하여 전전압을 인가하는 방식이다.

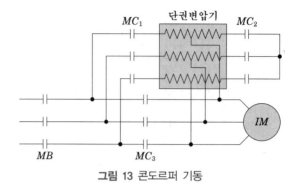

그림 13 콘도르퍼 기동

MC_1, MC_2를 투입하여 기동한 후 MC_2를 소자한다. 그후 MC_3를 투입하여 기동보상기를 단락한후 MC_1을 개방하여 최종 운전에 이른다.

7.6 직렬임피던스 기동

이 방법은 유도전동기 1차측에 직렬로 임피던스를 삽입하여 기동전류를 제한하는 방법이다. 임피던스를 사용하는 경우 1차 직렬임피던스 기동법이라 한다. 저항을 사용하는 경우는 1차 직렬 저항기동법이라 한다.

1상에 임피던스만 삽입하는 경우는 크셔기동법 이라 한다. 최근에는 임피던스 대신 사이리스터를 사용하여 기동전류를 제한하는 트라이액 크셔 기동법도 있다.

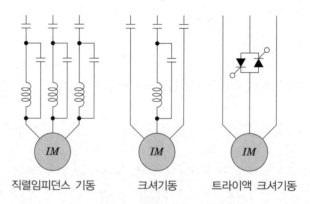

그림 14 직렬임피던스 기동법

7.7 2차 저항 기동법

권선형 유도전동기에 적용되는 방법으로 2차 회전자 슬립링을 통하여 2차 저항을 연결한 다음 저항값을 조정하여 기동전류를 줄이고 기동토크를 크게하여 기동하는 방법이다. 이 방법은 유도전동기의 특성인 비례추이를[1] 이용한다.

이 경우 기동전류는 정격전류의 1～1.5배 정도 흐르며, 2차에 삽입하는 저항은 금속 저항기가 사용되고, 대형의 경우는 액체 저항기가 사용되기도 한다.

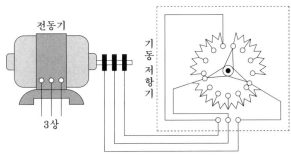

그림 15 2차 저항 기동법

7.8 2차 임피던스 기동법

권선형 유도전동기에 적용되는 방법으로 2차 저항과 함께 인덕턴스를 병렬로 접속하는 방법이다. 기동 초기에는 주파수가 높아서 전류는 저항에 흐르게 되며, 큰 기동 토크로 기동하고, 속도가 상승하면 주파수가 낮아져서 인덕턴스로 전류가 흐르고 정상운전이 되면 인덕턴스는 단락상태가 된다.

7.9 유연기동(Soft Start)법

인버터를 이용하여 전동기를 기동하는 방법으로 기동전류를 0에서부터 시작할 수 있다. 기동전류로 인하여 타 기기에 영향을 주지 않는 방법으로 기동과 속도 제어까지 할 수 있어 최근에 많이 사용되는 방법이다.

인버터가 고조파를 발생함으로 고조파에 대한 영향이 있으며, 인버터가 고가인 단점이 있다.

예제문제 39

> **농형 유도 전동기의 기동에 있어 다음 중 옳지 않은 방법은?**
>
> ① Y-△ 기동   ② 2차 저항에 의한 기동
> ③ 전 전압 기동   ④ 단권 변압기에 의한 기동
>
> 해설
> 2차 저항에 의한 기동법 : 권선형 유도 전동기에 적용된다.
>
> 답 : ②

---

[1] 비례추이 : 2차 합성저항에 비례해서 토크 특성곡선, 전류 특성곡선이 이동하는 것을 말한다.

예제문제 **40**

전압 440 [V]에서의 기동 토크가 전부하 토크의 212 [%]인 3상 유도 전동기가 있다. 기동 토크가 100 [%]되는 부하에 대해서는 기동 보상기로 전압[V]을 얼마 공급하면 되는가?

① 약 300　　　② 약 250　　　③ 약 210　　　④ 약 180

해설
토크 : $T \propto V^2$

$$\therefore \left(\frac{V_x}{440}\right)^2 = \frac{100}{212} \text{에서 } V_x = 440 \times \sqrt{\frac{100}{212}} = 440 \times 0.687 = 302.3 \fallingdotseq 300 \text{ [V]}$$

답 : ①

8. 이상 기동현상

8.1 크로울링 현상 (crawling phenomena)

크로울링 현상은 소용량 농형 유도전동기에서 많이 발생된다. 회전자 권선을 감는 방법과 슬롯수가 적당하지 못하면 토크-속도 곡선이 그림 16과 같이 맥동을 하며 왼쪽부분에 요철이 생기며 고조파 회전자계가 발생하여 안정된 운전을 하지 못하게 되며 정규속도에 이르기 전의 낮은 속도에서 안정되어 버리는 현상을 차동기 운전현상(crawling phenomena)이라 한다.

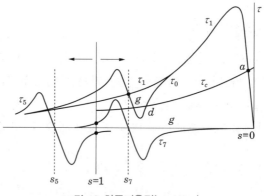

그림 **16** 차동기운전(crawling)

8.2 게르게스 현상(Görges phenomena)

권선형 유도전동기의 3단자 중 1단자가 고장 단선된 경우에 회전자는 단상 회전자가 되고 2차회로는 단상전류로 교번 자계를 만들게 되며 자계의 방향은 정상 및 역상의 회전자계로 분해될 수 있다.

여기서 정상은 문제가 없으나 역상은

$$- s N_0 + (1 - s) N_0 = (1 - 2s) N_0 \text{ [rpm]}$$

으로 회전한다 즉, 회전자를 1차, 고정자측을 2차로 보면 이 역상 토크가 $s = 0.5$에서 0, $s > 0.5$는 전동기 토크, $s < 0.5$에서는 발전기 토크가 발생하여 T는 T_+와 T_-의 합이 되며 $s = 0.5$ 부분에서 그림 17과 같이 함몰이 생겨서 회전자는 동기 속도의 50[%] 이상 가속하지 않게 되는 것을 게르게스 현상(Görges phenomena)이라고 한다.

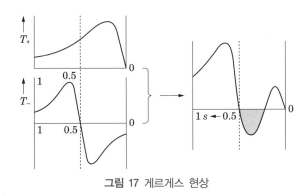

그림 17 게르게스 현상

예제문제 **41**

유도 전동기에서 게르게스(Görges) 현상이 생기는 슬립은 대략 얼마인가?

① 0.25 　　　 ② 0.5 　　　 ③ 0.7 　　　 ④ 0.8

해설
게르게스 현상 : 3상 유도 전동기의 2차 회로 중 1선이 단선된 경우에 약간의 과부하 상태에서도 슬립 $S = 0.5$ 부근에서 가속되지 않는 현상을 말한다.

답 : ②

예제문제 **42**

크로우링 현상은 다음의 어느 것에서 일어나는가?

① 농형 유도 전동기 　　　 ② 직류 직권 전동기
③ 회전 변류기 　　　 ④ 3상 변압기

해설
크로우링 현상 : 유도 전동기에 있어서 정지 상태로부터 동기 속도의 수분의 1인 저속도까지 가속하고, 그 이상은 가속하지 않는 상태를 말한다.

답 : ①

예제문제 **43**

소형 유도 전동기의 슬롯을 사구(skew slot)로 하는 이유는?

① 토크 증가 ② 게르게스 현상의 방지

③ 크로우링 현상의 방지 ④ 제동 토크의 증가

해설

사구(斜構, skewed slot) : 크로우링 현상을 경감시키기 위해서 회전자의 슬롯을 고정자 또는 회전자의 1슬롯 피치 정도 축방향에 대해서 경사시킨 슬롯을 사구라 한다.

답 : ③

9. 속도제어

유도 전동기의 속도제어는 극수, 주파수, 슬립 등에 의해 속도제어를 할 수 있다. 권선형 유도 전동기의 경우는 비례추이를 이용하는 2차 저항법으로 제어할 수 있다.

예제문제 **44**

유도 전동기의 속도 제어법 중 저항 제어와 무관한 것은?

① 농형 유도 전동기 ② 비례 추이

③ 속도 제어가 간단하고 원활함 ④ 속도 조정 범위가 적다.

해설

• 농형 유도 전동기의 속도 제어법

① 주파수 제어법 ② 극수 제어법 ③ 전원 전압 제어법

• 권선형 유도 전동기의 속도 제어법

① 2차 저항법 ② 2차 여자법

답 : ①

예제문제 **45**

유도 전동기의 속도 제어법이 아닌 것은?

① 2차 저항법 ② 2차 여자법

③ 1차 저항법 ④ 주파수 제어법

해설

• 농형 유도 전동기의 속도 제어법

① 주파수 제어법 ② 극수 제어법 ③ 전원 전압 제어법

• 권선형 유도 전동기의 속도 제어법

① 2차 저항법 ② 2차 여자법

답 : ③

예제문제 **46**

다음 중 농형 유도 전동기에 주로 사용되는 속도 제어법은?

① 저항 제어법   ② 2차 여자법
③ 종속 접속법(concatenation)   ④ 극수 변환법

해설
• 농형 유도 전동기의 속도 제어법
  ① 주파수 제어법   ② 극수 제어법   ③ 전원 전압 제어법
• 권선형 유도 전동기의 속도 제어법
  ① 2차 저항법   ② 2차 여자법

답 : ④

9.1 극수변압법

$$N = \frac{120f}{P}(1-s) \text{ rpm}$$

상기 식에서 알 수 있듯이 전동기의 속도는 극수에 반비례한다. 극수를 바꾸어 주는 방법으로 속도를 제어할 수 있다.

9.2 전원 주파수 제어법

인버터로 주파수를 변환하여 회전속도를 제어하는 방법이다. 전동기에서 회전자계의 자속은 1차 전압에 비례하고 주파수가 반비례하기 때문에 주파수를 바꾸어 속도제어 하는 경우 전압을 일정하게 유지 하면서 주파수가 감소하는데 따라 자속이 증가한다. 토크는 주파수가 작아질 경우 커진다. 따라서, 자속을 일정하게 유지하기 위해서는 주파수를 감소시킬 때 전압도 함께 감소시켜야 한다. 즉, 전압과 주파수를 동시에 변화시켜 V/f를 일정하게 하여야 한다.
결국 주파수 변환에 의한 속도제어를 원활하게 하기 위해서는 주파수와 전압을 동시에 변화시키는데 이를 VVVF(Variable Voltage Variable Frequency) 제어라고 한다.

9.3 1차 전압제어

유도전동기의 토크는 인가된 전압의 제곱에 비례한다. 따라서 1차 전압을 변화시키면 토크 슬립곡선이 변화되어 속도가 감소하게 된다.

9.4 2차 저항제어

비례추이는 권선형 유도전동기 2차 회전자에 저항을 삽입하여 저항을 m배를 하면 슬립도 m배가 되며 이것으로 속도가 감소한다. 비례추이를 할 경우 최대토크의 크기는 변하지 않으나 최대토크를 발생하는 슬립만 변한다. 이러한 원리를 이용하여 속도제어를 할 수 있다. 2차 회로의 저항을 삽입함으로 간단하게 속도제어를 할 수 있으나 2차 저항에 의한 손실이 발생하는 결점이 있다.

예제문제 47

> **권선형 유도 전동기의 저항 제어법의 장점은?**
>
> ① 부하에 대한 속도 변동이 크다.
> ② 구조가 간단하며 제어 조작이 용이하다.
> ③ 역률이 좋고 운전 효율이 양호하다.
> ④ 전부하로 장시간 운전하여도 온도 상승이 적다.
>
> **해설**
> 권선형 유도 전동기의 저항 제어법
> • 장점
> ① 기동용 저항기를 겸한다.
> ② 구조가 간단하여 제어 조작이 용이하고 내구성이 좋다.
> • 단점
> ① 속도 변화의 [%]와 같은 [%]의 효율을 희생하기 때문에 운전 효율이 나쁘다.
>   2차 회로의 효율 $\eta_2 = P/P_2 = (1-s)$
> ② 부하에 대한 속도 변동이 크다.
> ③ 부하가 적을 때는 광범위한 속도 조정이 곤란하다.
> ④ 제어용 저항은 전부하에서 장시간 운전해도 위험한 온도가 되지 않을 만큼의 충분한 크기가 필요하여 가격이 비싸다.
>
> **답 : ②**

9.5 2차 여자제어

$$I_2 = \frac{sE_2}{\sqrt{r_2^2 + (sx_2)^2}}$$

위 식에서 알 수 있는 것과 같이 유도전동기 2차 전류는 2차 임피던스에 의해 결정된다. 즉, 2차 기전력에 2차 전류가 비례함으로 2차 기전력 sE_2와 같은 주파수를 갖는 전압 E_c를 가하여 2차 전류의 크기를 제어하여 속도제어 한다. 2차 기전력과 같은 주파수를 갖는 전압을 슬립주파수 전압이라 한다.

$$I_2 = \frac{sE_2 - E_c}{\sqrt{r_2^2 + (sx_2)^2}}$$

슬립주파수 전압이 커지면 2차 전류가 감소하며, 이로 인하여 토크가 감소하고, 회전 속도가 감소하며, 슬립이 커진다. 따라서, sE_2가 커짐으로 결국 I_2는 일정하게 된다. 즉, 슬립주파수 전압을 크게 하면 슬립이 증가하여 속도가 감소하고, 반대로 슬립주파수 전압을 작게 하면 슬립이 감소하여 속도가 증가한다.

$$N = N_s(1 - s) \; \text{rpm}$$

예제문제 48

3상 권선형 유도 전동기의 속도 제어를 위해서 2차 여자법을 사용하고자 할 때 그 방법은?

① 1차 권선에 가해 주는 전압과 동일한 전압을 회전자에 가한다.
② 직류 전압을 3상 일괄해서 회전자에 가한다.
③ 회전자 기전력과 같은 주파수의 전압을 회전자에게 가한다.
④ 회전자에 저항을 넣어 그 값을 변화시킨다.

해설
2차 여자법 : 2차 주파수 sf 와 같은 주파수의 전압을 발생시켜 슬립링을 통하여 회전자 권선에 공급하여 s를 변환시키는 방법을 말한다.

답 : ③

예제문제 49

다음 그림의 sE_2는 권선형 3상 유도 전동기의 2차 유기 전압이고 E_c는 2차 여자법에 의한 속도 제어를 하기 위하여 외부에서 회전자 슬립에 가한 슬립 주파수의 전압이다. 여기서 E_c의 작용 중 옳은 것은?

① 역률을 향상시킨다.　　　② 속도를 강하게 한다.
③ 속도를 상승하게 한다.　　④ 역률과 속도를 떨어뜨린다.

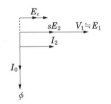

해설
2차 여자법에서 슬립 주파수의 전압을 2차 유기 전압과 같은 방향으로 가하면 속도가 상승하고, 반대 방향으로 가하면 속도가 감소한다.

답 : ③

9.6 종속법

유도전동기의 속도제어 방식 중 종속법은 권선형에 해당하며, 속도제어는 직렬종속법, 병렬종속법, 차동종속 등 3가지 방식에 의해 속도제어를 할 수 있다.

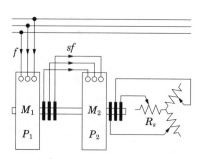

직렬종속 : $N = \dfrac{120f}{P_1 + P_2}$ [rpm]

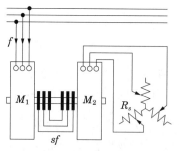

차동종속 : $N = \dfrac{120f}{P_1 - P_2}$ [rpm]

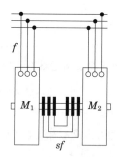

병렬종속 : $N = \dfrac{2 \times 120f}{P_1 + P_2}$ [rpm]

그림 18 종속법

예제문제 50

60 [Hz]인 3상 8극 및 2극의 유도 전동기를 차동 종속으로 접속하여 운전할 때의 무부하 속도[rpm]는?

① 3,600   ② 1,200   ③ 900   ④ 720

해설

직렬 종속 : $N = \dfrac{2f}{p_1 + p_2}$[rps]$= \dfrac{120f}{p_1 + p_2}$ [rpm]   차동 종속 : $N = \dfrac{120f}{p_1 - p_2} = \dfrac{120 \times 60}{8 - 2} = 1,200$ [rpm]

<u>답 : ②</u>

예제문제 51

권선형 유도 전동기 2대를 직렬 종속으로 운전하는 경우 그 동기 속도는 어떤 전동기의 속도와 같은가?

① 두 전동기 중 적은 극수를 갖는 전동기와 같은 전동기
② 두 전동기 중 많은 극수를 갖는 전동기와 같은 전동기
③ 두 전동기의 극수의 합과 같은 극수를 갖는 전동기
④ 두 전동기의 극수의 차와 같은 극수를 갖는 전동기

해설

직렬 종속법 : $N_s = \dfrac{120f}{p_1 + p_2}$

<u>답 : ③</u>

10. 특수유도기

10.1 2중 농형 유도 전동기

보통 농형 유도 전동기에 비해 기동전류는 적고 기동 토크는 크다. 그러나 특성이 떨어진다. 2중 농형으로 되어 있는 농형 권선 중 바깥쪽 도체에는 황동, 니켈 합금과 같은 저항이 높은 도체가 사용되고 안쪽 도체에는 저항이 낮은 전기동(구리)이 사용된다.

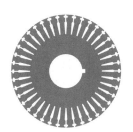 

2중 농형   심홈

그림 19 2중 농형 회전자(double cage)와 심홈 회전자

10.2 심홈 유도전동기

역률과 효율은 2중 농형 유도 전동기보다 양호하지만 기동특성은 떨어진다.

예제문제 52

> **2중 농형 전동기가 보통 농형 전동기에 비해서 다른 점은?**
>
> ① 기동 전류가 크고, 기동 토크도 크다.　② 기동 전류가 적고, 기동 토크도 적다.
> ③ 기동 전류는 적고, 기동 토크는 크다.　④ 기동 전류는 크고, 기동 토크는 적다.
>
> **해설**
> 2중 농형 유도 전동기 : 저항이 크고 리액턴스가 작은 기동용 농형 권선과 저항이 작고 리액턴스가 큰 운전용 농형 권선을 가진 것으로 보통 농형에 비하여 기동 전류가 작고 기동 토크가 크다.
>
> 답 : ③

10.3 유도발전기

- 농형 회전자를 사용할 수 있으므로 구조가 간단하고 가격이 싸다.
- 선로에 단락이 생기면 여자가 없어지므로 동기 발전기에 비해 단락전류가 적다.
- 여자기로서 동기 발전기가 필요하다.
- 동기기에 비해 공극이 매우 작으며 효율 역률이 나쁘다.

10.4 3상 유도 전압 조정기

3상 권선형 유도 전동기와 거의 같은 구조로서, 회전자 3상 권선 P를 1차, 고정자 3상 권선 S를 2차로 하여, 그림 20과 같이 1차를 Y결선으로 하여 전원에 접속하고, 2차 권선은 회로에 직렬로 접속한다.

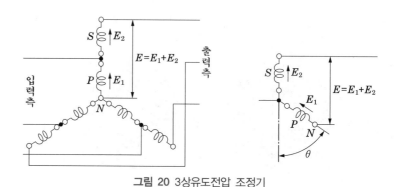

그림 20 3상유도전압 조정기

정격용량 $w = \sqrt{3}\, E_2 I_2 \times 10^{-3}\ [\text{kVA}]$

여기서, E_2 : 2차 조정전압 [V], I_2 : 2차 정격전류 [A]

11. 단상 유도전동기

단상유도 전동기는 교번자계를 전원으로 사용함으로 스스로 기동할 수 없는 특성이 있다. 따라서, 교번자계를 회전자계로 만들어 주어야 기동이 가능하다. 이러한 방법에 따라 단상 유도 전동기의 종류가 결정된다. 단상 유도전동기는 최대 토크를 발생하는 슬립 뿐만 아니라 최대 토크의 크기도 변화하는 데 단상 유도전동기의 x_2/r_2의 값을 변화시켰을 때 x_2를 일정하게 하면 r_2를 크게 함에 따라 최대 토크의 값은 감소하고 이 토크가 발생되는 슬립이 증가하게 되고 r_2를 어느 정도 이상 크게 하면 토크는 음 (−)이 되어 전동기의 회전방향과 반대로 작용하는 토크가 발생된다. 이와 같은 토크 는 3상 유도전동기에 있어서 단상 제동과 같은 역토크를 제동에 이용한 것과 같다.

11.1 세이딩 코일형(shaded-pole motor)

고정자의 주 자극 옆에 작은 돌극을 만든다. 여기에 굵은 구리선으로 수 회 정도 감아 단락시킨 구조의 전동기이다. 1차 권선에 전압이 가해지면 자극내의 교번자속에 의해 세이딩 코일에 단락전류가 흐르게 되고, 이 전류의 자속이 주자속 보다 늦게 되어 위상차가 생기며 이것으로 인해 회전자계가 만들어 지며 회전하게 된다(2회전자계설). 세이딩 코일형 전동기는 회전방향을 바꿀 수 없는 특징이 있으며, 주로 소형의 팬, 선풍기와 같은 곳에 사용된다.

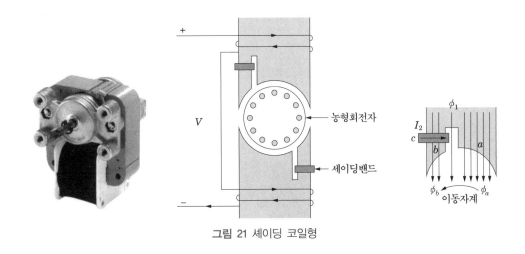

그림 21 세이딩 코일형

11.2 분상 기동형(split-phase ac induction motor)

서로 자기적인 위치를 달리하면서 병렬로 연결되어 있는 주권선과 보조 권선이 내장된 전동기를 분상 기동형 유도 전동기라 한다. 보조 권선은 기동을 담당하며, 기동시에만 연결되고, 운전이 되면 원심개폐기에 의해 개방된다. 두 권선은 리액턴스의 크기가 다르며 주권선이 리액턴스가 크고, 보조 권선이 리액턴스가 작아 위상차가 생겨 회전자계를 만들어 기동한다. 주로 1/2마력 까지 사용이 가능하며, 팬, 송풍기 등에 사용된다.

그림 22 분상 기동형

11.3 콘덴서 전동기(capacitor ac induction motor)

주권선과 보조 권선이 있으며, 보조 권선에 콘덴서가 직렬로 연결되어 있는 전동기를 콘덴서 전동기라 한다. 주권선과 보조 권선의 위상차를 콘덴서가 주어 회전자계를 만들어 기동한다. 기동토크는 분상기동형 보다 크며, 콘덴서를 설치함으로 다른 방식보다

효율과 역률이 좋고, 진동과 소음도 적다. 1[HP] 이하에 많이 사용된다. 냉장고, 세탁기, 선풍기, 펌프 등 널리 사용된다.

콘덴서 전동기의 종류에는 기동할 때만 콘덴서를 사용하는 콘덴서 기동형 전동기(capacitor starting motor), 운전 중에도 콘덴서를 사용하는 영구 콘덴서 전동기(permanent capacitor motor), 2중 콘덴서 전동기(two-value capacitor motor) 등이 있다.

콘덴서 전동기에 사용하는 콘덴서는 기동용으로는 전해콘덴서, 운전용은 유입 콘덴서를 사용한다.

그림 23 콘덴서 기동형

11.4 반발형 전동기(repulsion motor)

단상 유도 전동기의 대부분은 농형회전자를 사용 하나 반발 전동기는 회전자에 권선이 있어 권선형 단상 유도 전동기라 부르기도 한다. 반발 전동기는 고정자 권선과 회전자 권선에서 발생하는 자기장 사이의 반발력을 이용한 것으로 기동토크가 크다. 영업용 냉장고, 컴프레셔, 펌프 등에 사용된다.

예제문제 **53**

단상 유도 전동기의 기동 방법 중 가장 기동 토크가 작은 것은 어느 것인가?

① 반발 기동형　　② 반발 유도형　　③ 콘덴서 분상형　　④ 분상 기동형

해설
기동 토크가 큰 순서 : ①-②-③-④

답 : ④

예제문제 54

단상 유도 전동기의 특성은 다음과 같다. 틀린 것은?

① 무부하에서 완전히 동기 속도로 되지 않고 조금 슬립이 있다.

② 동기 속도에서는 토크가 부(-)로 된다.

③ 슬립이 1일 때 토크가 영, 즉 기동 토크가 없다.

④ 2차 저항을 바꾸어도 최대 토크에는 변화가 없다.

해설
단상 유도 전동기의 경우 2차 저항의 값이 변화할 경우 최대 토크의 발생 슬립뿐만 아니라 최대 토크까지 변한다.

답 : ④

핵심과년도문제

4·1

유도 전동기로 동기 전동기를 기동하는 경우, 유도 전동기의 극수는 동기기의 그
것보다 2극 적은 것을 사용한다. 옳은 이유는? 단, s : 슬립이다.

① 같은 극수로는 유도기는 동기 속도보다 sN_s 만큼 늦으므로
② 같은 극수로는 유도기는 동기 속도보다 $(1-s)$ 만큼 늦으므로
③ 같은 극수로는 유도기는 동기 속도보다 s 만큼 빠르므로
④ 같은 극수로는 유도기는 동기 속도보다 $(1-s)$ 만큼 빠르므로

[해설] 회전자 속도 : $N=(1-s)N_s$

동기속도 : $N_s = \dfrac{120f}{p} = sN_s + (1-s)N_s$

∴ 회전자 속도는 동기속도 보다 sN_s 만큼 떨어진다.　　　　　　　　　　【답】 ①

4·2

8극 60 [Hz], 500 [kW] 3상 유도 전동기의 전부하 슬립이 2.5 [%]라 한다. 이 때
의 회전수[rps]는?

① 877　　　　② 900　　　　③ 14.6　　　　④ 15

[해설] 회전자 속도 : $n = \dfrac{2f}{p}(1-s) = \dfrac{2 \times 60}{8} \times (1-0.025) = 14.625 [\text{rps}]$　　　　【답】 ③

4·3

그림에서 고정자가 매초 50 회전하고, 회전자가 45 회
전하고 있을 때 회전자의 도체에 유기되는 기전력의 주
파수[Hz]는?

① $f=45$　　　　② $f=95$
③ $f=5$　　　　④ $f=50$

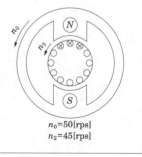

$n_0=50[\text{rps}]$
$n_2=45[\text{rps}]$

[해설] 슬립 : $s = \dfrac{n_0 - n_2}{n_0} = \dfrac{50-45}{50} = 0.1$

∴ $f_2 = sf_1 = 0.1 \times 50 = 5 [\text{Hz}]$　　　　　　　　　　　　　　　　【답】 ③

4·4

3상 유도 전동기의 1상에 200 [V]를 가하여 운전하고 있을 때 2차측의 전압을 측정하였더니 6 [V]로 나타났다. 이때의 슬립은 얼마인가?

① 0.01   ② 0.03   ③ 0.05   ④ 0.07

해설 슬립 s로 회전시 2차 유도전압 : $E_2' = sE_2$ $\therefore s = \dfrac{E_2'}{E_2} = \dfrac{6}{200} = 0.03$ 【답】②

4·5

15 [kW], 60 [Hz], 4극의 3상 유도 전동기가 있다. 전부하가 걸렸을 때의 슬립이 4 [%]라면, 이 때의 2차(회전자) 측 동손 및 2차 입력은?

① 0.4 [kW], 136 [kW]   ② 0.62 [kW], 15.6 [kW]

③ 0.06 [kW], 156 [kW]   ④ 0.8 [kW], 13.6 [kW]

해설 출력 : $P_0 = (1-s)P_2$에서 $P_2 = \dfrac{P}{1-s} = \dfrac{15}{1-0.04} = 15.625$ [kW]

$\therefore P_{c2} = sP_2 = 0.04 \times 15.625 = 0.625$ [kW]   【답】②

4·6

정격 출력이 7.5 [kW]의 3상 유도 전동기가 전부하 운전에서 2차 저항손이 300 [W]이다. 슬립은 약 몇 [%]인가?

① 18.9   ② 4.85   ③ 23.6   ④ 3.85

해설 2차 입력 : $P_2 = P + P_{c2} = 7.5 + 0.3 = 7.8$

슬립 : $s = \dfrac{P_{c2} \times 100}{P_2} = \dfrac{0.3}{7.8} \times 100 = 3.846 = 3.85$ [%]   【답】④

4·7

15 [kW] 3상 유도 전동기의 기계손이 350 [W], 전부하시의 슬립이 3 [%]이다. 전부하시의 2차 동손[W]은?

① 395   ② 411   ③ 475   ④ 524

해설 $P_2 : P : P_{c2} = 1 : (1-s) : s$

$\therefore P_{c2} = sP_2 = \dfrac{s}{1-s}P = \dfrac{s}{1-s}(P_k + P_m) = \dfrac{0.03}{1-0.03}(15,000 + 350) = 475$ [W]

여기서 P_k : 전동기 출력, P_m : 기계손   【답】③

4·8

동기 각속도 ω_0, 회전자 각속도 ω인 유도 전동기의 2차 효율은?

① $\dfrac{\omega_0 - \omega}{\omega}$ 　　　　　　② $\dfrac{\omega_0 - \omega}{\omega_0}$

③ $\dfrac{\omega_0}{\omega}$ 　　　　　　　　④ $\dfrac{\omega}{\omega_0}$

해설 2차 효율 : $\eta_2 = \dfrac{P}{P_2} = \dfrac{(1-s)P_2}{P_2} = \dfrac{n}{n_0} = \dfrac{\omega}{\omega_0}$ 　　　　　　【답】 ④

4·9

3상 유도 전동기가 슬립 s의 상태로 운전하고 있을 때 2차 (가)에 대한 2차 (나) 손의 비는 (다)와 같고, 또한 (라)은 (1-s)에 해당한다. 괄호 안에 알맞은 말은?

① (가) 출력, (나) 동, (다) 1-s, (라) 2차 입력
② (가) 입력, (나) 동, (다) s, (라) 2차 효율
③ (가) 출력, (나) 철, (다) 1-s, (라) 2차 효율
④ (가) 입력, (나) 동, (다) s, (라) 동기 와트

해설 $P_2 : P : P_{c2} = 1 : (1-s) : s$ 에서

$$P_{c2} = sP_2, \quad s = \dfrac{P_{c2}}{P_2}, \quad \eta_2 = \dfrac{P_0}{P} = \dfrac{n}{n_s} = 1 - s = \dfrac{\omega}{\omega_s}$$ 　　　　　　【답】 ②

4·10

3상 유도 전동기에서 $s = 1$일 때의 2차 유기 기전력을 E_2 [V], 2차 1상의 리액턴스를 x_2 [Ω], 저항을 r_2 [Ω], 슬립을 s, 비례 상수를 K_0라고 하면 토크는?

① $K_0 \dfrac{E_2^2}{r_2^2 + x_2^2}$ 　　　　　　② $K_0 \dfrac{sE_2^2 r_2}{r_2^2 + sx_2^2}$

③ $K_0 \dfrac{E_2^2 + r_2}{r_2^2 + (sx_2)^2}$ 　　　　④ $K_0 \dfrac{sE_2^2 r_2}{r_2^2 + (sx_2)^2}$

해설 유도 전동기의 토크 : $\tau = K_0 \dfrac{sE_2^2 r_2}{r_2^2 + (sx_2)^2} = K_0 E_2^2 \dfrac{r_2}{\dfrac{r_2^2}{s} + sx_2^2}$

유도 전동기의 최대 토크 : $\tau_m = K_0 \dfrac{sE_2^2 r_2}{r_2^2 + (sx_2)^2} = K_0 \dfrac{E_2^2 s^2 x_2}{2s^2 x_2^2} = K_0 \dfrac{E_2^2}{2x_2}$ 　　　　【답】 ④

4·11

유도 전동기의 회전력은?

① 단자 전압에 무관

② 단자 전압에 비례

③ 단자 전압의 $\frac{1}{2}$ 승에 비례

④ 단자 전압의 2승에 비례

[해설] 유도 전동기의 토크 : $\tau = K_0 \dfrac{sE_2^2 r_2}{r_2^2 + (sx_2)^2} = K_0 E_2^2 \dfrac{r_2}{\dfrac{r_2^2}{s} + sx_2^2}$

$\therefore T \propto k V_1^2$

【답】④

4·12

3상 유도 전동기의 전압이 10 [%] 낮아졌을 때 기동 토크는 약 몇 [%] 감소하는가?

① 5

② 10

③ 20

④ 30

[해설] 기동 토크는 전압의 2승에 비례한다.

$\therefore (1-0.1)^2 = 0.81$ 에서 $1-0.81 ≒ 0.2$, 즉 20 [%] 감소한다.

【답】③

4·13

극수 p 인 3상 유도 전동기가 주파수 f [Hz], 슬립 s, 토크 T [N·m]로 회전하고 있을 때 기계적 출력[W]은?

① $T \cdot \dfrac{4\pi f}{p}(1-s)$

② $T \cdot \dfrac{4pf}{\pi}(1-s)$

③ $T \cdot \dfrac{4\pi f}{p}s$

④ $T \cdot \dfrac{\pi f}{2p}(1-s)$

[해설] 출력 : $P = T\omega$

회전자 속도 : $n = \dfrac{2f}{p}(1-s)$ [rps] (여기서, p는 극수)

각속도 : $\omega = 2\pi n = \dfrac{4\pi f}{p}(1-s)$ [rad/s]

$\therefore P = T\omega = T \cdot \dfrac{4\pi f}{p}(1-s)$ [W]

【답】①

4·14

유도 전동기의 특성에서 토크 τ와 2차 입력 P_2, 동기 속도 n_s의 관계는?

① 토크는 2차 입력에 비례하고, 동기 속도에 반비례한다.
② 토크는 2차 입력과 동기 속도의 곱에 비례한다.
③ 토크는 2차 입력에 반비례하고, 동기 속도에 비례한다.
④ 토크는 2차 입력의 자승에 비례하고, 동기 속도의 자승에 반비례한다.

해설 $T = \dfrac{P_2}{9.8\omega_s} = \dfrac{1}{9.8} \times \dfrac{60}{2\pi} \times \dfrac{P_2}{N_s}$ [kg·m]에서 P_2에 비례하고 n_s에 반비례한다.　　【답】 ①

4·15

60 [Hz], 20극 11,400 [W]의 유도 전동기가 슬립 5 [%]로 운전될 때 2차의 동손이 600 [W]이다. 이 전동기의 전부하시의 토크는 약 몇 [kg·m]인가?

① 25　　　　　② 28.5　　　　　③ 43.5　　　　　④ 32.5

해설 2차 입력 : $P_2 = $ 출력 + 동손 $= 11,400 + 600 = 12,000$ [W]

동기속도 : $N_s = \dfrac{120f}{p} = \dfrac{120 \times 60}{20} = 360$ [rpm]

토크 : $T = \dfrac{P_2}{9.8\omega_s} = \dfrac{1}{9.8} \times \dfrac{60}{2\pi} \times \dfrac{P_2}{N_s} = 0.975 \times \dfrac{12,000}{360} \fallingdotseq 32.5$ [kg·m]　　【답】 ④

4·16

4극 60 [Hz]의 유도 전동기가 슬립 5 [%]로 전부하 운전하고 있을 때 2차 권선의 손실이 94.25 [W]라고 하면 토크[N·m]는?

① 1.02　　　　　② 2.04　　　　　③ 10.00　　　　　④ 20.00

해설 동기속도 : $N_s = \dfrac{120f}{p} = \dfrac{120 \times 60}{4} = 1,800$ [rpm]

2차입력 : $P_2 = \dfrac{P_{c2}}{s} = \dfrac{94.25}{0.05} = 1,885$ [W]

토크 : $\tau = 0.975 \dfrac{P_2}{N_s} \times 9.8 = 0.975 \times \dfrac{1,885}{1,800} \times 9.8 = 10$ [N·m]　　【답】 ③

4·17

3상 유도 전동기의 특성 중 비례 추이 할 수 없는 것은?

① 토크　　　　　② 출력　　　　　③ 1차 입력　　　　　④ 2차 전류

해설 비례 추이할 수 있는 특성 : 1차 전류, 2차 전류, 역률, 동기 와트
비례 추이할 수 없는 특성 : 출력, 2차 동손, 효율　　【답】 ②

4·18

3상 유도 전동기의 2차 저항을 2배로 하면 2배로 되는 것은?

① 토크　　　　　② 전류　　　　　③ 역률　　　　　④ 슬립

[해설] 비례추이 : $\dfrac{r_2}{s_m} = \dfrac{r_2 + R_s}{s_t}$

① 2차 저항 $r_2{}'$를 변화해도 최대 토크는 변화하지 않는다.

② $r_2{}'$를 크게 하면 s_m도 커진다.

③ $r_2{}'$를 크게 하면 기동 전류는 감소하고 기동 토크는 증가한다. 그러므로 최대 토크를 내는 슬립만 2차 저항에 비례한다. 【답】④

4·19

유도 전동기의 슬립이 커지면 커지는 것은?

① 회전수　　　　② 권수비　　　　③ 2차 효율　　　④ 2차 주파수

[해설] 슬립 s로 회전시 2차 주파수 : $f_2 = s f_1$ 【답】④

4·20

전부하로 운전하고 있는 60 [Hz], 4극 권선형 유도 전동기의 전부하 속도 1,728 [rpm] 2차 1상 저항 0.02 [Ω]이다. 2차 회로의 저항을 3배로 할 때 회전수[rpm]는?

① 1,264　　　　② 1,356　　　　③ 1,584　　　　④ 1,765

[해설] 동기속도 : $N_s = \dfrac{120 \times 60}{4} = 1,800$ [rpm]

슬립 : $s_1 = \dfrac{1,800 - 1,728}{1,800} = 0.04$

r_2를 3배로 하면 비례 추이의 원리로 슬립 s_2도 3배이므로

$\therefore \dfrac{r_2}{s_1} = \dfrac{R}{s_2} = \dfrac{3r_2}{s_2}$ 에서 $s_2 = \dfrac{3r_2}{r_2} s_1 = \dfrac{3 \times 0.02}{0.02} \times 0.04 = 0.12$

$\therefore N_2 = (1 - 0.12) \times 1,800 = 1,584$ [rpm] 【답】③

4·21

슬립 5 [%]인 유도 전동기의 등가 부하 저항은 2차 저항의 몇 배인가?

① 19　　　　　② 20　　　　　③ 29　　　　　④ 40

[해설] 2차 삽입저항의 크기 : $R' = r_2{}'\left(\dfrac{1}{s} - 1\right) = r_2{}'\left(\dfrac{1}{0.05} - 1\right) = 19\, r_2{}'$ 【답】①

4·22

4극 50 [Hz] 권선형 3상 유도 전동기가 있다. 전부하에서 슬립이 4 [%]이다. 전부하 토크를 내고 1,200 [rpm]으로 회전시키려면 2차 회로에 몇 [Ω]의 저항을 넣어야 하는가? 단, 2차 회로는 성형으로 접속하고 매상의 저항은 0.35 [Ω]이다.

① 1.2   ② 1.4   ③ 0.2   ④ 0.4

[해설] 비례추이 : $\dfrac{r_2}{s_1} = \dfrac{r_2 + R}{s_2}$

동기속도 : $N_s = \dfrac{120f}{P} = \dfrac{120 \times 50}{4} = 1,500 \,[\text{rpm}]$

속도 변화후 슬립 : $s_2 = \dfrac{N_s - N}{N_s} = \dfrac{1,500 - 1,200}{1,500} = 0.2$

삽입저항의 크기 : $R = r_2\left(\dfrac{s_2}{s_1} - 1\right) = 0.35\left(\dfrac{0.2}{0.04} - 1\right) = 1.4$

【답】②

4·23

출력 22 [kW], 8극 60 [Hz]인 권선형 3상 유도 전동기의 전부하 회전자가 855 [rpm]이라고 한다. 같은 부하 토크로 2차 저항 r_2를 4배로 하면 회전 속도[rpm]는?

① 720   ② 730   ③ 740   ④ 750

[해설] 동기속도 : $N_s = \dfrac{120 \times 60}{8} = 900 \,[\text{rpm}]$

속도 변화전 슬립 : $s_1 = \dfrac{900 - 855}{900} = 0.05$

부하 토크가 일정하므로 전동기의 발생 토크도 같다. 따라서 r_2를 4배로 하면 비례 추이의 원리로 슬립 s_2도 4배로 된다.

$s_2 = 4s_1 = 4 \times 0.05 = 0.2$

$\therefore \dfrac{r_2}{0.05} = \dfrac{4r_2}{s_2}$

$\therefore N_2 = (1 - s_2)N_s = (1 - 0.2) \times 900 = 720 \,[\text{rpm}]$

【답】①

4·24

유도 전동기의 기동법으로 사용되지 않는 것은?

① 단권 변압기형 기동 보상기법   ② 2차 저항 조정에 의한 기동법
③ △-Y 기동법   ④ 1차 저항 조정에 의한 기동법

[해설] 유도 전동기의 기동법
① 전전압 기동기(5 [kW] 이하)   ② Y-△기동법(5~15 [kW] 정도)
③ 리액터 기동법   ④ 기동 보상기법(15 [kW] 이상)
⑤ 2차 저항법(권선형 유도전동기)

【답】④

4·25

3상 유도 전동기가 경부하로 운전 중 1선의 퓨즈가 끊어지면 어떻게 되는가?

① 속도가 증가하여 다른 퓨즈도 녹아 떨어진다.
② 속도가 낮아지고 다른 퓨즈도 녹아 떨어진다.
③ 전류가 감소한 상태에서 회전이 계속된다.
④ 전류가 증가한 상태에서 회전이 계속된다.

[해설] 전부하로 운전하고 있는 3상 유도 전동기의 경우 1선의 퓨즈가 용단되면 단상 전동기가 된다.
　　　① 최대 토크는 50 [%] 전후로 된다.
　　　② 최대 토크를 발생하는 슬립 s는 $s=0$쪽으로 가까워진다.
　　　③ 최대 토크 부근에서는 1차 전류가 증가한다.
　　이때 경부하로 회전을 계속하면
　　　① 슬립이 2배 정도로 되고 회전수는 떨어진다.
　　　② 1차 전류가 2배 가까이 되어서 열손실이 증가하고, 계속 운전하면 과열로 소손된다.
　　또, 정지하고 있는 3상 유도 전동기의 경우 1선의 퓨즈가 용단되면 과대 전류가 흘러서 나머지 퓨즈가 용단되거나 전동기가 소손될 수 있다.　　　　　　　【답】 ④

4·26

유도 전동기를 기동하기 위하여 △를 Y로 전환했을 때 토크는 몇 배가 되는가?

① $\dfrac{1}{3}$ 배　　　　　　　　　　② $\dfrac{1}{\sqrt{3}}$ 배

③ $\sqrt{3}$ 배　　　　　　　　　　④ 3배

[해설] △에서 Y로 변환시 전압이 $\dfrac{1}{\sqrt{3}}$ 배 된다. 토크는 전압의 제곱에 비례하므로 1/3배로 된다.

【답】 ①

4·27

10 [HP], 4극 60 [Hz] 3상 유도 전동기의 전 전압 기동 토크가 전부하 토크의 1/3일 때, 탭 전압이 $1/\sqrt{3}$ 인 기동 보상기로 기동하면 그 기동 토크는 전부하 토크의 몇 배가 되겠는가?

① $3/\sqrt{3}$ 배　　　　　　　　　② $1/3\sqrt{3}$ 배
③ 1/9배　　　　　　　　　　　　④ $1/\sqrt{3}$ 배

[해설] 토크는 전압의 제곱에 비례한다.

$$\therefore T_s = \frac{1}{3} T \times \left(\frac{1}{\sqrt{3}} \right)^2 = \frac{1}{3} T \times \frac{1}{3} = \frac{1}{9} T$$

【답】 ③

4·28

200 [V], 7.5 [kW], 6극 3상 농형 유도 전동기를 정격 전압으로 기동하면 기동 전류는 500 [%] 흐르고, 기동 토크는 220 [%]이다. 기동 전류를 300 [%]로 제한 하려면 기동 토크[%]는?

① 79　　　　② 92　　　　③ 108　　　　④ 132

해설　$I_s \propto V_1$, $T_s \propto V_1^2 \propto I_s^2$ 하므로 $220 : T_x = 500^2 : 300^2$

$$\therefore T_x = \left(\frac{300}{500}\right)^2 \times 220 = 0.6^2 \times 220 = 79.2 \ [\%]$$

【답】 ①

4·29

유도 전동기의 제동 방법 중 슬립의 범위를 1~2 사이로 하여 3선 중 2선의 접속 을 바꾸어 제동하는 방법은?

① 역상 제동　　② 직류 제동　　③ 단상 제동　　④ 회생 제동

해설　역상제동 : 전동기의 1차측 3선 중 2선을 바꾸어 접속하면 회전자계의 방향이 반대로 되며 유도 전동기는 그 순간에 강력한 유도 제동기가 된다. 이것을 역상 제동기라 한다.

【답】 ①

4·30

극수 p_1, p_2의 두 3상 유도 전동기를 종속 접속하였을 때 이 전동기의 동기 속도 는 어떻게 되는가? 단, 전원 주파수는 f_1 [Hz]이고 직렬 종속이다.

① $\dfrac{120f_1}{p_1}$　　② $\dfrac{120f_1}{p_2}$　　③ $\dfrac{120f_1}{p_1 + p_2}$　　④ $\dfrac{120f_1}{p_1 \times p_2}$

해설　직렬 종속법 : $N_s = \dfrac{120f}{p_1 + p_2}$

【답】 ③

4·31

선박의 전기추진용 전동기의 속도 제어에 가장 알맞은 것은?

① 주파수 변화에 의한 제어　　② 극수 변화에 의한 제어
③ 1차 회전에 의한 제어　　　　④ 2차 저항에 의한 제어

해설　주파수 변화에 의한 속도제어 : 전동기에 가해지는 전원 주파수를 바꾸어 속도를 제어하는 방법으로 선박의 전기 추진용 전동기, 포터 모터의 속도제어 등 고속의 운전에 적합한 속 도제어 방법이다.

【답】 ①

4·32

인견 공업에 쓰여지는 포트 모터(pot motor)의 속도 제어는?

① 주파수 변화에 의한 제어
② 극수 변환에 의한 제어
③ 1차 회전에 의한 제어
④ 저항에 의한 제어

해설 주파수 변화에 의한 속도제어 : 전동기에 가해지는 전원 주파수를 바꾸어 속도를 제어하는
방법으로 선박의 전기 추진용 전동기, 포터 모터의 속도제어 등 고속의 운전에 적합한 속
도제어 방법이다.　　　　　　　　　　　　　　　　　　　　　　　　　　　　　【답】①

4·33

유도 전동기의 동작 특성에서 제동기로 쓰이는 슬립의 영역은?

① 1~2　　　　　② 0~1　　　　　③ 0~−1　　　　　④ −1~−2

해설 유도 전동기의 동작 특성에서의 슬립영역

유도 전동기의 동작 범위 : $1>s>0$
유도 제동기의 동작 범위 : $s>1$
유도 발전기의 동작 범위 : $s<0$　　　　　　　　　　　　　　　　　　　　　【답】①

4·34

유도 전동기의 슬립(slip) s의 범위는?

① $1>s>0$
② $0>s>-1$
③ $0>s>1$
④ $-1<s<1$

해설 유도 전동기의 동작 특성에서의 슬립영역

유도 전동기의 동작 범위 : $1>s>0$
유도 제동기의 동작 범위 : $s>1$
유도 발전기의 동작 범위 : $s<0$　　　　　　　　　　　　　　　　　　　　　【답】①

4·35

3상 유도 전압 조정기의 동작 원리는?

① 회전 자계에 의한 유도 작용을 이용하여 2차 전압의 위상 전압의 조정에 따라 변화한다.
② 교번 자계의 전자 유도 작용을 이용한다.
③ 충전된 두 물체 사이에 작용하는 힘
④ 두 전류 사이에 작용하는 힘

해설 3상 유도전압 조정기의 분로권선에 3상 전압을 가하면 여자 전류가 흐르고 3상 유도 전동기와 같은 회전자계가 발생한다. 이 회전자계에 의한 직렬권선의 1상에 유도 되는 기전력을 조정전압이라 한다. 직렬권선의 각상 단자를 각각 1차측의 각상 단자에 적당하게 접속하면 3상 전압을 조정할 수 있다. 【답】①

4·36

3상 유도 전압 조정기에서 1차 1상에 가해지는 전압을 V_1 [V], 권수비를 a라 하면 전압의 조정 범위는?

① aV_1 ② $2aV_1$ ③ $V_1/2a$ ④ V_1/a

해설 권수비 : $a = \dfrac{V_1}{V_2}$

$\therefore V_2 = \dfrac{V_1}{a}$ 【답】④

4·37

단상 유도 전압 조정기의 1차 전압 100 [V], 2차 100±30 [V], 2차 전류는 50 [A]이다. 이 조정 정격은 몇 [kVA]인가?

① 1.5   ② 3.5   ③ 15   ④ 50

해설 단상 유도 전압 조정기의 용량 = 부하 용량 × $\dfrac{\text{승압 전압}}{\text{고압측 전압}}$ = $130 \times 50 \times \dfrac{30}{130} \times 10^{-3} = 1.5$ [kVA]

【답】①

4·38

220±100 [V], 5 [kVA]의 3상 유도 전압 조정기의 정격 2차 전류는 몇 [A]인가?

① 13.1   ② 22.7   ③ 28.8   ④ 50

해설 2차 정격 전류 : $I_2 = \dfrac{P}{\sqrt{3}\,V_2} = \dfrac{5 \times 10^3}{\sqrt{3} \times 100} = 28.8$ [A]   【답】③

4·39

단상 유도 전압 조정기의 1차 권선과 2차 권선의 축 사이 각도를 α라 하고, 양 권선의 축이 일치할 때 2차 권선의 유기 전압을 E_2, 전원 전압을 V_1, 부하측의 전압을 V_2라고 하면 임의의 각 α일 때 V_2를 나타내는 식은?

① $V_2 = V_1 + E_2\cos\alpha$ ② $V_2 = V_1 - E_2\cos\alpha$
③ $V_2 = E_2 + V_1\cos\alpha$ ④ $V_2 = E_2 - V_1\cos\alpha$

해설 전압 조정 범위 : $V_2 = V_1 + E_2 \cos\alpha$에서 단상 유도 전압 조정기의 1차 권선을 $0°$ 에서 $180°$ 까지 돌리면 $\cos\alpha$는 -1에서 1까지 변화한다. 그러므로 V_2는 $V_1 + E_2$에서 $V_1 - E_2$까지 조정될 수 있다. 【답】①

4·40

단상 유도 전압 조정기에서 1차 전원 전압을 V_1이라 하고 2차의 유도 전압을 E_2 라고 할 때 부하 단자 전압을 연속적으로 가변할 수 있는 조정 범위는?

① $0 \sim V_1$ 까지
② $V_1 + E_2$ 까지
③ $V_1 - E_2$ 까지
④ $V_1 + E_2$ 에서 $V_1 - E_2$ 까지

해설 전압 조정 범위 : $V_2 = V_1 + E_2 \cos\alpha$에서 단상 유도 전압 조정기의 1차 권선을 $0°$ 에서 $180°$ 까지 돌리면 $\cos\alpha$는 -1에서 1까지 변화한다. 그러므로 V_2는 $V_1 + E_2$에서 $V_1 - E_2$까지 조정될 수 있다. 【답】④

4·41

단상 유도 전압 조정기에서 단락 권선의 직접적인 역할은?

① 누설 리액턴스로 인한 전압 강하 방지
② 역률 보상
③ 용량 증대
④ 고조파 방지

해설 단상 유도 전압조정기는 2차 권선의 누설 리액턴스는 특히 $\alpha = 90°$에서 매우 크다. 이것으로 인해 전압 변동률이 커지게 되므로 이를 방지하기 위해서 1차 권선과 직각 방향으로 단락 권선을 감는다. 【답】①

4·42

무부하 전동기는 역률이 낮지만 부하가 늘면 역률이 커지는 이유는?

① 전류 증가
② 효율 증가
③ 전압 감소
④ 2차 저항 증가

해설 무부하 유도 전동기는 역률이 낮다. 그러나 부하가 증가하면 전부하에 대한 유효전류의 비가 증가하므로 역률이 증가하게 된다. 【답】①

심화학습문제

01 3상 권선형 유도 전동기에서 2차를 개방하고 그림 (a), (b)와 같이 전압을 인가하였을 때의 여자 전류비는?

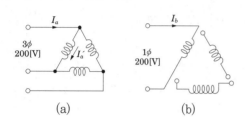

(a)   (b)

① $\dfrac{I_a}{I_b} = \dfrac{2}{3}$ ② $\dfrac{I_a}{I_b} = \dfrac{2}{\sqrt{3}}$

③ $\dfrac{I_a}{I_b} = \sqrt{3}$ ④ $\dfrac{I_a}{I_b} = 2$

해설

그림(a)의 경우 선전류가 흐르며 그림(b)의 경우 상전류가 흐른다.
△결선에서는 상전류가 선전류에 비하여 $1/\sqrt{3}$ 배로 된다.

【답】③

02 200 [V], 50 [Hz]인 3상 유도 전동기의 1차 권선이 △결선이다. 이것을 200 [V], 60 [Hz]용으로 하기 위해서 권선은 그대로 하고 접속을 2Y로 변경했다고 하면 자속의 양은 어떻게 변하는가? 단, $\dfrac{\phi_{60}}{\phi_{50}}$ 으로 계산한다.

① 약 0.962   ② 약 0.942
③ 약 0.843   ④ 약 0.812

해설

w : 1상의 권선
k_w : 권선 계수

60[Hz]의 자속

$$\phi_{50} = \frac{V}{4.44 f k_w w} = \frac{200}{4.44 \times 50 \times k_w \times w}$$

50[Hz]의 자속

$$\phi_{60} = \frac{200/\sqrt{3}}{4.44 f k_w w/2} = \frac{200 \times 2}{4.44 \times 60 \times \sqrt{3} \times k_w \times w}$$

(∵ 2Y이므로)

$$\therefore \frac{\phi_{60}}{\phi_{50}} = \frac{2}{\sqrt{3}} \cdot \frac{50}{60} = 0.962$$

【답】①

03 유도 전동기의 회전자의 슬립이 s로 회전할 때 2차 주파수를 f_2 [Hz], 2차측 유기 전압을 $E_2{}'$ [V]라 하면 이들과 슬립 s와의 관계는? (단, 1차 주파수를 f라고 함)

① $E_2{}' \propto s,\ E_2 \propto (1-s)$

② $E_2{}' \propto s,\ f_2 \propto \dfrac{1}{s}$

③ $E_2{}' \propto s,\ f_2 \propto \dfrac{f}{s}$

④ $E_2{}' \propto s,\ f_2 \propto sf$

해설

슬립 s로 운전시 2차 기전력과 2차 주파수
$$E_2{}' = sE_2,\ f_2 = sf_1$$

【답】④

04 3상 유도 전동기의 1상에 200 [V]를 가하여 운전하고 있을 때 2차측의 전압을 측정하였더니 6 [V]로 나타났다. 이때의 슬립은 얼마인가?

① 0.01   ② 0.03
③ 0.05   ④ 0.07

해설

슬립 s로 운전시 2차 기전력 : $E_2' = sE_2$

$$\therefore s = \frac{E_2'}{E_2} = \frac{6}{200} = 0.03$$

【답】②

05 유도 전동기의 여자 전류(excitation current) 는 극수가 많아지면 정격 전류에 대한 비율이 어 떻게 되는가?

① 적어진다.
② 원칙적으로 변화하지 않는다.
③ 거의 변화하지 않는다.
④ 커진다.

해설

유도 전동기의 자기 회로에는 갭(gap)이 있기 때문에 정격 전류 I_1에 대한 여자 전류 I_0의 비율은 매우 크다.(전부하 전류의 25~50 [%]) 또한 I_0의 값은 용량이 작은 것일수록 크고, 같은 용량의 전동기에서는 극수가 많을수록 크다.

【답】④

06 정지시에 있어서의 회전자 상기전력이 100 [V], 60 [Hz] 6극 3상 권선형 유도 전동 기가 있다. 회전자 기전력과 동일 주파수 및 동일 위상의 20 [V] 상전압을 회전자에 공급 하면 무부하 속도[rpm]는?

① 1920
② 1440
③ 1350
④ 960

해설

슬립 s로 운전시 2차 기전력

$$E_2' = sE_2 = s \times 100 = 20$$

$$\therefore s = E_2'/E_2 = \frac{20}{100} = 0.2$$

$$\therefore N = (1-s)N_s = (1-0.2)\frac{120 \times 60}{6} = 960 \text{ [rpm]}$$

【답】④

07 220 [V], 3상 유도 전동기의 전부하 슬립 이 4 [%]이다. 공급 전압이 10 [%] 저하된 경 우의 전부하 슬립[%]은?

① 4
② 5
③ 6
④ 7

해설

슬립은 전압의 제곱에 반비례 한다.

$s \propto \dfrac{1}{V^2}$ 에서

$$s' = s \times \left(\frac{V_1}{V_1'}\right)^2 = s \times \left(\frac{V_1}{V_1 \times 0.9}\right)^2$$

$$= 0.04 \times \left(\frac{220}{220 \times 0.9}\right)^2 = 0.05 = 5 \text{ [%]}$$

【답】②

08 3,300 [V], 60 [Hz]인 Y결선의 3상 유도 전동기가 있다. 철손을 1020 [W]라 하면 1상 의 여자 컨덕턴스[℧]는?

① 56.1×10^{-5}
② 18.7×10^{-5}
③ 9.37×10^{-5}
④ 6.12×10^{-5}

해설

여자 컨덕턴스

$$g_0 = \frac{P_i}{3V_1^2} = \frac{1020}{3 \times \left(\frac{3300}{\sqrt{3}}\right)^2} \fallingdotseq 9.37 \times 10^{-5} \text{ [℧]}$$

【답】③

09 220 [V], 6극, 60 [Hz], 10 [kW]인 3상 유 도 전동기의 회전자 1상의 저항은 0.1 [Ω], 리액턴스는 0.5 [Ω]이다. 정격 전압을 가했 을 때 슬립이 4 [%]이었다. 회전자 전류[A] 는 얼마인가? 단, 고정자와 회전자는 3각 결 선으로서 각각 권수는 300회와 150회이며 각 권선 계수는 같다.

① 27
② 36
③ 43
④ 52

해설

권수비 : $a = \dfrac{w_1}{w_2} = \dfrac{300}{150} = 2$

2차 유기 전압 : $E_2 = \dfrac{E_2{}'}{a} ≒ \dfrac{V_1}{a} = \dfrac{220}{2} = 110 \,[\mathrm{V}]$

$\therefore$ 회전자 전류

$$I_2 = \dfrac{sE_2}{\sqrt{r_2^2 + (sx_2)^2}} = \dfrac{0.04 \times 110}{\sqrt{0.1^2 + (0.04 \times 0.5)^2}} = 43 \,[\mathrm{A}]$$

【답】③

10 2차 저항 $0.02\,[\Omega]$, $s = 1$에서 2차 리액턴스 $0.05\,[\Omega]$인 3상 유도 전동기가 있다. 이 전동기의 슬립이 $5\,[\%]$일 때, 1차 부하 전류가 $12\,[\mathrm{A}]$라면, 그 기계적 출력[kW]은? 단, 권수비 $a = 10$, 상수비 $m = 1$이다.

① 12.5　　　　② 13.7
③ 15.6　　　　④ 16.4

해설

2차 저항 : $r_2 = 0.02\,[\Omega]$

1차로 환산한 2차 저항

$$r_2{}' = a^2 m r_2 = 10^2 \times 1 \times 0.02 = 2\,[\Omega]$$

기계적 출력을 대표하는 부하 저항의 1차 환산값

$$R' = \dfrac{1-s}{s} r_2{}' = \dfrac{1-0.05}{0.05} \times 2 = 38\,[\Omega]$$

$\therefore P = 3(I_1{}')^2 R' = 3 \times 12^2 \times 38 = 16{,}416\,[\mathrm{W}] = 16.4\,[\mathrm{kW}]$

【답】④

11 그림은 3상 유도 전동기의 1차에 환산한 1상당 등가 회로이다. 2차 저항은 $r_2 = 0.02$, 2차 리액턴스 $x_2 = 0.06\,[\Omega]$이다. 슬립 $5\,[\%]$일 때 등가 부하 저항 R'의 값[Ω]은? 단, 권수비 $\alpha = 4$, 상수비 $\beta = 1$이다.

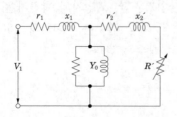

① 4.23　　　　② 6.08
③ 7.25　　　　④ 8.22

해설

기계적 출력을 대표하는 부하 저항의 1차 환산값

$$R' = \dfrac{1-s}{s} r_2{}' = \dfrac{1-s}{s}(\alpha^2 \beta r_2)$$

$$= \dfrac{1-0.05}{0.05} \times (4^2 \times 0.02) = 6.08\,[\Omega]$$

【답】②

12 $3{,}000\,[\mathrm{V}]$, $60\,[\mathrm{Hz}]$, 8극, $100\,[\mathrm{kW}]$의 3상 유도 전동기가 있다. 전부하에서 2차 동손이 $3.0\,[\mathrm{kW}]$, 기계손이 $2.0\,[\mathrm{kW}]$라고 한다. 전부하 회전수[rpm]를 구하면?

① 674　　　　② 774
③ 874　　　　④ 974

해설

2차 입력

$$P_2 = P + P_m + P_{c2} = 100 + 2.0 + 3.0 = 105\,[\mathrm{kW}]$$

슬립 : $s = \dfrac{P_{c2}}{P_2} = \dfrac{3.0}{105} = \dfrac{1}{35}$

$\therefore N = (1-s)N_s = \left(1 - \dfrac{1}{35}\right) \times \dfrac{120 \times 60}{8} = 874\,[\mathrm{rpm}]$

【답】③

13 4극, $7.5\,[\mathrm{kW}]$, $200\,[\mathrm{V}]$, $60\,[\mathrm{Hz}]$인 3상 유도 전동기가 있다. 전부하에서의 2차 입력이 $7{,}950\,[\mathrm{W}]$이다. 이 경우의 슬립을 구하면? 단, 기계손은 $130\,[\mathrm{W}]$이다.

① 0.04　　　　② 0.05
③ 0.06　　　　④ 0.07

해설

2차 출력 : $P_k = 7{,}500 + 130 = 7{,}630\,[\mathrm{W}]$

2차 동손 : $P_{c2} = P_2 - P_k = 7{,}950 - 7{,}630 = 320\,[\mathrm{W}]$

$\therefore$ 슬립 $s = \dfrac{P_{c2}}{P_2} = \dfrac{320}{7{,}950} = 0.04 = 4\,[\%]$

$\therefore$ 2차 효율 $\eta_2 = \dfrac{P_k}{P_2} = \dfrac{7{,}630}{7{,}950} = 0.96 = 96\,[\%]$

【답】①

14 3상 유도 전동기를 불평형 전압으로 운전하면 토크와 입력과의 관계는?

① 토크는 증가하고 입력은 감소
② 토크는 증가하고 입력도 증가
③ 토크는 감소하고 입력은 증가
④ 토크는 감소하고 입력도 감소

해설
전압이 불평형이 되면 불평형 전류가 흘러 전류는 증가한다. 그러나 토크는 감소한다.

【답】③

15 50 [Hz], 4극 20 [kW]인 3상 유도 전동기가 있다. 전부하시의 회전수가 1,450 [rpm]이라면 발생 토크는 몇 [kg·m]인가?

① 약 13.45
② 약 11.25
③ 약 10.02
④ 약 8.75

해설
토크 : $T = \dfrac{P}{9.8\omega} = \dfrac{P}{9.8 \times 2\pi \dfrac{N}{60}} = 0.975 \times \dfrac{P}{N}$

$= 0.975 \times \dfrac{20 \times 10^3}{1450} = 13.45 \,[\mathrm{kg \cdot m}]$

【답】①

16 효율 85 [%]인 전동기에 의해 토크 40 [N·m]의 부하를 속도 1,500 [rpm]으로 구동한다. 전동기의 입력[kW]는?

① 5.3
② 6.3
③ 7.4
④ 8.4

해설
출력 : $p = 2\pi n\tau = 2\pi \dfrac{1500}{60} \times 40 = 6283 \,[\mathrm{W}]$

$= 6.283 [\mathrm{kW}]$

$\therefore$ 입력 $= \dfrac{6.283}{0.85} = 7.39 \,[\mathrm{kW}]$

【답】③

17 60 [Hz], 20 [극], 3상 권선형 유도전동기의 2차 주파수가 3 [Hz]일 때 2차 손실이 600 [W]이다. 토크[kg·m]는? (단, 기계적 손실은 무시한다)

① 약 35.5
② 약 32.5
③ 약 31.5
④ 약 30.5

해설
슬립 : $s = \dfrac{f_2}{f_1} = \dfrac{3}{60} = 0.05$

2차 입력 : $P_2 = \dfrac{P_{c2}}{s} = \dfrac{600}{0.05} = 12,000 \,[\mathrm{W}] = 12 \,[\mathrm{kW}]$

출력 : $P = (1-s)P_2 = (1-0.05) \times 12 = 11.4 \,[\mathrm{kW}]$

$\therefore T = \dfrac{1}{9.8} \cdot \dfrac{P_2}{\omega_s} = \dfrac{P_2}{9.8 \times \dfrac{2\pi N_s}{60}}$

$= 0.975 \dfrac{P_2}{N_s} = 0.975 \dfrac{P_2}{\dfrac{120f}{p}} = 0.975 \times \dfrac{11.4 \times 10^3}{\dfrac{120 \times 60}{20}}$

$= 0.975 \times \dfrac{12 \times 10^3}{360} = 32.5 \,[\mathrm{kg \cdot m}]$

【답】②

18 상수 $r_1 = 0.1 \,[\Omega]$, $r_2{}' = 0.2 \,[\Omega]$, $X_1 = X_2{}' = 0.2 \,[\Omega]$인 유도 전동기의 최대 토크를 내는 슬립[%]은?

① 60
② 49
③ 40
④ 39

해설
최대토크 발생 슬립

$s_t = \dfrac{r_2{}'}{\sqrt{r_1^2 + (X_1 + X_2{}')^2}}$

$= \dfrac{0.2}{\sqrt{0.1^2 + (0.2 + 0.2)^2}} \times 100 = 48.5 \,[\%]$

【답】②

19 유도 전동기의 특성 산정에 사용되는 다이어그램은?

① 블론델 다이어그램
② 헤일랜드 다이어그램
③ 벡터 다이어그램
④ 블록 다이어그램

해설

헤일랜드 원선도 : 유도 전동기의 1차 부하 전류의 벡터의 자취가 항상 반 원주 위에 있는 것을 이용하여 간이 등가 회로의 해석에 이용하는 원선도를 말한다.

【답】②

20 유도 전동기 원선도의 제작에 필요한 자료 중 지정에 의하여 계산하는 것은?

① 1차 권선의 저항
② 여자 전류의 역률각
③ 정격 전압에 있어서 단락 전류
④ 정격 전압에 있어서 여자 전류

해설

단락전류는 정격 전압을 가하면 단락 전류가 너무 크다. 따라서 정격 전류와 같은 전류를 통하는 임피던스 전압을 가하여 얻는 전류로 계산에 의하여 구한다.

【답】③

21 유도 전동기 원선도에서 원의 지름은? 단, E를 1차 전압, r는 1차로 환산한 저항, x를 1차로 환산한 누설 리액턴스라 한다.

① rE에 비례
② rxE에 비례
③ $\dfrac{E}{r}$에 비례
④ $\dfrac{E}{x}$에 비례

해설

유도 전동기는 일정값의 리액턴스와 부하에 의하여 변하는 저항(r_2'/s)의 직렬 회로라고 가정할 수 있

으며, 이것은 부하에 의하여 변화하는 전류 벡터의 궤적(원선도의 지름)은 전압에 비례하고 리액턴스에 반비례 하게 된다.

【답】④

22 권선형 3상 유도 전동기가 있다. 1차 및 2차 합성 리액턴스는 1.5 [Ω]이고, 2차 회전자는 Y 결선이며, 매상의 저항은 0.3 [Ω]이다. 기동시에 있어서의 최대 토크 발생을 위하여 삽입해야 하는 매상당 외부 저항[Ω]은 얼마인가? 단, 1차 저항은 무시한다.

① 1.5
② 1.2
③ 1
④ 0.8

해설

1차 저항 : $r_1 = 0$
2차 삽입저항의 크기

$$R_s' = \sqrt{r_1^2 + (x_1 + x_2')^2} - r_2' = \sqrt{(x_1 + x_2')^2} - r_2'$$

조건에서 $x_1' + x_2 = 1.5$ [Ω], $r_2 = 0.3$ [Ω]이므로

$$\therefore R_s = \sqrt{(x_1 + x_2')^2} - r_2 = \sqrt{(1.5)^2} - 0.3 = 1.2 \text{ [Ω]}$$

【답】②

23 4극 60 [Hz], 3상 직권 유도 전동기에서 전부하 회전수는 1,600 [rpm]이다. 지금 동일 토크의 1,200 [rpm]으로 회전하려면 2차 회로에 몇 [Ω]의 외부저항을 삽입하면 되는가? 단, 2차는 Y결선이고, 각 상의 저항은 r_2이다.

① r_2
② $2r_2$
③ $3r_2$
④ $4r_2$

해설

속도 변화전 슬립

$$s_1 = \frac{N_s - N_1}{N_s} = \frac{1,800 - 1,600}{1,800} = 0.11$$

속도 변화후 슬립 : $s_2 = \dfrac{1,800 - 1,200}{1,800} = 0.33$

비례추이 : $\dfrac{r_2}{s_1} = \dfrac{r_2 + R_s}{s_2}$ 에서 $\dfrac{r_2}{0.11} = \dfrac{r_2 + R_s}{0.33}$

$$\therefore R_s = \dfrac{(0.33 - 0.11)r_2}{0.11} = 2r_2$$

【답】②

---

24 4극 10 [HP], 200 [V], 60 [Hz]의 3상 유도 전동기가 35 [kg·m]의 부하를 걸고 슬립 3 [%]로 회전하고 있다. 여기에 같은 부하 토크로 1.2 [Ω]의 저항 3개를 Y결선으로 하여 2차에 삽입하니 1530 [rpm]로 되었다. 2차 권선의 저항[Ω]은 얼마인가?

① 0.3   ② 0.4
③ 0.5   ④ 0.6

해설

동기속도 : $N_s = \dfrac{120f}{P} = \dfrac{120 \times 60}{4} = 1,800$ [rpm]

속도 변화후 슬립 : $s' = (1,800 - 1,530)/1,800 = 0.15$

비례추이 : $\dfrac{r_2}{s} = \dfrac{r_2 + R}{s'}$ 에서 $\dfrac{r_2}{0.03} = \dfrac{r_2 + 1.2}{0.15}$

$$\therefore r_2 = \dfrac{s}{s' - s} R = \dfrac{0.03}{0.15 - 0.03} \times 1.2 = 0.3 \ [\Omega]$$

【답】①

---

25 6극 60 [Hz]인 3상 권선형 유도 전동기가 1,140 [rpm]의 정격 속도로 회전할 때 1차측 단자를 전환해서 상회전 방향을 반대로 바꾸어 역전 제동을 하는 경우 그 제동 토크를 전부하 토크와 같게 하기 위한 2차 삽입 저항은 몇 R [Ω]인가? 단, 회전자 1상의 저항은 0.005 [Ω], Y결선이다.

① 0.19   ② 0.27
③ 0.38   ④ 0.5

해설

동기속도 : $N_s = \dfrac{120f}{p} = \dfrac{120 \times 60}{6} = 1,200$ [rpm]

슬립 : $s = \dfrac{N_s - N}{N_s} = \dfrac{1,200 - 1,140}{1,200} = 0.05$

역전 제동할 때에 슬립

$$s' = \dfrac{N_s - (-N)}{N_s} = \dfrac{1,200 - (-1,140)}{1,200} = 1.95$$

$s' = 1.95$에서 전부하 토크를 발생시키는데 필요한 2차 삽입 저항 R는

비례추이 : $\dfrac{r_2}{s} = \dfrac{r_2 + R}{s'}$ 에서 $\dfrac{0.005}{0.05} = \dfrac{0.005 + R}{1.95}$

$$\therefore R = \dfrac{0.005}{0.05} \times 1.95 - 0.005 = 0.19 \ [\Omega]$$

【답】①

---

26 어떤 유도 전동기가 부하시 슬립 $s = 5$ [%]에서 한 상당 10 [A]의 전류를 흘리고 있다. 한 상에 대한 회전자 유효 저항이 0.1 [Ω]일 때 3상 회전자 출력은 얼마인가?

① 190 [W]   ② 570 [W]
③ 620 [W]   ④ 830 [W]

해설

기계적 출력을 나타내는 정수

$$R' = \dfrac{1-s}{s} r_2' = \dfrac{1 - 0.05}{0.05} \times 0.1 = 1.9 \ [\Omega]$$

$$\therefore P = 3(I_1')^2 R' = 3 \times (10)^2 \times 1.9 = 570 \ [W]$$

【답】②

---

27 4극 60 [Hz], 220 [V]의 3상 농형 유도 전동기가 있다. 운전시의 입력 전류 9 [A], 역률 85 [%](지상), 효율 80 [%], 슬립 5 [%]이다. 회전 속도[rpm]와 출력[kW]은 얼마인가?

① 1700, 2.43   ② 1710, 2.33
③ 1720, 2.23   ④ 1730, 2.13

해설

동기속도

$$N_s = \dfrac{120f}{p} = \dfrac{120 \times 60}{4} = 1,800 \ [rpm]$$

회전자 속도

$$N = (1 - s)N_s = (1 - 0.05) \times 1,800 = 1,710 \ [rpm]$$

∴ 출력

$$P = \sqrt{3} \, VI\cos\theta \cdot \eta$$
$$= \sqrt{3} \times 220 \times 9 \times 0.85 \times 0.8 = 2,332 \ [W] \fallingdotseq 2.33 \ [kW]$$

【답】②

28 10 [kW], 3상 200 [V] 유도 전동기(효율 및 역률 각각 85 [%])의 전부하 전류[A]는?

① 20　　　　　② 40
③ 60　　　　　④ 80

해설

출력

$P = \sqrt{3}\,VI\cos\theta \cdot \eta$에서

$$I = \frac{P}{\sqrt{3}\,V\cos\theta \cdot \eta} = \frac{10 \times 10^3}{\sqrt{3} \times 200 \times (0.85)^2} = 40\ [\text{A}]$$

【답】②

29 단자 전압 200 [V], 전류 50 [A], 15 [kW]를 소비하는 3상 유도 전동기의 역률[%]은?

① 86.6　　　　② 57.7
③ 66.6　　　　④ 82.2

해설

출력

$P = \sqrt{3}\,VI\cos\theta$에서

$$\cos\theta = \frac{P}{\sqrt{3}\,VI} = \frac{15 \times 10^3}{\sqrt{3} \times 200 \times 50} = 0.866 = 86.6\ [\%]$$

【답】①

30 3상 유도 전동기에 직결된 펌프가 있다. 펌프 출력은 100 [HP], 효율 74.6 [%], 전동기의 효율과 역률은 94 [%]와 90 [%]라고 하면 전동기의 입력[kVA]은?

① 95.74　　　　② 104.4
③ 111.1　　　　④ 118.2

해설

출력 : $P = \dfrac{[\text{HP}] \times 0.746}{\eta_p} = \dfrac{100 \times 0.746}{0.746} = 100\ [\text{kW}]$

∴ 전동기의 피상 전력

$$P_1 = \frac{P}{\eta_m \cos\theta} = \frac{100}{0.94 \times 0.9} = 118.2\ [\text{kVA}]$$

【답】④

31 10분간은 100 [kW]의 부하이고, 50분간은 20 [kW]의 부하로 반복되는 유도 전동기의 2승 평균법에 의한 등가적 연속 출력은 약 몇 [kW]인가?

① 45　　　　　② 50
③ 30　　　　　④ 35

해설

규칙적으로 부하가 변화하는 경우는 전동기의 정격 출력을 간편하게 구하는 방법으로 자승평균법과 평균손실법을 사용한다. 자승평균법에 의한 연속 출력은

$$P_a = \sqrt{\frac{P_1^2 t_1 + P_2^2 t_2 + \cdots + P_n^2 t_n}{\tau}}$$

$$= \sqrt{\frac{100^2 \times 10 + 20^2 \times 50}{60}} = \sqrt{2{,}000} = 45\ [\text{kW}]$$

【답】①

32 권선형 유도 전동기의 회전자 권선의 접속을 원심력 개폐기에 의해서 직렬 또는 병렬로 바꾸어 속도를 제어하는 방법은?

① 게르게스법　　② 2차 여자법
③ 2차 저항법　　④ 주파수 변환법

해설

3상 권선형 전동기의 기동법 : 기동 저항기(starter)법, 게르게스(Gerges)법

【답】①

33 9차 고조파에 의한 기자력의 회전 방향 및 속도는 기본파 회전 자계와 비교할 때 다음 중 적당한 것은?

① 기본파의 역방향이고 9배의 속도
② 기본파와 역방향이고 1/9배의 속도
③ 기본파와 동방향이고 9배의 속도
④ 회전 자계를 발생하지 않는다.

해설

3차, 9차 고조파는 회전 자계를 발생하지 않는다.

【답】④

34 교류 전동기에서 기본파 회전 자계와 같은 방향으로 회전하는 공간 고조파 회전 자계의 고조파 차수 h를 구하면? 단, m은 상수, n은 정의 정수이다.

① $h = nm$ ② $h = 2nm$

③ $h = 2nm + 1$ ④ $h = 2nm - 1$

해설

$h = 2nm + 1$ (3상의 경우 제7, 13차, …등)
  : 기본파와 같은 방향으로 회전한다.
$h = 2nm - 1$ (3상의 경우 제5, 11차, …등)
  : 기본파와 반대 방향으로 회전한다.

【답】 ③

35 어느 3상 유도 전동기의 전 전압 기동 토크는 전부하시의 1.8배이다. 전 전압의 2/3로 기동할 때 기동 토크는 전부하시의 몇 배인가?

① 0.8배 ② 0.7배

③ 0.6배 ④ 0.4배

해설

토크 : $T \propto V^2$ 이므로 $T' \propto T \times \left(\dfrac{V_1'}{V_1} \right)^2$

$\therefore T' = 1.8 T \times \left(\dfrac{2}{3} \right)^2 = 0.8 T$

【답】 ①

36 220 [V], 15 [kW], 6극 3상 유도 전동기의 기동 전류가 380 [A], 기동 토크는 150 [%]이다. 지금 이 전동기에 전 전압 50 [%]의 탭을 가진 기동 보상기를 사용하면 이 기동 전류[A]와 이때의 기동 토크[%]는?

① 190, 37.5 ② 190, 75

③ 95, 37.5 ④ 95, 75

해설

기동 전류 : $I_s = I_n \times 0.5 = 380 \times 0.5 = 190$ [A]
기동 토크 : $T_s = 1.5 T_n \times (0.5)^2 = 0.375 T_n$

【답】 ①

37 횡축에 속도 n을, 종축에 토크 T를 취하여 전동기 및 부하의 속도 토크 특성 곡선을 그릴 때 그 교점이 안정 운전점인 경우에 성립하는 관계식은? 단, 전동기의 발생 토크를 T_M, 부하의 반항 토크를 T_L이라 한다.

① $\dfrac{dT_M}{dT_L} < \dfrac{dT_L}{dn}$ ② $\dfrac{dT_M}{dn} = \dfrac{dT_L}{dn} = 0$

③ $\dfrac{dT_M}{dn} = \dfrac{dT_L}{dn}$ ④ $\dfrac{dT_M}{dn} < \dfrac{dT_L}{dn}$

해설

① $\dfrac{dT_M}{dn} < \dfrac{dT_L}{dn}$ (안정 운전) : n이 증가할 때에는 부하 토크 T_L이 전동기 발생 토크 T_M보다 커지고, n이 감소할 때에는 이와 반대로 된다. 교점 P가 안정 운전점이 된다.

② $\dfrac{dT_M}{dn} > \dfrac{dT_L}{dn}$ (불안정 운전)

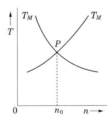

【답】 ④

38 소형 선풍기용 전동기의 속도 조성은?

① 전압 조정 ② 극수 변환

③ 주파수 조정 ④ 2차 저항 가감

【답】 ①

39 공급 전원에 이상이 없는 3상 농형 유도 전동기가 기동이 되지 않는 경우를 설명한 것 중 틀린 것은?

① 공극의 불균형
② 1선 단선에 의한 단상 기동
③ 기동의 단선, 단락
④ 3상 전원의 상회전 방향이 반대로 될 때

해설

3상 상회전이 반대로 되는 경우는 회전방향에 따라 전동기는 역회전 하게된다.

【답】④

40 3상 유도 전동기의 전원 주파수를 변화하여 속도를 제어하는 경우, 전동기의 출력 P 와 주파수 f 와의 관계는?

① $P \propto f$ ② $P \propto \dfrac{1}{f}$

③ $P \propto f^2$ ④ P 는 f 에 무관

해설

출력 : $P = \omega\tau = 2\pi n\tau$ 에서 $P \propto n$

회전자 속도 : $n = (1-s)n_s = (1-s)\dfrac{2f}{P}$ 에서 $n \propto f$

∴ $P \propto n \propto f$

【답】①

41 3상 유도 전동기의 설명 중 틀린 것은?

① 전부하 전류에 대한 무부하 전류의 비는 용량이 작을수록 극수가 많을수록 크다.
② 회전자의 속도가 증가할수록 회전자측에 유기되는 기전력은 감소한다.
③ 회전자 속도가 증가할수록 회전자 권선의 임피던스는 증가한다.
④ 전동기의 부하가 증가하면 슬립은 증가한다.

해설

회전자 속도가 증가할수록 슬립 s 가 작아진다.
$Z_{2s} = r_a + jsx_2$ 에서 속도가 증가하면 회전자 권선의 임피던스는 작아진다.

【답】③

42 유도 전동기의 속도 제어 방식으로 잘못 나타내진 것은?

① 1차 주파수 제어 방식
② 정지 셀비우스 방식
③ 정지 레오나드 방식
④ 2차 저항 제어 방식

해설

정지 레오나드 방식 : 사이리스터를 이용한 직류 전동기의 속도 제어 방식으로 워드 레오나드 방식을 대신한다.

【답】③

43 유도 전동기와 분권 정류자 전동기(SM)를 직결하여 유도 전동기의 2차 전력을 SM에서 기계적 에너지로 변환해서 주전동기에 공급하여 정출력 특성을 나타내는 속도 제어 방식은 무슨 방식인가?

① 세르비어스 방식
② 일그너 방식
③ 크레머 방식
④ 전자 커플링 방식

해설

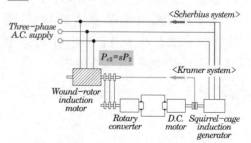

크레머(Kr mer) 방식 : 유도 전동기와 직류 전동기를 기계적으로 직결한 다음 전기적으로는 유도 전동기의 2차 출력을 실리콘 정류기로 정류하여 직류 전동기의 입력으로 사용하도록 접속한 방식을 말한다. 셀비어스 방식은 유발전기를 사용하여 유도전동기의 입력으로 사용하도록 접속한 방식을 말한다.

【답】③

44 회전자 전압 변화에 의한 속도 제어 중 크레머 방식과 세르비우스 방식이 다른 점은?

① 유도 발전기
② 회전 변류기
③ 정류기
④ 속도 조정용 계자 저항기

해설

세르비우스 방식 : 유도 발전기가 사용된다. 크레머 방식은 주전동기와 보조기와의 연결을 기계적 방법으로 사용하나 세르비우스 방식은 전기적 방법으로 연결하여 사용한다.

【답】①

45 유도 전동기와 직결된 전기 동력계(다이나모메터)의 부하 전류를 증가하면 유도 전동기의 속도는?

① 증가한다.
② 감소한다.
③ 변함이 없다.
④ 동기 속도로 회전한다.

해설

부하 P가 증가하면 전동기의 슬립 s가 증가하며 속도는 감소한다.

【답】②

46 일정 토크 부하에 알맞은 유도 전동기의 주파수 제어에 의한 속도 제어 방법을 사용할 때 공급 전압과 주파수는 어떤 관계를 유지하여야 하는가?

① 공급 전압이 항상 일정하여야 한다.
② 공급 전압과 주파수는 반비례되어야 한다.
③ 공급 전압과 주파수는 비례되어야 한다.
④ 공급 전압의 제곱에 반비례하는 주파수를 공급하여야 한다.

해설

유도 기전력 : $E=4.44fw\phi_m \propto f$
∴ 공급전압과 주파수는 비례되어야 한다.

【답】③

47 반도체 사이리스터에 의한 속도 제어에서 제어되지 않는 것은?

① 토크
② 전압
③ 위상
④ 주파수

【답】①

48 다음 ( )에 알맞은 말을 보기에서 골라 순서대로 쓰시오.

"인견용 포트 모터 운전의 (①)에는 유도 주파수 변환기가 사용된다. 이 경우 50 [Hz]로부터 160 [Hz]를 얻으려면 8극으로 하고 회전자를 회전 자계와 (②)로 (③) [rpm]으로 회전하면 된다."

[보기]
a. 1,320   b. 3,200   c. 전원
d. 시점   e. 직교   f. 반대

① d, e, b   ② c, e, a
③ d, f, b   ④ c, f, a

【답】④

49 반도체 사이리스터(thyristor)를 사용하여 전압 위상 제어로 그 평균값을 제어하여 속도 제어를 하며, 간단하여 널리 사용되는 것은?

① 전압 제어   ② 2차 저항법
③ 역상 제동   ④ 1차 저항법

해설

전압 제어 : 전기자에 가하는 전압을 변화시켜서 제어한다.

【답】 ①

50 유도 전동기의 속도 제어법에서 역률이 높은 순서로 써 보면 다음과 같다. 옳은 것은?

> A : 1차 전압 제어
> B : 2차 저항 제어
> C : 극수 변화
> D : 주파수 제어법

① CDAB   ② DCAB
③ CDBA   ④ ABCD

해설

주파수 제어법 → 극수 변환 → 1차 전압 제어법 → 2차 저항 제어법

【답】 ②

51 유도기를 전기적으로 제동하는 방법을 적은 것이다. 원리적으로 회전체의 에너지를 열로 변환하여 제동하는 방법이 아닌 것은?

① 발전 제동
② 유도 브레이크법
③ 역상 및 단상 제동
④ 회생 제동

해설

회생 제동 : 유도 전동기를 전원에 접속하고 동기 속도 이상으로 운전하여 유도 발전기로 동작시킨다. 이때 발생 전력을 전원에 반환하면서 제동하는 방법을 말한다.

【답】 ④

52 유도 전동기의 1차 전압 변화에 의한 속도 제어에서 SCR을 사용하는 경우 변화시키는 것은?

① 위상각   ② 주파수
③ 역상분 토크   ④ 전압의 최대값

해설

SCR을 이용한 속도제어 : 1 [Hz] 동안 주기마다 위상각이 변하는 것에 의해 전압을 바꾸는 방법을 사용한다.

【답】 ①

53 역률 $\cos\theta_2$, 입력 P_1 [kW]인 3상 유도 전동기에 x [kVA]의 콘덴서를 병렬로 접속해서 역률을 $\cos\theta_1$로 개선할 때, 콘덴서의 용량[kVA]은? 단, 콘덴서의 손실은 무시한다.

① $X = \left(\dfrac{\cos\theta_1}{\sqrt{1-\cos^2\theta_1}} - \dfrac{\cos\theta_2}{\sqrt{1-\cos^2\theta_2}} \right) P_1$

② $X = \left(\dfrac{\cos\theta_2}{\sqrt{1-\cos^2\theta_2}} - \dfrac{\cos\theta_1}{\sqrt{1-\cos^2\theta_1}} \right) P_1$

③ $X = \left(\dfrac{\sqrt{1-\cos^2\theta_2}}{\cos\theta_2} - \dfrac{\sqrt{1-\cos^2\theta_1}}{\cos\theta_1} \right) P_1$

④ $X = \left(\dfrac{\sqrt{1-\cos^2\theta_1}}{\cos\theta_1} - \dfrac{\sqrt{1-\cos^2\theta_2}}{\cos\theta_2} \right) P_1$

해설

콘덴서의 용량

$$X = P_1 (\tan\theta_2 - \tan\theta_1)$$
$$= P_1 \left(\frac{\sqrt{1-\cos^2\theta_2}}{\cos\theta_2} - \frac{\sqrt{1-\cos^2\theta_1}}{\cos\theta_1} \right)$$

【답】 ③

54 역률 90 [%], 300 [kW]의 전동기를 95 [%]로 개선하는 데 필요한 콘덴서의 용량 [kVA]은?

① 약 20   ② 약 30
③ 약 40   ④ 약 50

해설

개선전 역률 : $\cos\theta_1 = 0.9$
개선후 역률 : $\cos\theta_2 = 0.95$
콘덴서 용량

$$Q = P(\tan\theta_1 - \tan\theta_2) = P\left(\frac{\sqrt{1-\cos^2\theta_1}}{\cos\theta_1} - \frac{\sqrt{1-\cos^2\theta_2}}{\cos\theta_2}\right)$$

$$= 300\left(\frac{\sqrt{1-0.9^2}}{0.9} - \frac{\sqrt{1-0.95^2}}{0.95}\right)$$

$$= 300(0.484 - 0.33) = 46.2 \ [\text{kVA}]$$

【답】④

55 1,500 [kW], 6,000 [V], 60 [Hz]의 3상 부하의 역률은 65 [%](뒤짐)이다. 이 때 이 부하의 무효분[kVar]은?

① 1754   ② 2308
③ 0.76   ④ 0.65

해설

유효 전력 : $P = \sqrt{3}\,VI\cos\theta$

$$\therefore\ I = \frac{P}{\sqrt{3}\,V\cos\theta} = \frac{1,500\times 10^3}{\sqrt{3}\times 6,000\times 0.65} = 222.06 \ [\text{A}]$$

피상 전력
$$P_a = \sqrt{3}\,VI = \sqrt{3}\times 6,000\times 222.06\times 10^{-3}$$
$$= 2307.7 \ [\text{kVA}]$$

무효 전력
$$P_r = \sqrt{P_a^2 - P^2} = \sqrt{2,307.7^2 - 1,500^2} = 1,753.7 \ [\text{kVar}]$$

【답】①

56 권선형 유도 전동기와 직류 분권 전동기와의 유사한 점 두 가지는?

① 정류자가 있다. 저항으로 속도 조정이 된다.
② 속도 변동률이 작다. 저항으로 속도 조정이 된다.
③ 속도 변동률이 작다. 토크가 전류에 비례한다.
④ 속도가 가변, 기동 토크가 기동 전류에 비례한다.

해설

저항으로 속도 조정을 할 수 있으며, 정속도 운전을 할 수 있다.

【답】②

57 3상 서보 모터에 평형 2상 전압을 가하여 동작시킬 때의 속도-토크 특성 곡선에서 최대 토크가 발생하는 슬립 s는?

① $0.05 < s < 0.2$ ② $0.2 < s < 0.8$
③ $0.8 < s < 1$ ④ $1 < s < 2$

해설

서보 모터는 속응성이 좋고, 회전자의 관성 모멘트가 적어야 한다.

【답】②

58 2중 농형 전동기의 슬립 s에 대한 부하 전류 I, 토크 T의 곡선은?

①   ②

③   ④

해설

2중 농형의 특성은 보통 농형보다 기동 전류는 적고 기동 토크는 크다, 그러나 운전 특성은 보통 농형 보다 나쁘다.

【답】③

59 다음 중 서보 모터가 갖추어야 할 조건이 아닌 것은?

① 기동 토크가 클 것
② 토크 속도 곡선이 수하 특성을 가질 것
③ 회전자를 굵고 짧게할 것
④ 전압이 0이 되었을 때 신속하게 정지할 것

해설

서보 모터는 속응성이 좋고, 회전자의 관성 모멘트가 적어야 하므로 회전자의 직경을 작게 해야 한다.

【답】③

60 2중 농형 유도 전동기에서 외측(회전자 표면에 가까운 쪽) 슬롯에 사용되는 전선으로 적당한 것은?

① 누설 리액턴스가 작고 저항이 커야 한다.
② 누설 리액턴스가 크고 저항이 작아야 한다.
③ 누설 리액턴스가 작고 저항이 작아야 한다.
④ 누설 리액턴스가 크고 저항이 커야 한다.

해설

2중 농형은 슬롯이 2층으로 되어 있으며, 농형 권선 중 바깥쪽 도체에는 황동 또는 구리, 니켈 합금과 같은 특수 합금으로 저항이 높은 도체가 사용되고, 안쪽의 도체에는 저항이 낮은 구리가 사용된다.

【답】①

61 유도 발전기의 장점을 열거한 것이다. 옳지 않은 것은?

① 농형 회전자를 사용할 수 있으므로 구조가 간단하고 가격이 싸다.
② 선로에 단락이 생기면 여자가 없어지므로 동기 발전기에 비해 단락 전류가 적다.
③ 공극이 크고 역률이 동기기에 비해 좋다.
④ 유도 발전기는 여자기로서 동기 발전기가 필요하다.

해설

유도 발전기 : 동기기에 비하여 공극이 매우 작으며 효율, 역률이 나쁘다.

【답】③

62 비동기 발전기의 이점이 아닌 것은?

① 동기 속도 이외의 임의의 속도로 운전할 수 있다.
② 동기 탈조의 현상이 없어 안정하다.
③ 선로 전압으로 여자되기 때문에 선로 단락의 경우에는 여자가 없어지므로 단락 전류는 감소한다.
④ 기동 운전이 동기기에 비해서 복잡하다.

해설

• 비동기 발전기의 장점 : 운전이 동기기에 비하여 비교적 간단하다.
• 비동기 발전기의 단점 : 여자 회로의 리액턴스가 주파수 변환의 영향을 받아서 여자의 크기에 변동을 발생하고 불안정하다.

【답】④

63 200 ± 200 [V], 자기 용량 3 [kVA]인 단상 유도 전압 조정기가 있다. 최대 출력[kVA]은?

① 2   ② 4
③ 6   ④ 8

해설

단상 유도 전압 조정기의 1차 전압 : $V_1 = 200$ [V]
2차 전압의 범위 : $V_2 = 200 \pm 200$ [V]

유도 전압 조정기의 용량 = 부하 용량 $\times \dfrac{\text{승압 전압}}{\text{고압측 전압}}$

$\therefore 3 = $ 부하 용량 $\times \dfrac{200}{400}$

$\therefore$ 부하 용량 $= \dfrac{3}{\frac{200}{400}} = 6$ [kVA]

【답】③

64 단상 유도 전압 조정기에 부하를 걸었을 때, 발생하는 토크 방향은?

① 뒤진 역률일 때 강압 방향
② 앞선 역률일 때 강압 방향
③ 역률 1일 때 승압 방향
④ 역률 1일 때 강압 방향

해설

유도 전압 조정기에 부하를 걸게 되면 2차 전류가 흐르게 된다. 이때 뒤진 역률이므로 분로 권선은 뒤진 역률 만큼 회전하게 되며 회전방향은 강압 방향으로 회전하게 된다.

【답】①

65 단상 유도 전압 조정기와 3상 유도 전압 조정기의 비교 설명으로 옳지 않은 것은?

① 모두 회전자와 고정자가 있으며 한편에 1차 권선을, 다른 편에 2차 권선을 둔다.
② 모두 입력 전압과 이에 대응한 출력 전압 사이에 위상차가 있다.
③ 단상 유도 전압 조정기에는 단락 코일이 필요하나 3상에서는 필요 없다.
④ 모두 회전자의 회전각에 따라 조정된다.

해설

3상 유도 전압 조정기는 3상 유도 전동기와 같이 직렬권선에 의한 기전력은 회전자계의 위치와 관계 없이 항상 1차 부하전류에 의한 부로권선의 기자력에 의해 소멸되므로 단락권선이 필요 없다. 단상은 출력전압과 입력전압의 위상이 동상이다.

【답】②

66 다음 술어 중 유도 전압 조정기와 관련이 없는 것은? 단, 유도 전압 조정기는 단상, 3상 모두를 말한다.

① 위상의 연속 변화
② 분로 권선
③ 유도 전압은 $V_s = V_{sm}\sin\theta$
④ 직렬 권선

해설

유도 전압 : $V_s = V_{sm}\cos\theta$

【답】③

67 4줄의 출구선이 나와 있는 분상 기동형 단상 유도 전동기가 있다. 이 전동기를 그림(도면)과 같이 결선했을 때 시계 방향으로 회전한다면, 반시계 방향으로 회전시키고자 할 경우 어느 결선이 옳은가?

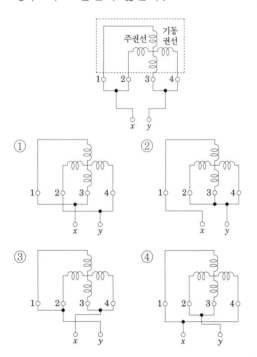

해설

운전 권선이나 기동 권선 중 1개만을 전원에 대하여 반대로 연결하면 역회전으로 운전한다.

【답】④

68 2회전 자계설로 단상 유도 전동기를 설명하는 경우 정방향 회전 자계에 대한 회전자의 슬립이 s이면 역방향 회전 자계에 대한 회전자 슬립은?

① $1+s$
② s
③ $1-s$
④ $2-s$

해설

단상 유도 전동기가 슬립 s로 회전하면 회전 주파수는
① 정상분 전동기에서는 $(1-s)f$이다.
② 역상분 전동기에서는 $f+(1-s)f=(2-s)f$가 된다.
∴회전자 권선은 sf와 $(2-s)f$ 되는 주파수의 기전력을 유기한다.

【답】④

69 저항 분상 기동형 단상 유도 전동기의 기동 권선의 저항 R 및 리액턴스 X의 주권선에 대한 대소 관계는?

① R : 대, X : 대
② R : 대, X : 소
③ R : 소, X : 대
④ R : 소, X : 소

해설

기동 권선에 흐르는 전류의 위상을 주권선에 흐르는 전류의 위상보다 앞서게 하기 위한 방법으로는 저항은 크게하고 리액턴스는 작게 하여야 한다.

【답】②

70 단상 유도 전동기를 기동 장치의 종류에 의해 분류하면 대략 다음과 같다. 그 중 다음 도면의 $(R+I)$ 곡선과 같은 큰 기동 토크 특성을 가지는 것은?

① 분상 기동 전동기
② 콘덴서 기동 전동기
③ 반발 기동 전동기
④ 반발 유도 전동기

해설

반발 유도 전동기 : 토크 속도 특성은 반발 전동기의 토크와 유도 전동기의 토크와의 합성 토크와 동일하다.

【답】④

71 브러시를 이동하여 회전 속도를 제어하는 전동기는?

① 직류 직권 전동기
② 단상 직권 전동기
③ 반발 전동기
④ 반발 기동형 단상 유도 전동기

해설

반발 전동기 : 브러시 이동만으로 기동, 정지, 속도 제어가 가능하다.

【답】③

72 6극 30 [kW], 380 [V], 60 [Hz]의 정격을 가진 어떤 3상 유도 전동기의 구속 시험 결과 선간 전압 50 [V] 선전류 60 [A], 3상 입력 2.5 [kW]이고 또, 단자간의 직류 저항은 0.18 [Ω]이었다. 이 전동기를 정격 전압으로 기동하는 경우 기동 토크[kg·m]는?

① 약 72
② 약 117
③ 약 702
④ 약 1149

해설

기동 토크 : $T_s = P_2/9.8\omega_s$
기동시의 2차 입력 : $P_2 = P_1 - 3I_1^2 r_1$
전력은 전압의 제곱에 비례하므로
$$P_2 = (V_1/V_s)^2 \cdot (P_s - 3I_s^2 r_1)$$
$$\therefore P_2 = (380/50)^2 \cdot (2.5\times10^3 - 3\times60^2 \times 0.18/2)$$
$$= 88,257.3[\text{W}]$$
$$\therefore T_s = \frac{P_2}{9.8\times 2\pi \times \dfrac{N_s}{60}} = 0.975\frac{P_2}{N_s} = 0.975\times \frac{88,257.3}{1,200}$$
$$= 71.71\,[\text{kg·m}] \fallingdotseq 72\,[\text{kg·m}]$$

【답】①

73 유도 전동기의 슬립을 측정하려고 한다. 다음 중 슬립의 측정법이 아닌 것은?

① 직류 밀리볼트계 법
② 수화기 법
③ 스트로보스코프 법
④ 프로니 브레이크 법

해설
프로니 브레이크법 : 토크의 측정
【답】④

74 유도 전동기의 슬립(slip)을 측정하려고 한다. 다음 중 슬립의 측정법은 어느 것인가?

① 직류 밀리볼트계법
② 동력계법
③ 보조 발전기법
④ 프로니 브레이크법

해설
슬립 측정 방법
① DC 밀리볼트계법
② 수화기법
③ 스트로보스코프법
【답】①

75 교류 타코메터(AC tachometer)의 제어 권선전압 $e(t)$와 회전각 θ의 관계는?

① $\theta \propto e(t)$
② $\dfrac{d\theta}{dt} \propto e(t)$
③ $\theta \cdot e(t) =$ 일정
④ $\dfrac{d\theta}{dt} \cdot e1(t) =$ 일정

해설
$e(t) \propto \dfrac{d\theta}{dt}$: 제어 권선전압은 회전각 속도에 비례한다.
【답】②

76 유도 전동기의 보호 방식에 따른 종류가 아닌 것은?

① 방진형
② 방수형
③ 전개형
④ 방폭형

해설
회전기의 보호 방식에 의한 분류
① 보호형 ② 차폐형 ③ 방진형 ④ 방적형
⑤ 방말형 ⑥ 방침형 ⑦ 방수형 ⑧ 수중형
⑨ 방식형 ⑩ 방폭형
【답】③

77 유도 전동기의 소음 중 전기적인 소음이 아닌 것은?

① 고조파 자속에 의한 진동음
② 슬립 비트 음
③ 기본파 자속에 의한 진동음
④ 팬 음

해설
유도 전동기의 소음을 계통적으로 분류
① 전기적 소음 : 기본파 자속에 의한 진동음, 고조파 자속에 의한 진동음, 슬립 비트음
② 기계적 소음 : 언밸런스에 의한 진동음, 베어링음, 브러시 음
③ 통풍음 : 팬 음, 덕트 음
【답】④

78 3상 유도 전동기에 불평형 3상 전압을 가한 경우 다음 전동기의 특성 중 옳은 것은?

① 영상 전압은 거의 고려할 필요가 없다.
② 영상 전압은 고려하여야 한다.
③ 정상 전압과 역상 전압에 의한 회전 자계의 방향은 같다.
④ 직렬 운전 상태에서 역상분은 제동 작용을 하지 않는다.

해설

중성점이 접지되지 않았으므로 영상분은 존재하지 않는다.

정상분과 역상분의 회전 자계는 서로 반대 방향으로 회전한다. 그러나 정상분에 의한 토크가 더 크므로 전동기는 정상분 전동기의 회전 방향으로 회전한다.

【답】①

---

79 3상 농형 유도 전동기의 효율은 약 몇 [%]인가?

① 60 　　　　② 70

③ 85 　　　　④ 100

【답】③

---

80 유도 전동기에서 인가 전압이 일정하고 주파수가 정격값에서 수[%] 감소할 때 다음 현상 중 해당되지 않는 것은?

① 동기 속도가 감소한다.
② 철손이 증가한다.
③ 누설 리액턴스가 증가한다.
④ 효율이 나빠진다.

해설

주파수가 감소하면 누설 리액턴스($X = 2\pi f L$)는 감소한다.

【답】③

---

81 6극의 3상 유도 전동기가 있다. 총 슬롯수는 72이고 매극 매상 슬롯에 분포하고 코일 간격 75 [%]의 단절권으로 하면 권선 계수는 얼마인가?

① 약 0.980 　　　　② 약 0.920

③ 약 0.891 　　　　④ 약 0.887

해설

1극 1상의 슬롯수 : $q = \dfrac{Z}{3p} = \dfrac{72}{3 \times 6} = 4$

한 슬롯간 전기각 : $\alpha = 180° \times \dfrac{6}{72} = 15°$

분포권 계수

$$k_{d1} = \frac{\sin\dfrac{q\alpha}{2}}{q\sin\dfrac{\alpha}{2}} = \frac{\sin\left(\dfrac{4 \times 15°}{2}\right)}{4\sin\dfrac{15°}{2}} = \frac{0.5}{4 \times 0.1305} = 0.960$$

단절권 계수

$$k_{p1} = \sin\frac{\beta\pi}{2} = \sin(0.75 \times 90) = \sin 67.5° = 0.924$$

∴ 권선 계수 $k_{w1} = k_{d1} \times k_{p1} = 0.960 \times 0.924 = 0.887$

【답】④

---

82 3상 4극 유도 전동기가 있다. 고정자의 슬롯수가 24라면 슬롯과 슬롯 사이의 전기각은 얼마인가?

① 20° 　　　　② 30°

③ 40° 　　　　④ 60°

해설

기하각 : $\alpha° = \dfrac{\text{전기각}}{p/2} = \dfrac{2\theta_e}{p}$ 에서 $\alpha° = \dfrac{360°}{24} = 15°$

전기각 : $\theta_e = \dfrac{p\alpha°}{2} = \dfrac{4 \times 15°}{2} = 30°$

【답】②

5 정류기

1. 회전변류기(Rotary converter)

회전변류기는 하나의 회전자에 동기 전동기의 권선과 직류 발전기의 권선을 동시에 감아 교류 전원으로 동기전동기를 회전시키켜 직류발전기로 직류 전압을 유기하는 방식의 정류기를 말하며, 이를 동기변류기라 부른다.

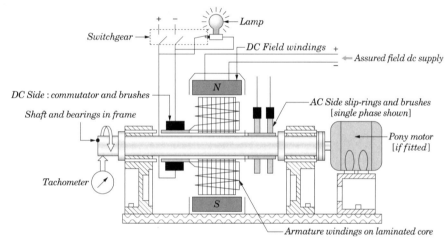

그림 1 회전변류기

전압비는 $\dfrac{E_a}{E_d} = \dfrac{1}{\sqrt{2}} \sin \dfrac{\pi}{m}$

여기서, m : 상수, E_a : 교류측 슬립링 간의 기전력, E_d : 직류측 전압

이며

전류비는 $\dfrac{I_a}{I_d} = \dfrac{2\sqrt{2}}{m \cdot \cos\theta}$

여기서, m : 상수, $\cos\theta$: 역률, I_a : 교류측 선전류, I_d : 직류측 선전류

가 된다.

상수	전압비
단상 $m = 2$	$\dfrac{E_a}{E_d} = \dfrac{1}{\sqrt{2}}$
3상 $m = 3$	$\dfrac{E_a}{E_d} = \dfrac{\sqrt{3}}{2\sqrt{2}}$
6상 $m = 6$	$\dfrac{E_a}{E_d} = \dfrac{1}{2\sqrt{2}}$

여기서, E_a : 슬립 링 사이의 전압 [V], E_d : 직류전압 [V], I_a : 교류측 선전류[A], I_d : 직류측 전류[A]

회전변류기를 기동하는 방법은 다음과 같다.

- 교류측 기동법
- 기동 전동기에 의한 기동법
- 직류측 기동법

회전 변류기의 전압 조정은 직류발전기로 조정하면 전압조정이 되지 않으며, 입력되는 교류전압으로 조정해야 한다.

- 직렬 리액턴스에 의한 방법
- 유도전압 조정기를 사용하는 방법
- 부하시 전압조정 변압기를 사용하는 방법
- 동기 승압기에 의한 방법

회전변류기는 다음과 같은 경우에는 난조가 발생한다.

- 브러시의 위치가 중성점보다 늦은 위치에 있을 때
- 직류측 부하가 급변하는 경우
- 교류측 주파수가 주기적으로 변동하는 경우
- 역률이 몹시 나쁜 경우
- 전기자 회로의 저항이 리액턴스에 비하여 큰 경우

이를 방지하기 위해 다음과 같이 한다.

- 제동 권선의 작용을 강하게 할 것
- 전기자 저항에 비하여 리액턴스를 크게 할 것
- 허용되는 범위 내에서 자극수를 적게 하고 기하학적 각도와 전기각의 차를 적게 한다.

예제문제 01

회전 변류기의 직류측 전압을 조정하려는 방법이 아닌 것은?

① 동기 승압기에 의한 방법직렬

② 유도 전압 조정기를 사용하는 방법

③ 리액턴스에 의한 방법

④ 여자 전류를 조정하는 방법

해설

직류 전압을 조정하기 위해서는 슬립링에 가해지는 교류 전압을 조정하여야 한다.

① 직렬 리액턴스에 의한 방법

② 유도 전압 조정기를 사용하는 방법

③ 부하시 전압 조정 변압기를 사용하는 방법

④ 동기 승압기를 사용하는 방법

답 : ④

예제문제 02

정격 전압 250 [V], 1,000 [kW]인 6상 회전 변류기의 교류측에 250 [V]의 전압을 가할 때, 직류측의 유도 기전력은 몇 [V]인가? 단, 교류측 역률은 100 [%]이고 손실은 무시한다.

① 약 815

② 약 747

③ 약 707

④ 약 684

해설

m상 회전 변류기의 교류측과 직류측의 전압비 : $\dfrac{E_a}{E_d} = \dfrac{1}{\sqrt{2}} \sin\dfrac{\pi}{m} = \dfrac{1}{\sqrt{2}} \sin\dfrac{\pi}{6}$ (6상)

$\therefore E_d = \dfrac{E_a}{\dfrac{1}{\sqrt{2}} \sin\dfrac{\pi}{6}} = \dfrac{250}{\dfrac{1}{\sqrt{2}} \times \dfrac{1}{2}} = 2\sqrt{2} \times 250 = 707$ [V]

답 : ③

2. 수은정류기(Mercury arc valve)

유리용기에 수은전극 캐소드(K)와 애노드(A)있으며, 유리용기에 수은주 10 mm 정도를 10^{-2} mmHg 내지 10^{-3} mmHg 정도의 진공관 용기 안의 수은증기 속에서 아크 방전을 발생시키면 애노드에서 캐소드로 전류가 흐른다. 반대방향으로는 전류가 흐르지 않는다. 수은 정류기에서는 K가 1개이고 A가 3개로 되어 있는 3상 또는 A가 6개인 6상의 것이 많다. 진공용기는 유리용기 또는 철제용기가 사용된다. 철제용기를 사용한 것은 1대의 용량도 2,000 kW 정도가 되며, 직류전기철도의 전원으로서 철도용 등 대용량의 것에 사용되었다. 현재는 반도체 정류가가 대신한다.

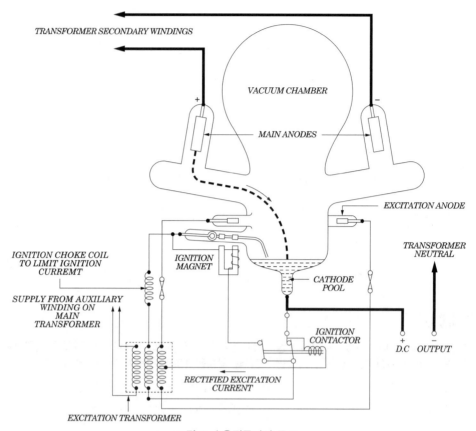

그림 2 수은정류기의 구조

유리 용기는 용량이 작은 것에 한정되어 몇 백 kW까지 이어서 전지충전용으로 사용되었다.

수은 정류기는 용기내의 진공도를 유지하는 것이 양호한 정류를 얻기 위해서는 매우중요하며, 이 때문에 항상 진공펌프를 가동시켜야 한다. 이상현상으로 정상(正常)과는 반대로 음극에서 양극을 향해 전류가 흐르는 역호가 발생한다.

• 역호 : 운전 중에 아크가 쉬고 있는 양극은 음극에 대하여 부전위로 된다. 이 부전위를 역전압이라 하며, 부전위로 있는 동안에 어떤 원인으로 양극에 음극점이 생기면 이 양극에서 전자가 방출하여 밸브 작용을 잃는 현상

역호의 발생원인은 다음과 같다.

• 내부 잔존 가스 압력의 상승   • 화성 불충분
• 양극의 수은 방울의 부착   • 양극 표면의 불순물의 부착
• 양극 재료의 불량   • 과전압, 과전류
• 중기 밀도의 과대

역호의 방지방법은 다음과 같다.

- 정류기를 과부하로 되지 않도록 할 것
- 냉각장치를 주의하여 과열, 과냉을 피할 것
- 진공도를 충분히 높게 할 것
- 양극 재료의 선택에 주의할 것
- 양극에 직접 수은 증기가 접촉되지 않도록 양극부의 유리를 구부린다.
- 철제 수은 정류기에서는 그리드를 설치하고 이것을 부전위하여 역호를 저지시킨다.

그림 3 수은 정류기[2]

그 외 수은정류기에서 발생할 수 있는 이상현상으로는 통호, 실호 및 이상전압이 있다.

- 통호 : 전류를 저지하지 못하고 전류가 통과하는 현상
- 실호 : 양극전류를 통해야 할 때 통전하지 못하는 현상

예제문제 03

6상 수은 정류기의 점호극의 수는?

① 1   ② 3   ③ 6   ④ 12

해설
수은 정류기에서는 K가 1개이고 A가 3개로 되어 있는 3상 또는 A가 6개인 6상의 것이 많다.

<u>답 : ①</u>

---

2) 수은정류기 영상 : https://www.youtube.com/watch?v=latzy2NDcYg

예제문제 **04**

수은 정류기에 있어서 정류기의 밸브 작용이 상실되는 현상을 무엇이라 하는가?

① 점호   ② 역호
③ 실호   ④ 통호

해설
운전 중에 아크가 쉬고 있는 양극은 음극에 대하여 부전위로 된다. 이 부전위를 역전압이라 하며, 부전위로 있는 동안에 어떤 원인으로 양극에 음극점이 생기면 이 양극에서 전자가 방출하여 밸브 작용을 잃는 현상을 역호라 한다.

답 : ②

예제문제 **05**

유리제 수은 정류기의 장점이 아닌 것은?

① 효율이 높다.   ② 용기를 대지와 절연할 필요가 없다.
③ 진공 장치가 필요 없다.   ④ 기계적, 열적으로 강하다.

해설
유리제 수은 정류기
• 장점   ① 냉각수가 필요 없다.   ② 진공 장치가 필요 없다.
          ③ 운전 보수가 용이하다.   ④ 효율이 높다.
          ⑤ 시설비가 싸다.
• 단점   ① 기계적으로 약하다.
          ② 수리가 곤란하다.
          ③ 단관 용량, 과부하 내량이 작고 대용량의 것을 제작할 수 없다.

답 : ④

예제문제 **06**

3상 수은 정류기의 직류측 전압 E_d와 교류측 전압 E의 비 $\dfrac{E_d}{E}$ 는?

① 0.855   ② 1.02   ③ 1.17   ④ 1.86

해설

직류측 전압 : $E_d = \dfrac{\sqrt{2}\,E\sin\dfrac{\pi}{m}}{\dfrac{\pi}{m}}$ [V]

$\therefore \dfrac{E_d}{E} = \dfrac{\sqrt{2}\sin\dfrac{\pi}{m}}{\dfrac{\pi}{m}} = \dfrac{\sqrt{2}\sin\dfrac{\pi}{3}}{\dfrac{\pi}{3}} = \dfrac{\sqrt{2}\times\dfrac{\sqrt{3}}{2}}{\dfrac{\pi}{3}} = 1.17$

답 : ③

3. 반도체 정류기

3.1 전력용 반도체 소자의 종류

진성 반도체(실리콘)에 3가 또는 5가 불순물을 첨가하여 전류운반 캐리어(자유전자 또는 정공)의 농도를 크게 만드는 과정을 도핑(doping)이라 하며, 불순물이 도핑된 반도체를 불순물(extrinsic) 반도체라고 한다. 불순물 반도체는 도핑 물질에 따라 P형 반도체와 N형 반도체로 구분된다.

진성 반도체에 인(P), 비소(As), 안티몬(Sb)과 같은 5가 불순물을 첨가하면 5개의 가전자 중 4개는 주변의 실리콘 원자들과 공유결합을 이루고, 나머지 가전자 1개는 불순물 원자에서 이탈하여 자유전자(free electron)가 된다. 즉, 5가 불순물은 자유전자를 제공하므로 도너 불순물(donor impurity)이라고 한다. 진성 반도체에 도너 불순물을 첨가하여 음(−)전하를 띠는 전자의 농도를 증가시킨 반도체를 N형 반도체라고 한다.

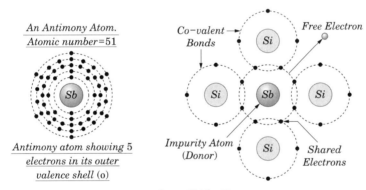

그림 4 N형 반도체

진성 반도체에 붕소(B), 인듐(In), 갈륨(Ga)과 같은 3가 불순물을 첨가하면 3가 불순물 원자는 3개의 가전자를 가지므로, 주변의 실리콘 원자들과 공유결합을 이루기 위해 1개의 가전자가 부족하게 되어 1개의 정공(hole)을 생성한다. 이와 같이 3가 불순물은 정공을 제공하므로 억셉터 불순물(acceptor impurity)이라고 한다. 진성 반도체에 억셉터 불순물을 첨가하여 양(+)전하를 띠는 정공의 농도를 증가시킨 반도체를 P형 반도체라고 한다.

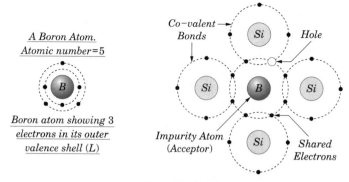

그림 5 P형 반도체

(1) P-N 접합 다이오드

p형과 n형의 정공과 전자가 잘 흐르도록 전압을 가해 주는 바이어스를 순방향 바이어스라고 하며, p형 반도체쪽에는 (+)전압을, n형 반도체쪽에는 (−)전압을 걸어 주어 p‐n 접합에 전류를 흐르게 한다.

(2) 사이리스터

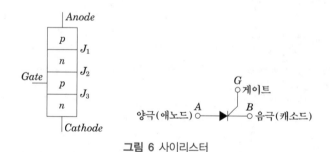

그림 6 사이리스터

제어성 turn on, 무제어성 turn off , pnpn 구조의 4층 반도체 소자를 세 개의 pn접합으로 되어 있으며 세개의 단자, 즉, 애노드, 캐소오드, 게이트로 구성되어 있다. SCR은 점호능력은 있으나 소호능력이 없으므로 애노드 전류를 유지전류(20 mA) 이하로 하거나 역방향 바이어스를 가하여야 소호(turn off)된다.

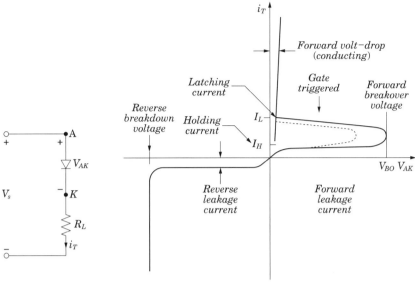

그림 7 사이리스터의 특성

SCR의 특징은 다음과 같다.

• 아크가 생기지 않으므로 열의 발생이 적다.

• 과전압에 약하다.

• 열용량이 적어 고온에 약하다.

• 게이트 신호를 인가할 때부터 도통할 때까지의 시간이 짧다.

• 전류가 흐르고 있을 때 양극의 전압강하가 작다.

• 정류기능을 갖는 단일방향성 3단자 소자이다.

• 역률각 이하에서는 제어가 되지 않는다.

예제문제 07

다음 중 SCR의 기호가 맞는 것은 어느 것인가? 단, A는 anode의 약자, K는 cathode의 약자이며 G는 gate의 약자이다.

①   ②   ③   ④

해설
① 다이오드(Diode)
③ SCR(Silicon Controlled Rectifier)

답 : ③

예제문제 **08**

SCR(실리콘 정류 소자)의 특징이 아닌 것은?

① 아크가 생기지 않으므로 열의 발생이 적다.

② 과전압에 약하다.

③ 게이트에 신호를 인가할 때부터 도통할 때까지의 시간이 짧다.

④ 전류가 흐르고 있을 때의 양극 전압 강하가 크다.

해설

SCR의 특징

① 아크가 생기지 않으므로 열의 발생이 적다.

② 과전압에 약하다.

③ 열용량이 적어 고온에 약하다.

④ 게이트 신호를 인가할 때부터 도통할 때까지의 시간이 짧다.

⑤ SCR의 순방향 전압 강하는 보통 1.5 [V] 이하로 적다.

⑥ 정류기능을 갖는 단일방향성 3단자 소자이다.

⑦ 역률각 이하에서는 제어가 되지 않는다.

답 : ④

예제문제 **09**

SCR의 설명으로 적당하지 않은 것은?

① 게이트 전류(I_G)로 통전 전압을 가변시킨다.

② 주전류를 차단하려면 게이트 전압을 (0) 또는 (−)로 해야 한다.

③ 게이트 전류의 위상각으로 통전 전류의 평균값을 제어시킬 수 있다.

④ 대전류 제어 정류용으로 이용된다.

해설

SCR은 게이트에 (+)의 트리거 펄스가 인가되면 통전 상태로 되어 정류 작용이 개시된다.

통전이 시작되면 게이트 전류를 차단해도 주전류(애노드 전류)는 차단되지 않는다.

주전류를 차단하려면 애노드 전압을 (0) 또는 (−)로 해야 한다.

답 : ②

예제문제 **10**

SCR을 이용한 인버터 회로에서 SCR이 도통 상태에 있을 때 부하 전류가 20 [A] 흘렀다. 게이트 동작 범위 내에서 전류를 $\frac{1}{2}$로 감소시키면 부하 전류는 몇 [A]가 흐르는가?

① 0   ② 10   ③ 20   ④ 40

해설

SCR이 일단 ON 상태로 되면 전류가 유지 전류 이상으로 유지되는 한 게이트 전류의 유무에 관계없이 주전류(애노드 전류)는 흐른다.

답 : ③

(3) GTO(gate turn off thyristor)

SCR은 도통 시점을 임의로 조절하는 것이 가능 하지만 소호시키는 시점은 제어 할 수 없다. 따라서, 이러한 단점을 보완한 것이 GTO로서 게이트에 흐르는 전류를 점호할 때의 전류와 반대 방향의 전류를 흐르게 함으로서 임의로 GTO를 소호시킬 수 있다.

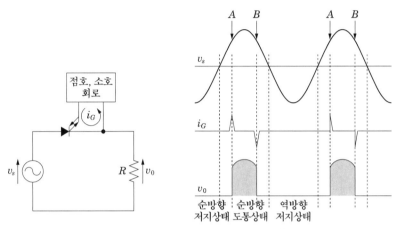

그림 8 GTO(gate turn off thyristor)

(4) TRIAC(trielectrode AC switch)

SCR은 한 방향으로만 도통할 수 있는데 반하여 TRIAC은 양방향으로 도통할 수 있으며 기능상으로 2개의 SCR을 역병렬 접속한 것과 같다. TRIAC의 게이트에 전류를 흘리면 그 상태에서 어느 방향이건 전압이 높은 쪽에서 낮은 쪽으로 도통한다. 도통이 완료되면 SCR과 같이 그 방향으로 전류가 더 이상 흐르지 않을때 까지 계속 도통한다. 전류 방향이 바뀌려고 하면 소호되고 일단 소호되면 다시 점호시킬 때까지 차단 상태를 유지한다.

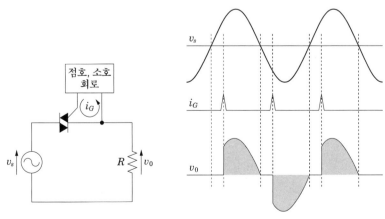

그림 9 TRIAC(trielectrode AC switch)

표 1 전력용 반도체의 비교

방향성	단자수	명칭	트리거 방법	전력용	트리거용	용도
단방향성	3	실리콘 제어 정류소자 SCR	게이트 신호	○		위상제어 정지 스위치 인버터 초퍼
		실리콘 일방향 스위치 SUS PUT	게이트 신호 또는 브레이크 오버 전압 초과		○	타이머 회로 트리거 회로
	4	실리콘 제어 스위치 SCS	어느 쪽인가의 게이트 신호	○	○	조광기 트리거 회로 카운터 제어회로
쌍방향성	2	BISWITCH, 트리거 다이오드 DIAC, SSS SIDAC, BIAC	브레이크 오버 전압 초과	○	○	AC 위상제어 트리거 회로 과전압 보호
	3	TRIAC FLS	게이트 신호 또는 브레이크 오버 전압 초과	○		AC 스위치 위상제어
		실리콘 쌍방향 스위치 SBS	게이트 신호 또는 브레이크 오버 전압 초과		○	트리거 회로 과전압 보호

예제문제 11

2방향성 3단자 사이리스터는 어느 것인가?

① SCR   ② SSS   ③ SCS   ④ TRIAC

해설
SCR : 1방향성 3단자, SSS : 2방향성 2단자, SCS : 1방향성 4단자, TRIAC : 2방향성 3단자

답 : ④

3.2 단상반파 정류회로

$v_i = V_m \sin\omega t$ 의 정현파 전압에 대하여 $0 \leq \omega t \leq \pi$ 의 반사이클 주기에서만 정류소자 T_d로 통전하면 직류전압 v_d의 파형은 그림 10의 (c)의 실선이 된다. 직류전압 평균값을 구하면 다음과 같다.

$$v_{d0} = \frac{1}{T}\int_0^T v\,dt = \frac{1}{2\pi}\int_0^\pi \sqrt{2}\,V\sin\omega t\,dt = \frac{\sqrt{2}}{\pi}V = 0.45\,V$$

직류전류 평균값을 구하면 다음과 같다.

$$I_d = \frac{v_d}{R} = \frac{\frac{\sqrt{2}}{\pi}V}{R} = \frac{\sqrt{2}}{\pi} \cdot \frac{V}{R} = \frac{\sqrt{2}}{\pi}I$$

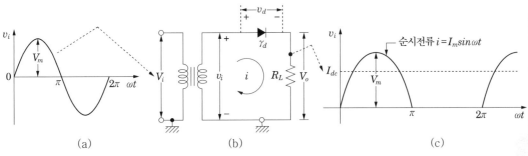

그림 10 단상 반파정류회로

 12

단상 200 [V]의 교류 전압을 점호각 60°로 반파 정류를 하여 저항 부하에 공급할 때의 직류 전압[V]은?

① 97.5　　　　② 86.4　　　　③ 75.5　　　　④ 67.5

무유도 부하일 경우 직류전압 : $E_d = \frac{1}{2\pi}\int_\alpha^\pi \sqrt{2}\,E\sin\theta \cdot d\theta = \frac{1+\cos\alpha}{\sqrt{2}\,\pi}E\,[V]$

$\therefore\ E_d = \frac{1+\cos 60°}{\sqrt{2}\,\pi} \times 200 = 67.5\,[V]$

답 : ④

예제문제 13

그림의 단상 반파 정류 회로에서 R에 흐르는 직류 전류[A]는? 단, $V = 100\,[V]$, $R = 10\sqrt{2}\,[\Omega]$이다.

① 2.28　　　　② 3.2
③ 4.5　　　　④ 7.07

해설

직류 전압 : $E_d = \frac{\sqrt{2}}{\pi}E = 0.45E\,[V]$

$\therefore I_d = \frac{E_d}{R} = \frac{0.45E}{R} = \frac{0.45 \times 100}{10\sqrt{2}} = 3.18 = 3.2\,[A]$

답 : ②

예제문제 14

단상 반파 정류 회로에서 변압기 2차 전압의 실효값을 E [V]라 할 때 직류 전류 평균값[A]은 얼마인가? 단, 정류기의 전압 강하는 e [V]이다.

① $\left(\dfrac{\sqrt{2}}{\pi}E-e\right)/R$

② $\dfrac{1}{2}\cdot\dfrac{E-e}{R}$

③ $\dfrac{2\sqrt{2}}{\pi}\cdot\dfrac{E}{R}$

④ $\dfrac{\sqrt{2}}{\pi}\cdot\dfrac{E-e}{R}$

해설

무부하 직류 전압 : $E_{d0}=\dfrac{1}{2\pi}\displaystyle\int_0^\pi \sqrt{2}\,E\sin\theta\cdot d\theta=\dfrac{\sqrt{2}}{\pi}E=0.45E\,[\mathrm{V}]$

정류기 내의 전압 강하(수은 정류기에서는 아크 전압 강하) : e_a

직류 전압 평균값 : $E_d=E_{d0}-e_a\,[\mathrm{V}]$

$\therefore$ 직류 전류 평균값 : $I_d=\dfrac{E_d}{R}=\dfrac{E_{d0}-e_a}{R}=\dfrac{\dfrac{\sqrt{2}}{\pi}E-e_a}{R}=\dfrac{0.45E-e_a}{R}\,[\mathrm{A}]$

여기서 E : 변압기 2차 상전압(실효값)[V], R : 부하 저항[Ω]

답 : ①

3.3 단상전파 정류회로

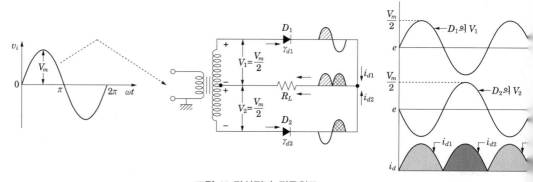

그림 11 단상전파 정류회로

$v_i=V_m\sin\omega t$의 정현파 전압에 대하여 그림 11과 같은 v_d의 파형이 된다.

직류전압 평균값을 구하면 다음과 같다.

$$v_d=\frac{1}{\pi}\int_0^\pi v\,dt=\frac{1}{\pi}\int_0^\pi \sqrt{2}\,V\sin\omega t=\frac{2\sqrt{2}}{\pi}V=0.9V$$

직류전류 평균값을 구하면 다음과 같다.

$$I_d = \frac{v_d}{R} = \frac{\frac{2\sqrt{2}}{\pi}V}{R} = \frac{2\sqrt{2}}{\pi} \cdot \frac{V}{R} = 0.9\,I$$

전파정류회로는 그림 10과 같이 브리지 형태로 다이오드를 연결하여 사용하는 것이 일반적이다.

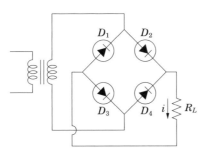

그림 12 브리지 정류회로

표 2 정류회로의 비교

특성	단상 반파	단상 전파	3상 반파	3상 전파
P	1	2	3	6
v_d	$\frac{\sqrt{2}}{\pi}V$	$\frac{\sqrt{2}}{\pi}V$	$1.17\,V$	$1.35\,V$
I_d	$\frac{\sqrt{2}}{\pi}\frac{V}{R}$	$\frac{\sqrt{2}}{\pi}\frac{V}{R}$	$1.17\frac{V_s}{R}$	$1.35\frac{V}{R}$
정류효율 $\eta_R[\%]$	40.6	81.2	96.5	99.8
맥동률 $v\,[\%]$	121	48	17	4
PIV	$3.14E_{d0}$	$3.14E_{d0}$	$2.09E_{d0}$	$1.05E_{d0}$
맥동 주파	60	120	180	360

 15

그림에서 V를 교류 전압 v의 실효값이라고 할 때 단상 전파 정류에서 얻을 수 있는 직류 전압 e_d의 평균값[V]은?

① 2   ② 1.5

③ 1   ④ 0.9

브리지 정류 회로 부하 양단의 직류 전압 e_d의 평균값 : $E_{dc} = \frac{2}{\pi}E_m = \frac{2}{\pi} \times \sqrt{2}\,E$

$\therefore E_d = 0.636 \times \sqrt{2}\,E = 0.912E\,[\text{V}]$

<u>답 : ④</u>

예제문제 16

그림에서 밀리암페어계의 지시를 구하면? 단, 밀리암페어계는 가
동 코일형이라 하고 정류기의 저항은 무시한다.

① 2.5 [mA]

② 1.8 [mA]

③ 1.2 [mA]

④ 0.8 [mA]

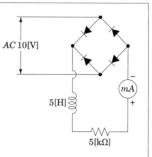

해설

가동 코일형 : 직류 평균값을 지시한다.

$$I_d = \frac{E_d}{R} [\text{A}]$$

$$E_d = \frac{2\sqrt{2}}{\pi} E = 0.9E = 0.9 \times 10 = 9 \text{ [V]}$$

$$\therefore I_d = \frac{E_d}{R} = \frac{9}{5000} = 1.8 \times 10^{-3} \text{ [A]} = 1.8 \text{ [mA]}$$

답 : ②

예제문제 17

전원 전압 100 [V]인 단상 전파 제어 정류에서 점호각이 30° 일 때 직류 평균 전압[V]은?

① 84   ② 87   ③ 92   ④ 98

해설

직류 전압 : $E_d = \dfrac{\sqrt{2}\,E}{\pi}(1+\cos\alpha) = \dfrac{\sqrt{2}\times 100}{3.14}\left(1+\dfrac{\sqrt{3}}{2}\right) = 84$ [V]

답 : ①

예제문제 18

그림의 단상 전파 정류 회로에서 교류측 공급 전압 $628\sin 314t$ [V] 직류측 부하 저항 20
[Ω]일 때의 직류측 부하 전류의 평균치 I_d [A] 및 직류측 부하 전압의 평균값 E_d [V]는?

① $I_d = 20$ [A], $E_d = 400$ [V]

② $I_d = 10$ [A], $E_d = 200$ [V]

③ $I_d = 14.1$ [A], $E_d = 282$ [V]

④ $I_d = 28.2$ [A], $E_d = 565$ [V]

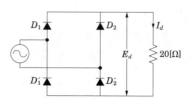

해설

• 교류전압 : $E = \dfrac{E_m}{\sqrt{2}} = \dfrac{628}{\sqrt{2}} = 444$ [V]   • 직류전압 : $E_d = \dfrac{2\sqrt{2}}{\pi} E = 0.9E = 0.9 \times 444 = 400$ [V]

• 교류전류 : $I = \dfrac{E}{R} = \dfrac{444}{20} = 22.2$ [A]   • 직류전류 : $I_d = \dfrac{2\sqrt{2}}{\pi} I = 0.9 \times 22.2 = 20$ [A]

답 : ①

3.4 맥동률

(1) 단상회로의 맥동률

리플 백분율(맥동률) γ는 정류 회로 등의 출력 파형에 얼마만큼 맥류분이 포함되어 있는가를 나타내고, 맥류분과 직류분의 비로서 다음과 같이 구한다.

$$\gamma = \frac{\text{맥류분의 실효값}}{\text{직류분의 실효값}} \times 100 = \frac{V}{V_D} \times 100 = \frac{I}{I_D} \times 100 \ [\%]$$

$$= \sqrt{\frac{\text{실효값}^2 - \text{평균값}^2}{\text{평균값}^2}} \times 100 = \frac{\text{교류분}}{\text{직류분}} \times 100 \ [\%]$$

또한, 맥동률(ripple factor) γ는 반파 정류 회로에서는 $121\,[\%]$이지만 전파 정류 회로에서는 $48\,[\%]$ 정도이다.

① 단상 반파 맥동률

$$\gamma = \sqrt{(I_r)^2 - (I_d)^2} = \sqrt{\left(\frac{I_r}{I_d}\right)^2 - 1}$$

$$= \sqrt{\left\{\frac{(1/2)}{(1/\pi)}\right\}^2 - 1} = \sqrt{\left(\frac{\pi}{2}\right)^2 - 1} = 1.21 = 121\,[\%]$$

② 단상 전파 맥동률

$$v = \frac{\sqrt{(I_{rms})^2 - (I_{av})^2}}{I_{av}} \times 100$$

$$= \sqrt{\left(\frac{I_s}{I_{av}}\right)^2 - 1} \times 100 = \sqrt{\left[\frac{\dfrac{I_m}{\sqrt{2}}}{\dfrac{2I_m}{\pi}}\right]^2 - 1} \times 100$$

$$= \sqrt{\left(\frac{\pi}{2\sqrt{2}}\right)^2 - 1} \times 100 = \sqrt{\frac{\pi^2}{8} - 1} \times 100 = 0.48 \times 100 = 48\,[\%]$$

(2) 다상회로의 맥동률

다상 회로의 맥동률은 다음 식에 의해 구하면 간략히 구할 수 있다.

$$\gamma = \frac{V_{ac}}{\sqrt{2}\,E_{do}} = \frac{\sqrt{2}}{p^2 - 1}\ [\%]$$

여기서, V_{ac} : 맥동 전압의 최대값, p : 정류 펄스의 수, 3상 반파는 3, 3상 전파는 6

예제문제 19

3상 반파 정류 회로에서 맥동률은 몇 [%]인가? 단, 부하는 저항 부하이다.

① 약 10
② 약 17
③ 약 28
④ 약 40

해설

실효값 : $I_r = \sqrt{\dfrac{3}{2\pi}\displaystyle\int_{-\pi/3}^{\pi/3}\left(\dfrac{\sqrt{2}\,V\cos\theta}{R}\right)^2 d\theta} = \dfrac{0.838\times\sqrt{2}\,V}{R}$

평균값 : $I_d = \dfrac{0.827\times\sqrt{2}\,V}{R}$

$\therefore v = \sqrt{\left(\dfrac{0.838}{0.827}\right)^2 - 1}\times 100 = 17\,[\%]$

답 : ②

예제문제 20

정류 회로의 상수를 크게 했을 경우 옳은 것은?

① 맥동 주파수와 맥동률이 증가한다.
② 맥동률과 맥동 주파수가 감소한다.
③ 맥동 주파수는 증가하고 맥동률은 감소한다.
④ 맥동률과 주파수는 감소하나 출력이 증가한다.

해설

① 단상 반파 정류 $f_0 = f = 60\,[\text{Hz}]$
② 단상 전파 정류 $f_0 = 2f = 120\,[\text{Hz}]$
③ 3상 반파 정류 $f_0 = 3f = 180\,[\text{Hz}]$
④ 3상 전파 정류 $f_0 = 6f = 360\,[\text{Hz}]$
여기서, 전원 주파수 : f, 맥동 주파수 : f_0

답 : ③

예제문제 21

어떤 정류 회로의 부하 전압이 200 [V]이고 맥동률 4 [%]이면 교류분은 몇 [V] 포함되어 있는가?

① 18
② 12
③ 8
④ 4

해설

맥동률 $= \dfrac{\triangle E}{E_d}\times 100\,[\%]$

$\therefore \triangle E = 0.04\times 200 = 8\,[\text{V}]$

답 : ③

핵심과년도문제

5·1

회전 변류기의 난조의 원인이 아닌 것은?

① 직류측 부하의 급격한 변화
② 역률이 매우 나쁠 때
③ 교류측 전원 주파수의 주기적 변화
④ 브러시 위치가 전기적 중성축보다 앞설 때

[해설] 회전 변류기의 난조의 원인

① 브러시의 위치가 중성점보다 늦은 위치에 있을 때
② 직류측 부하가 급변하는 경우
③ 교류측 주파수가 주기적으로 변동하는 경우
④ 역률이 몹시 나쁜 경우
⑤ 전기자 회로의 저항이 리액턴스에 비하여 큰 경우   【답】④

5·2

단중 중권 6상 회전 변류기의 직류측 전압 E_d와 교류측 슬립링간의 기전력 E_a에 대해 옳은 식은?

① $E_a = \dfrac{1}{2\sqrt{2}} E_d$

② $E_a = 2\sqrt{2}\, E_d$

③ $E_a = \dfrac{3}{2\sqrt{2}} E_d$

④ $E_a = \dfrac{1}{\sqrt{2}} E_d$

[해설] 전압비 : $\dfrac{E_a}{E_d} = \dfrac{1}{\sqrt{2}} \sin \dfrac{\pi}{m}$ 에서 $m=6$ 이므로

$\therefore E_a = \dfrac{1}{\sqrt{2}} \sin \dfrac{\pi}{6} E_d = \dfrac{1}{2\sqrt{2}} E_d$ [V]   【답】①

5·3

회전 변류기의 교류측 선전류를 I_a, 직류측 선전류를 I_d라 하면 I_d/I_a의 전류비는? 단, 손실은 없으며, 역률은 1이고, m은 상수이다.

① $\dfrac{2\sqrt{2}}{m}$

② $2\sqrt{2}$

③ $\dfrac{2\sqrt{2}}{3m}$

④ $\dfrac{m}{2\sqrt{2}}$

해설 전류비 : $\dfrac{I_d}{I_a} = \dfrac{m\cos\theta}{2\sqrt{2}} = \dfrac{m \times 1}{2\sqrt{2}} = \dfrac{m}{2\sqrt{2}}$ 　　　　　　　　　　　　　　【답】 ④

5·4

일반적으로 전철이나 화학용과 같이 비교적 용량이 큰 수은 정류기용 변압기의 2차측 결선 방식으로 쓰이는 것은?

① 6상 2중 성형　　　　　　　　　② 3상 반파
③ 3상 전파　　　　　　　　　　　④ 3상 크로즈파

해설 수은 정류기의 직류측 전압은 맥동이 있기 때문에 맥동을 적게 하기 위하여 상수를 6상 또는 12상을 사용한다. 일반적으로 대용량의 경우는 보통 6상식을 사용한다. 　　【답】 ①

5·5

수은 정류기의 역호 발생의 큰 원인은?

① 내부 저항의 저하　　　　　　　② 전원 주파수의 저하
③ 전원 전압의 상승　　　　　　　④ 과부하 전류

해설 역호의 발생 원인은 다음과 같다.
　　① 내부 잔존 가스 압력의 상승　　② 화성 불충분
　　③ 양극의 수은 물방울 부착　　　　④ 양극 표면의 불순물 부착
　　⑤ 양극 재료의 불량　　　　　　　⑥ 과전압, 과전류
　　⑦ 증기 밀도의 과대　　　　　　　　　　　　　　　　　　　【답】 ④

5·6

수은 정류기의 역호 방지법에 대하여 옳은 것은?

① 정류기를 어느 정도 과부하로 운전할 것
② 냉각 장치에 주의하여 과냉각하지 말 것
③ 진공도를 적당히 할 것
④ 양극 부분에 항상 열을 가열할 것

해설 역호의 방지법
　　① 정류기를 과부하로 되지 않도록 할 것
　　② 냉각장치를 주의하여 과열, 과냉을 피할 것
　　③ 진공도를 충분히 높게 할 것
　　④ 양극 재료의 선택에 주의할 것
　　⑤ 양극에 직접 수은 증기가 접촉되지 않도록 양극부의 유리를 구부린다.
　　⑥ 철제 수은 정류기에서는 그리드를 설치하고 이것을 부전위하여 역호를 저지시킨다.
　　　　　　　　　　　　　　　　　　　　　　　　　　　　　　【답】 ②

5·7

다음과 같은 반도체 정류기 중에서 역방향 내전압이 가장 큰 것은?

① 실리콘 정류기   ② 게르마늄 정류기

③ 셀렌 정류기   ④ 아산화동 정류기

[해설] 실리콘 정류기의 역내 전압 : 500~1000 [V] 정도   【답】①

5·8

실리콘 다이오드의 특성에서 잘못된 것은?

① 전압 강하가 크다.   ② 정류비가 크다.

③ 허용 온도가 높다.   ④ 역내전압이 크다.

[해설] SCR의 특징

     ① 아크가 생기지 않으므로 열의 발생이 적다.
     ② 과전압에 약하다.
     ③ 열용량이 적어 고온에 약하다.
     ④ 게이트 신호를 인가할 때부터 도통할 때까지의 시간이 짧다.
     ⑤ SCR의 순방향 전압 강하는 보통 1.5 [V] 이하로 적다.
     ⑥ 정류기능을 갖는 단일방향성 3단자 소자이다.
     ⑦ 역률각 이하에서는 제어가 되지 않는다.   【답】①

5·9

SCR의 설명 중 옳지 않은 것은?

① 스위칭 소자이다.
② P-N-P-N 소자이다.
③ 쌍방향성 사이리스터이다.
④ 직류, 교류, 전력 제어용으로 사용한다.

[해설] SCR은 단일 방향성 3단자 소자이다.   【답】③

5·10

다음 사이리스터 중 3단자 사이리스터가 아닌 것은?

① SCR   ② GTO   ③ TRIAC   ④ SCS

[해설] SCS : 1방향성 4단자 사이리스터   【답】④

5·11

직류에서 교류로 변환하는 기기는?

① 인버터　　　　② 사이클로 컨버터　　　③ 초퍼　　　④ 회전 변류기

해설 인버터 : 직류를 교류로 변환하는 역변환 장치　　　　　　　【답】①

5·12

다음은 다이리스터의 래칭(latching) 전류에 관한 설명이다. 옳은 것은?

① 게이트를 개방한 상태에서 사이리스터 도통 상태를 유지하기 위한 최소 전류
② 게이트 전압을 인가한 후에 급히 제거한 상태에서 도통 상태가 유지되는 최소의 순전류
③ 사이리스터의 게이트를 개방한 상태에서 전압이 상승하면 급히 증가하게 되는 순전류
④ 사이리스터가 턴온하기 시작하는 전류

해설 • 래칭 전류 : 게이트 개방 상태에서 SCR이 턴온되려고 할 때는 이 이상의 순전류가 필요
하고, 확실히 턴온시키기 위해서 필요한 최소의 순전류를 말한다.
• 유지 전류(holding current) : 게이트 개방 상태에서 SCR이 도통되고 있을 때 그 상태를
유지하기 위한 최소의 순전류를 말한다.　　　　　　　【답】④

5·13

다이오드를 사용한 정류 회로에서 여러 개를 직렬로 연결하여 사용할 경우 얻는
효과는?

① 다이오드를 과전류로부터 보호　　② 다이오드를 과전압으로부터 보호
③ 부하 출력의 맥동률 감소　　　　④ 전력 공급의 증대

해설 다이오드 직렬 연결 : 과전압 방지
　　　　다이오드 병렬 연결 : 과전류 방지

【답】②

5·14

그림은 일반적인 반파 정류 회로이다. 변압기 2차 전압의 실효값을 E [V]라 할
때 직류 전류 평균값은? 단, 정류기의 전압 강하는 무시한다.

① $\dfrac{E}{R}$　　　　② $\dfrac{1}{2}\dfrac{E}{R}$

③ $\dfrac{2\sqrt{2}\,E}{\pi R}$　　　④ $\dfrac{\sqrt{2}\,E}{\pi R}$

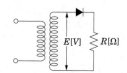

[해설] 무부하 직류 전압 : $E_{d0} = \dfrac{1}{2\pi}\displaystyle\int_0^\pi \sqrt{2}\,E\sin\theta \cdot d\theta = \dfrac{\sqrt{2}\,E}{\pi}$

정류기 내의 전압 강하 e를 무시하면 직류 전압 평균값 : $E_d \fallingdotseq E_{d0}$

직류 전류 평균값 : $I_d = \dfrac{E_d}{R} = \dfrac{E_{d0}}{R} = \dfrac{\dfrac{\sqrt{2}\,E}{\pi}}{R} = \dfrac{\sqrt{2}\,E}{\pi R}$ [A]

여기서, E : 변압기 2차 상전압(실효값), R : 부하 저항 【답】④

5·15

그림의 단상 반파 정류 회로에서 $v = \sqrt{2}\,V\sin\theta$라 할 때 직류 전압 e_d의 평균값은?

① $\sqrt{2}\,V$ ② V

③ $\dfrac{2\sqrt{2}}{\pi}V$ ④ $\dfrac{\sqrt{2}}{\pi}V$

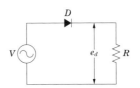

[해설] 직류전압 : $E_d = \dfrac{1}{T}\displaystyle\int_0^T v(t)dt = \dfrac{1}{2\pi}\int_0^\pi \sqrt{2}\,V\sin\theta d\theta = \dfrac{\sqrt{2}\,V}{2\pi}[-\cos\theta]_0^\pi$

$\qquad = \dfrac{\sqrt{2}\,V}{2\pi}[-\cos\pi - (-\cos 0°)] = \dfrac{\sqrt{2}\,V}{\pi}$ 【답】④

5·16

위상 제어를 하지 않은 단상 반파 정류 회로에서 소자의 전압 강하를 무시할 때 직류 평균값 E_d는? 단, E : 직류 권선의 상전압(실효값)이다.

① $0.45E$ ② $0.90E$ ③ $1.17E$ ④ $1.46E$

[해설] 직류 평균값 : $E_d = \dfrac{1}{2\pi}\displaystyle\int_\alpha^\pi \sqrt{2}\,E\sin\theta \cdot d\theta = \dfrac{(1+\cos\alpha)}{\sqrt{2}\,\pi}\cdot E$ [V]

$\therefore E_d = \dfrac{\sqrt{2}}{\pi}E = 0.45E$ [V] $(\alpha = 0)$ 【답】①

5·17

반파 정류 회로에서 직류 전압 200 [V]를 얻는 데 필요한 변압기 2차 상전압을 구하여라. 단, 부하는 순저항, 변압기 내 전압 강하를 무시하면 정류기 내의 전압 강하는 50 [V]로 한다.

① 68 ② 113 ③ 333 ④ 555

[해설] 교류전압 : $E = \dfrac{\pi}{\sqrt{2}}(E_d + e_a) = \dfrac{\pi}{\sqrt{2}}(200 + 50) = 555$ [V] 【답】④

5·18

단상 브리지 전파 정류 회로의 저항 부하의 전압이 100 [V]이면 전원 전압[V]은?

① 111   ② 141   ③ 100   ④ 90

해설 직류전압 : $E_d = \dfrac{2\sqrt{2}}{\pi}E = 0.90E$ 에서 $E = \dfrac{E_d}{0.9} = \dfrac{100}{0.9} = 111$ [V]   【답】①

5·19

그림과 같은 정류 회로에서 정현파 교류 전원을 가할 때 가동 코일형 전류계의 지시(평균값)는? 단, 전원 전류의 최대값은 I_m 이다.

① $I_m / \sqrt{2}$ ② $\dfrac{2}{\pi}I_m$

③ $\dfrac{I_m}{\pi}$ ④ $\dfrac{I_m}{2\sqrt{2}}$

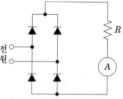

해설 직류전압 : $E_d = \dfrac{2}{\pi}E_m$

$\therefore I_d = \dfrac{E_d}{R} = \dfrac{2}{\pi}\dfrac{E_m}{R} = \dfrac{2}{\pi}I_m$ [A]   【답】②

5·20

단상 정류로 직류 전압 100 [V]를 얻으려면 반파 및 전파 정류인 경우 각각 권선 상전압 E_s 는 약 얼마로 하여야 하는가?

① 222 [V], 314 [V]   ② 314 [V], 222 [V]
③ 111 [V], 222 [V]   ④ 222 [V], 111 [V]

해설 반파의 경우 : $E_d = 0.45E$ $\therefore E = \dfrac{E_d}{0.45} = \dfrac{100}{0.45} = 222$

전파의 경우 : $E_d = 0.9E$ $\therefore E = \dfrac{E_d}{0.9} = \dfrac{100}{0.9} = 111$ 【답】④

5·21

단상 전파 정류 회로에서 교류측 공급 전압 628sin 314t [V], 직류측 부하 저항 20 [Ω]일 때 직류측 전압의 평균값은?

① 약 200   ② 약 400
③ 약 600   ④ 약 800

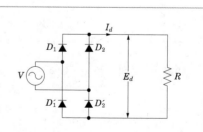

해설 교류전압의 실효값 : $E = \dfrac{E_m}{\sqrt{2}} = \dfrac{628}{\sqrt{2}} = 444\,[\text{V}]$

$\therefore E_d = \dfrac{2\sqrt{2}}{\pi}E = 0.9E = 0.9 \times 444 \fallingdotseq 400\,[\text{V}]$ 　【답】②

5·22

그림과 같은 단상 전파 제어 회로에서 점호각이 α일 때 출력 전압의 반파 평균 값을 나타내는 식은?

① $\dfrac{\sqrt{2}\,V_1}{\pi}(1 - \cos\alpha)$

② $\dfrac{\sqrt{2}\,V_1}{\pi}(1 + \cos\alpha)$

③ $\dfrac{\pi}{\sqrt{2}\,V_1}(1 - \cos\alpha)$

④ $\dfrac{\pi}{\sqrt{2}\,V_1}(1 + \cos\alpha)$

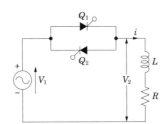

해설 반파의 경우 : $E_d = \dfrac{\sqrt{2}\,E}{2\pi}(1 + \cos\alpha)$

　전파의 경우 : $E_d = \dfrac{\sqrt{2}\,E}{\pi}(1 + \cos\alpha)$ 　【답】②

5·23

오른쪽 그림과 같은 단상 전파 제어 회로의 전원 전압의 최대값이 2300 [V]이다. 저항 2.3 [Ω], 유도 리액턴스가 2.3 [Ω]인 부하에 전력을 공급하고자 한다. 제어 범위는?

① $\dfrac{\pi}{4} \leqq \alpha \leqq \pi$ 　② $\dfrac{\pi}{2} \leqq \alpha \leqq \pi$

③ $0 \leqq \alpha \leqq \pi$ 　④ $0 \leqq \alpha \leqq \dfrac{\pi}{2}$

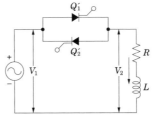

해설 $\alpha = \pi$에서 출력 : $P = 0$

　$\alpha = \varphi = \tan^{-1}\dfrac{X_L}{R} = \tan^{-1}\dfrac{2.3}{2.3} = \dfrac{\pi}{4}$에서 출력 : $P = P_{\max}$

　$\therefore$ 제어 범위 : $\dfrac{\pi}{4} \leqq \alpha \leqq \pi$ 　【답】①

5·24

입력 100 [V]의 단상 교류를 SCR 4개를 사용하여 브리지 제어 정류하려 한다.
이 때 사용할 1개 SCR의 최대 역전압(내압)은 약 몇 [V] 이상이어야 하는가?

① 25 ② 100

③ 142 ④ 200

해설 최대 역전압[PIV] : 입력 전압의 최대값 ($\sqrt{2}\, V$)이다.

$\therefore$ PIV$= \sqrt{2}\, V = \sqrt{2} \times 100 = 141.4$ [V]

【답】③

5·25

사이리스터 2개를 사용한 단상 전파 정류 회로에서 직류 전압 100 [V]를 얻으려
면 1차에 몇 [V]의 교류 전압이 필요하며, PIV가 몇 [V]인 다이오드를 사용하면
되는가?

① 111, 222 ② 111, 314

③ 166, 222 ④ 166, 314

해설 직류전압 : $E_d = \dfrac{2}{\pi} E_m$

교류전압 : $E_m = \dfrac{\pi}{2} E_d = \dfrac{3.14}{2} \times 100 = 157$

$\therefore V_{rms} = \dfrac{E_m}{\sqrt{2}} = \dfrac{157}{\sqrt{2}} \fallingdotseq 111$ [V]

$\therefore PIV = 2 E_m = 2 \times 157 = 314$ [V]

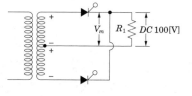

【답】②

5·26

다음 그림과 같이 SCR을 이용한 단상 전파 정류
회로에서 각 SCR에 걸리는 역전압 첨두값[V]은?
단, SCR의 순방향 전압 강하는 무시한다.

① 약 565.7 ② 약 346.4

③ 약 282.8 ④ 약 141.4

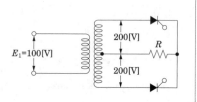

해설 직류전압 : $E_{d0} = \dfrac{2\sqrt{2}}{\pi} E = \dfrac{2\sqrt{2} \times 200}{3.14} = 180$ [V]

역첨두 전압 : $PIV = 2\sqrt{2}\, E = 2\sqrt{2} \times 200 = 565.7$ [V]

【답】①

5·27

아래 그림과 같은 회로에서 V_1, A_1은 가동 철편형, V_2, A_2는 가동 코일형의 전압계, 전류계이다. 이 회로의 V_1의 지시가 220 [V]일 때, A_1, A_2의 지시는 각각 약 몇 [A]인가? 단, $R = 10$ [Ω], $E_d/E = 1.17$, $I_d/I_2 = 1.732$로 한다.

① $A_1 = 25.0$ [A], $A_2 = 15.3$ [A]

② $A_1 = 25.7$ [A], $A_2 = 14.8$ [A]

③ $A_1 = 14.8$ [A], $A_2 = 25.7$ [A]

④ $A_1 = 15.3$ [A], $A_2 = 25.3$ [A]

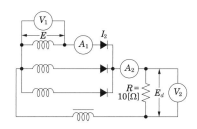

해설 가동 코일형 : 맥류의 평균값 지시

가동 철편형 : 실효값을 지시

V_2는 E_d, A_2는 I_d, V_1는 E, A_1은 I_2를 지시한다.

$\dfrac{E_d}{E} = 1.17$에서 $E_d = 1.17E = 1.17 \times 220 = 257.4$ [V] (V_2)

$$\therefore I_d = \frac{E_d}{R} = \frac{257.4}{10} = 25.74 \ \text{[A]} \ (A_2)$$

$\dfrac{I_d}{I_2} = 1.732$에서

$$\therefore I_2 = \frac{I_d}{1.732} = \frac{25.74}{1.732} = 14.86 \ \text{[A]} \ (A_1)$$

【답】 ③

5·28

그림과 같이 6상 반파 정류 회로에서 750 [V]의 직류 전압을 얻는 데 필요한 변압기 직류 권선의 전압은?

① 약 525 [V]   ② 약 543 [V]

③ 약 556 [V]   ④ 약 567 [V]

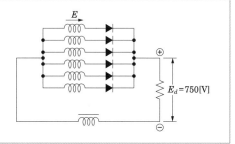

해설 전압비 : $\dfrac{E_d}{E} = \dfrac{\sqrt{2}\sin(\pi/m)}{\pi/m}$

$$\therefore E = \frac{E_d}{\dfrac{\sqrt{2}\sin(\pi/m)}{(\pi/m)}} = \frac{750}{\dfrac{\sqrt{2}\sin(\pi/6)}{(\pi/6)}} = 555.6 \ \text{[V]}$$

【답】 ③

5·29

사이리스터(thyristor) 단상 전파 정류 파형에서의 저항 부하시 맥동률[%]은?

① 17

② 48

③ 52

④ 83

해설 $\gamma = \dfrac{\sqrt{(I_s)^2 - (I_{av})^2}}{I_{av}} \times 100$

$= \sqrt{\left(\dfrac{I_{rms}}{I_{av}}\right)^2 - 1} \times 100 = \sqrt{\left[\dfrac{\dfrac{I_m}{\sqrt{2}}}{\dfrac{2I_m}{\pi}}\right]^2 - 1} \times 100$

$= \sqrt{\left(\dfrac{\pi}{2\sqrt{2}}\right)^2 - 1} \times 100 = \sqrt{\dfrac{\pi^2}{8} - 1} \times 100 = 0.48 \times 100 = 48 \, [\%]$ 【답】②

5·30

사이리스터를 이용한 정류 회로에서 직류 전압의 맥동률이 가장 작은 정류 회로는?

① 단상 반파 정류 회로

② 단상 전파 정류 회로

③ 3상 반파 정류 회로

④ 3상 전파 정류 회로

해설 정류상수가 높아지면 맥동률은 낮아지나 맥동 주파수는 높아진다. 【답】④

심화학습문제

01 6상 회전 변류기의 정격 출력이 2,000 [kW]이고 직류측 정격 전압이 1,000 [V]이다. 교류측 입력 전류는? 단, 역률 및 효율은 전부 100 [%]이고 $\cos\theta = 1$이다.

① 약 471 [A] ② 약 667 [A]

③ 약 943 [A] ④ 약 1,633 [A]

해설

직류전류

$$I_d = \frac{P_d}{E_d} = \frac{2,000 \times 10^3}{1,000} = 2,000 \text{ [A]}$$

전류비

$$\frac{I_a}{I_d} = \frac{2\sqrt{2}}{m\cos\theta} \text{에서}$$

$$\therefore I_a = \frac{2\sqrt{2}}{m\cos\theta} I_d = \frac{2\sqrt{2} \times 2,000}{6 \times 1} = 942.8 \text{ [A]}$$

【답】③

02 6상식 수은 정류기의 무부하시에 있어서의 직류측 전압은 얼마인가? (단, 교류측 전압은 E [V], 격자 제어 위상각 및 아크 전압 강하를 무시한다.)

① $\dfrac{3\sqrt{2}\,E}{\pi}$ ② $\dfrac{6(\sqrt{3}-1)E}{\pi}$

③ $\dfrac{\sqrt{2}\,\pi E}{3}$ ④ $\dfrac{3\sqrt{6}\,E}{\pi}$

해설

전압비 : $E_{d0} = (\sqrt{2}\,E\sin\dfrac{\pi}{m})/\dfrac{\pi}{m}\ (m=6)$

$$\therefore E_{d0} = \frac{\sqrt{2}\,E\sin\dfrac{\pi}{6}}{\dfrac{\pi}{6}} = \sqrt{2}\,E \times \frac{1}{2} \times \frac{6}{\pi} = \frac{3\sqrt{2}\,E}{\pi} = 1.35E$$

【답】①

03 수은 정류기의 전압과 효율과의 관계는?

① 전압이 높아짐에 따라 효율은 떨어진다.

② 전압이 높아짐에 따라 효율은 좋아진다.

③ 전압과 효율은 무관하다.

④ 어느 전압 이하에서 전압에 관계없이 일정하다.

해설

수은 정류기의 효율

$$\eta = \frac{E_d I_d}{E_d I_d + E_a I_d} \times 100$$

$$= \frac{E_d}{E_d + E_a} \times 100 = \frac{1}{1 + \dfrac{E_a}{E_d}} \times 100 \text{ [%]}$$

여기서, E_d : 직류측 전압

E_a : 아크 전압

I_d : 직류측 전류

E_a의 값은 E_d, I_d에 관계 없이 거의 일정하기 때문에 수은 정류기의 효율은 E_d가 높을수록 좋아진다. 또, 부하 변동에 대한 효율의 변화는 매우 작다.

【답】②

04 3상 수은 정류기의 직류 부하 전류(평균)에 100 [A]되는 1상 양극 전류 실효값[A]은?

① $\dfrac{100\sqrt{3}}{\pi}$ ② $\dfrac{100}{\sqrt{3}}$

③ $100\sqrt{3}$ ④ $\dfrac{100}{3}$

해설

1상의 양극 전류는 100 [A]가 $\dfrac{2\pi}{3}$ 사이에만 흐르고 나머지 $\dfrac{4\pi}{3}$ 는 흐르지 않는다.

$$I_{rms} = \sqrt{\frac{(100^2 \times \dfrac{2\pi}{3})}{2\pi}} = \frac{100}{\sqrt{3}} \text{ [A]}$$

【답】②

05 직류 5 [V], 10,000 [A]의 전원을 얻으려 한다. 다음 정류 방식 중 가장 적합한 방식은?

① 수은 정류기　　② 실리콘 정류기
③ 단극 발전기　　④ 셀렌 정류기

【답】①

06 600 [V] 철조 수은 정류기를 A, 1500 [V] 철조 수은 정류기를 B, 600 [V] 회전 변류기를 C, 1500 [V] 회전 변류기를 D라 할 때 종합효율이 좋은 것부터 나열하면?

① C-A-B-D　　② B-D-A-C
③ A-B-D-C　　④ D-C-B-A

해설

전부하에 대한 효율
600 [V] 철조 수은 정류기 : 94.5 [%]
600 [V] 회전 변류기 : 93.5 [%]
1,500 [V] 철조 수은 정류기 : 97 [%]
1,500 [V] 회전 변류기 : 95 [%]

【답】②

07 전압을 일정하게 유지하기 위해서 이용되는 다이오드는?

① 정류용 다이오드
② 바랙터 다이오드
③ 바리스터 다이오드
④ 제너 다이오드

해설

• 정류용 다이오드 : AC를 DC로 정류에 사용된다.
• 버랙터 다이오드 : 정전 용량이 전압에 따라 변화하는 소자
• 바리스터 다이오드 : 과도 전압, 이상 전압에 대한 회로 보호용에 사용된다.
• 제너 다이오드 : 정전압 회로용에 사용된다.

【답】④

08 반도체 정류기에서 필요하지 않는 것은?

① 정류용 변압기
② 냉각 장치
③ 전압 조정 요소
④ 여호 전원

【답】④

09 SCR의 특성에 대한 설명으로 잘못된 것은?

① 브레이크 오버(break over) 전압은 게이트 바이어스 전압이 역으로 증가함에 따라서 감소된다.
② 부성 저항의 영역을 갖는다.
③ 양극과 음극간에 바이어스 전압을 가하면 pn 다이오드의 역방향 특성과 비슷하다.
④ 브레이크 오버 전압 이하의 전압에서도 역포화 전류와 비슷한 낮은 전류가 흐른다.

해설

SCR의 도통 : SCR은 순방향 게이트 전류의 크기가 증가하면 순방향 브레이크오버 전압이 감소되어 도통하게 된다.

【답】①

10 SCS(silicon controlled switch)의 특징이 아닌 것은?

① 게이트 전극이 2개이다.
② 직류 제어 소자이다.
③ 쌍방향으로 대칭적인 부성 저항 영역을 갖는다.
④ AC의 ⊕, ⊖ 전파기간 중 트리거용 펄스를 얻을 수 있다.

해설

SCS : 단일 방향성 소자

【답】③

11 사이리스터(thyristor)에서는 게이트 전류가 흐르면 순방향의 저지 상태에서 ☐ 상태로 된다. 게이트 전류를 가하여 도통 완료까지의 시간을 ☐ 시간이라고 하나 이 시간이 길면 ☐ 시의 ☐ 이 많고 사이리스터 소자가 파괴되는 수가 있다. 다음 ☐ 안에 알맞은 말의 순서는?

① 온, 턴온, 스위칭, 전력 손실
② 온, 턴온, 전력 손실, 스위칭
③ 스위칭, 온, 턴온, 전력 손실
④ 턴온, 스위칭, 온, 전력 손실

【답】 ①

12 사이클로 컨버터(cycloconverter)란?

① 실리콘 양방향성 소자이다.
② 제어 정류기를 사용한 주파수 변환기이다.
③ 직류 제어 소자이다.
④ 전류 제어 소자이다.

해설

사이클로 컨버터 : 정지 사이리스터 회로에 의해 전원 주파수와 다른 주파수의 전력으로 변환시키는 직접 회로 장치를 말한다.

【답】 ②

13 반도체 사이리스터로 속도 제어를 할 수 없는 제어는?

① 정지형 레너드 제어
② 일그너 제어
③ 초퍼 제어
④ 인버터 제어

해설

일그너 제어는 플라이 휠을 사용하므로 반도체만으로는 제어가 되지 않는다.

【답】 ②

14 단상 반파 정류 회로에 환류 다이오드 (free-wheeling diode)를 사용할 경우에 대한 설명 중 해당되지 않는 것은?

① 유도성 부하에 잘 사용된다.
② 부하 전류의 평활화를 꾀할 수 있다.
③ pn 다이오드의 역바이어스 전압이 부하에 따라 변한다.
④ 저항 R 에 소비되는 전력이 약간 증가한다.

해설

환류 다이오드 : 부하와 병렬로 접속되어 다이오드가 off 될 때 유도성 부하전류의 통로를 만드는 다이오드로 부하전류를 평활화하고 다이오드의 역바이어스 전압을 부하에 관계없이 일정하게 유지시키는 역할을 한다.

【답】 ③

15 사이리스터가 기계적인 스위치보다 유효한 특성이 될 수 없는 것은?

① 내충격성　　　② 소형 경량
③ 무소음　　　　④ 고온에 강하다.

해설

SCR의 특징
① 아크가 생기지 않으므로 열의 발생이 적다.
② 과전압에 약하다.
③ 열용량이 적어 고온에 약하다.
④ 게이트 신호를 인가할 때부터 도통할 때까지의 시간이 짧다.
⑤ SCR의 순방향 전압 강하는 보통 1.5 [V] 이하로 적다.
⑥ 정류기능을 갖는 단일방향성 3단자 소자이다.
⑦ 역률각 이하에서는 제어가 되지 않는다.

【답】 ④

16 단상 반파 정류 회로인 경우 정류 효율은 몇 [%]인가?

① 12.6　　　　② 40.6
③ 60.6　　　　④ 81.2

해설

정류효율 : $\eta = \dfrac{(I_m/\pi)^2 R}{(I_m/2)^2 R} \times 100 = \dfrac{4}{\pi^2} \times 100 = 40.6 \,[\%]$

【답】②

17 전원 200 [V], 부하 20 [Ω]인 단상 반파 정류 회로의 부하 전류[A]는?

① 125 ② 4.5
③ 17 ④ 8.2

해설

직류전류

$I_d = \dfrac{E_d}{R} = \dfrac{\sqrt{2}}{\pi} \times \dfrac{E}{R} = \dfrac{0.45E}{R} = \dfrac{0.45 \times 200}{20} = 4.5\,[A]$

【답】②

18 그림의 회로에서 저항 부하에 전류를 흘릴 때 부하측의 파형은?

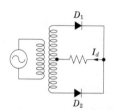

①   ②

③   ④

해설

전파 정류회로 이므로 ③와 같은 파형이 나타난다.

【답】③

19 그림과 같은 정류 회로는 다음 중 어느 것에 해당되는가?

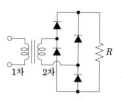

① 삼상 전파 회로 ② 단상 전파 회로
③ 삼상 반파 회로 ④ 단상 반파 회로

해설

브리지 정류 회로 : 단상 전파

【답】②

20 다음 회로에서 직류 전압의 평균값은?

① 49.4 [V] ② 49.5 [V]
③ 70 [V] ④ 99 [V]

해설

직류전압의 평균값

$E_{dc} = \dfrac{2}{\pi} E_m = \dfrac{2}{\pi} \cdot \sqrt{2}\,E = 0.9E = 0.9 \times 110 = 99\,[V]$

【답】④

21 권수비가 1 : 2인 변압기(이상 변압기로 한다)를 사용하여 교류 100 [V]의 입력을 가했을 때 전파 정류하면 출력 전압의 평균값은?

① $400\sqrt{2}/\pi$ ② $300\sqrt{2}/\pi$
③ $600\sqrt{2}/\pi$ ④ $200\sqrt{2}/\pi$

해설

직류전압 : $E_{dc} = \dfrac{2\sqrt{2}}{\pi} E = \dfrac{2\sqrt{2}}{\pi} \times 200 = \dfrac{400\sqrt{2}}{\pi}\,[V]$

【답】①

22 그림과 같은 단상 전파 정류 회로에서 부하측에 인덕턴스 L을 삽입하면 다음과 같은 효과가 있다. 여기서 틀린 것은?

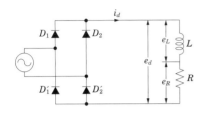

① L이 클수록 e_R, i_d는 평활한 직류에 가까워진다.
② $L = \infty$ 에서는 완전한 직류로 된다.
③ E_{d0}, I_d에는 변화가 없다.
④ E_{d0}에는 변화가 있다.

해설
직류전압의 크기에 영향을 주지 않으며 파형을 직류에 가깝게 하는 역할을 한다.

【답】④

23 그림과 같은 단상 전파 제어 회로에서 전원 전압은 2,300 [V]이고 부하 저항은 2.3 [Ω], 출력 부하는 2,300 [kW]이다. 사이리스터의 최대 전류값은?

① 450 [A]
② 707 [A]
③ 1,000 [A]
④ 2,000 [A]

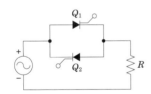

해설
출력 : $P_0 = R_0 I_{R0}^2$ 에서 $2,300 \times 10^3 = 2.3 I_{R0}^2$
$\therefore I_{R0} = 1,000$ [A]

【답】③

24 그림과 같은 정류 회로에서 I_a(실효값)의 값은?

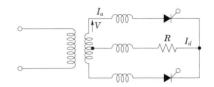

① $1.11 I_d$
② $0.707 I_d$
③ I_d
④ $\sqrt{\dfrac{\pi - \alpha}{\pi}} \cdot I_d$

해설
전파 정류 직류전압 : $E_d = \dfrac{2\sqrt{2}}{\pi} E \cos\alpha$ [V]
점호 제어를 일으키지 않을 경우($\alpha = 0$) $\cos\alpha = 1$의
직류전압 : $E_d = \dfrac{2\sqrt{2}}{\pi} E$
$\therefore I_d = \dfrac{E_d}{R} = \dfrac{2\sqrt{2}}{\pi} \cdot \dfrac{E}{R} = \dfrac{2\sqrt{2}}{\pi} I_s$
$\therefore I_s = \dfrac{\pi}{2\sqrt{2}} I_d = 1.11 I_d$

【답】①

25 그림과 같은 단상 전파 제어 회로에서 전원 전압의 최대값이 2,300 [V]이다. 저항 2.3 [Ω] 리액턴스 2.3 [Ω]인 부하에 전력을 공급하고자 한다. 최대 전력은?

① 약 1.15 [kW]
② 약 1.62 [kW]
③ 약 1,150 [kW]
④ 약 1,626 [kW]

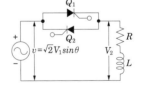

해설
대 전력
$$P_{\max} = i^2 R = \left(\frac{V_m}{\sqrt{R^2 + X^2}}\right)^2 R$$
$$= \left(\frac{2300}{\sqrt{2.3^2 + 2.3^2}}\right)^2 \times 2.3 \times 10^{-3} = 1,150 \text{ [kW]}$$

【답】③

26 그림과 같은 단상 전파 정류에서 직류 전압 100 [V]를 얻는 데 필요한 변압기 2차 한 상의 전압은 약 얼마인가? 단, 부하는 순저항으로 하고 변압기 내의 전압 강하는 무시하고 정류기의 전압 강하는 10 [V]로 한다.

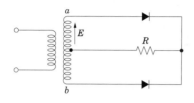

① 156 [V] ② 144 [V]

③ 122 [V] ④ 100 [V]

해설

직류전압

$$E_d = \frac{2\sqrt{2}E}{\pi} - e_a \ [\text{V}]$$

2차 상전압

$$E = \frac{\pi}{2\sqrt{2}}(E_d + e_a) = \frac{\pi}{2\sqrt{2}}(100+10) = 122 \ [\text{V}]$$

【답】③

27 오른쪽 그림과 같이 4개의 소자를 전부 사이리스터를 사용한 대칭 브리지 회로에서 사이리스터의 점호각을 α라 하고 부하의 인덕턴스 $L = 0$일 때의 전압 평균값을 나타낸 식은?

① $E_{d0}\cos\alpha$

② $E_{d0}\sin\alpha$

③ $E_{d0}\dfrac{1+\cos\alpha}{2}$

④ $E_{d0}\dfrac{1-\cos\alpha}{2}$

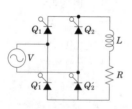

해설

직류전압

$$E_{d0} = \frac{2}{2\pi}\int_0^\pi \sqrt{2}E\sin\theta d\theta$$
$$= \frac{\sqrt{2}E}{\pi}[-\cos\theta]_0^\pi = \frac{\sqrt{2}E}{\pi}(1+1) = \frac{2\sqrt{2}E}{\pi}$$

직류전압(위상제어)

$$E_{d\alpha} = \frac{1}{\pi}\int_\alpha^\pi \sqrt{2}E\sin\theta d\theta$$
$$= \frac{\sqrt{2}E}{\pi}[-\cos\theta]_\alpha^\pi = \frac{\sqrt{2}E}{\pi}(1+\cos\alpha)$$
$$= \frac{2\sqrt{2}E}{\pi}\left(\frac{1+\cos\alpha}{2}\right) = E_{d0}\left(\frac{1+\cos\alpha}{2}\right)$$

【답】③

28 그림과 같은 단상 전파 제어 회로에서 부하의 역률각 ϕ가 60°의 유도 부하일 때 제어각 α를 0°에서 180°까지 제어하는 경우에 전압 제어가 불가능한 범위는?

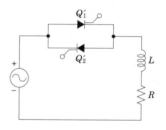

① $\alpha \leqq 30°$ ② $\alpha \leqq 60°$

③ $\alpha \leqq 90°$ ④ $\alpha \leqq 120°$

해설

역률각 이하에서는 제어가 되지 않는다.

【답】②

29 단상 50 [Hz], 전파 정류 회로에서 변압기의 2차 상전압 100 [V], 수은 정류기의 전호 강하 15 [V]에서 회로 중의 인덕턴스는 무시한다. 외부 부하로서 기전력 60 [V], 내부 저항 0.2 [Ω]의 축전지를 연결할 때 평균 출력을 구하여라.

① 5,625 ② 7,425

③ 8,385 ④ 9,205

해설

직류전압

$$E_d = \frac{2\sqrt{2}}{\pi} E - e_a = \frac{2\sqrt{2}}{\pi} \times 100 - 15 = 75 \text{ [V]}$$

전류전류 : $I_d = \frac{E_d - 60}{0.2} = \frac{75 - 60}{0.2} = 75 \text{ [A]}$

출력 : $P_0 = E_d I_d = 75 \times 75 = 5,625 \text{ [W]}$

【답】①

---

30 정류기에서 부하 전류가 연속하는 경우 직류 전압의 평균치는 $E_d = \dfrac{2\sqrt{2}}{\pi} E \cdot \cos\alpha$ 로 주어진다. 이때 $\cos\alpha$를 무엇이라 하는가? 단, E는 교류 전압 실효값이며, 정류기는 전파 정류, 유도 부하이다.

① 왜형률 　　　　② 맥동률
③ 격자율 　　　　④ 파형률

해설

부하 전류가 연속하는 경우 직류 전압의 평균값

$$E_d = \frac{1}{\pi} \int_0^{\pi+a} \sqrt{2}\,\dot{E}\sin\theta \cdot d\theta = \frac{2\sqrt{2}}{\pi} E \cdot \cos\alpha \text{ [V]}$$

직류 전류의 평균값

$$I_d = \frac{E_d}{R} = \frac{2\sqrt{2}}{\pi} \cdot \frac{E}{R} \cdot \cos\alpha \text{ [A]}$$

여기서 $\cos\alpha$를 격자율, $(1-\cos\alpha)$을 제어율이라고 한다.

【답】③

---

31 피크 역전압 5,000 [V]에 견딜 수 있는 정류 회로 소자를 이용하여 얻어지는 무부하 직류 전압(평균값)은 3상 브리지 정류일 때 약 몇 [V]인가?

① 2,388 　　　　② 3,183
③ 4,775 　　　　④ 1,591

해설

$PIV = \sqrt{2}\,E = 5,000 \text{[V]}$
3상 전파 정류의 평균 전압

$$E_d = \frac{3\sqrt{2}}{\pi} E = 1.35E = 1.35 \times \frac{5,000}{\sqrt{2}} \fallingdotseq 4,773 \text{ [V]}$$

【답】③

---

32 반파 정류 회로에서 직류 전압 100 [V]를 얻는 데 필요한 변압기의 역전압 첨두값[V]은? 단, 부하는 순저항으로 하고 변압기 내의 전압 강하는 무시하며 정류기 내의 전압 강하를 15 [V]로 한다.

① 약 181 　　　　② 약 361
③ 약 512 　　　　④ 약 722

해설

교류전압

$$E = \frac{\pi}{\sqrt{2}} (E_d + v_a) = \frac{\pi}{\sqrt{2}} (100 + 15) = 255.4 \text{ [V]}$$

$$\therefore PIV = \sqrt{2}\,E = \sqrt{2} \times 255.4 = 361.1 \text{ [V]}$$

【답】②

---

33 그림과 같은 단상 전파 정류 회로에서 첨두 역전압[V]은 얼마인가? 단, 변압기 2차측 a, b간 전압은 200 [V]이고 정류기의 전압 강하는 20 [V]이다.

① 20
② 200
③ 262
④ 282

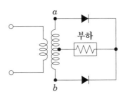

해설

직류전압

$E_{d0} = 2\sqrt{2}\,E/\pi = 2\sqrt{2} \times 100/3.14 = 90 \text{ [V]}$

$E_d = 90 - 20 = 70 \text{ [V]}$

$\therefore PIV = 2\sqrt{2}\,E - e_a = 2\sqrt{2} \times 100 - 20 = 262 \text{ [V]}$

【답】③

---

34 그림과 같은 단상 전파 정류 회로를 사용하여 직류 전압 100 [V]를 얻으려고 한다. 회로에 사용한 D_1, D_2는 몇 [V]의 PIV인 다이오드를 사용해야 하는가? 단, 부하는 무유도 저항이고 정류 회로 및 변압기 내의 전압 강하는 무시한다.

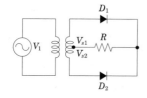

① 314   ② 222

③ 111   ④ 100

해설

교류전압 : $E_s = \dfrac{\pi E_d}{2\sqrt{2}} = \dfrac{3.14 \times 100}{2\sqrt{2}} = 111\,[V]$

∴ 역전압 첨두값 PIV

$= 2\sqrt{2}\, E_s = 2 \times 1.414 \times 111 = 313.9 = 314\,[V]$

【답】①

35 상전압 200 [V]의 3상 반파 정류 회로의 각 상에 SCR를 사용하여 위상 제어할 때 제어각이 30° 이면 직류 전압[V]은?

① 168   ② 203

③ 314   ④ 628

해설

직류 전압

$E_{d\pi} = \dfrac{1}{2\pi/3} \displaystyle\int_{-\pi/3+\alpha}^{\pi/3+\alpha} \sqrt{2}\, V\cos\theta\, d\theta = \dfrac{3\sqrt{6}}{2\pi} V\cos\theta$

$\therefore \dfrac{3\sqrt{6}}{2\pi} \times 200 \times \cos 30° = 202.67\,[V]$

【답】②

36 자여식 인버터의 출력 전압의 제어법에 주로 사용되는 방식은?

① 펄스폭 방식

② 펄스 주파수 변조 방식

③ 펄스폭 변조 방식

④ 혼합 변조 방식

해설

자여식 인버터의 출력 전압의 제어는 주로 펄스폭 변조 방식을 적용한다.

【답】③

37 인버터(inverter)의 설명에서 틀린 것은 어느 것인가?

① 타여식 인버터는 전류 보조 회로가 필요치 않다.

② 주파수나 전압의 크기는 병렬의 교류 전원에 의해서 정해진다.

③ 자여식은 병렬 전원을 갖지 않으며 전류 에너지를 정전 콘덴서나 보조 직류 전원 등으로 공급한다.

④ 자여식 인버터는 주파수 및 출력 전압을 자유로이 조정할 수 없어 자유도가 적다.

【답】④

38 그림과 같은 회로에서 전류실패(戰流失敗)가 없는 콘덴서 용량은?

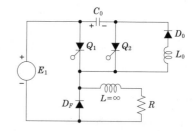

① $C_0 > 1.44 \dfrac{I}{E_1} \cdot T_{off}$

② $C_0 < 1.44 \dfrac{I}{E_1} \cdot T_{off}$

③ $C_0 = 1.44 \dfrac{E_1}{I} \cdot T_{off}$

④ $C_0 = 1.44 \dfrac{E_1}{I \cdot T_{off}}$

해설

Q_1에 역바이어스가 걸리는 시간

$t_c = RC_0 \log 2 = 0.693 RC_0\,[sec]$

여기서, 역바이어스 시간 t_c는 T_{off}보다 커야 하므로

∴ 콘덴서 용량 $C_0 > \dfrac{T_{off}}{0.693R} = 1.44 \dfrac{I}{E_1} \cdot T_{off}$

【답】①

39 오른쪽 그림과 같은 회로에서 Q_1에 역바이어스가 걸리는 시간을 나타낸 식은?

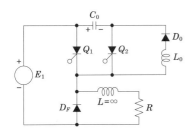

① $0.693 C_0 / R$ [sec]

② $0.693 R / C_0$ [sec]

③ RC_0 [sec]

④ $0.693 RC_0$ [sec]

해설

역바이어스 시간 : $e_{c0} = E_1 \left(1 - 2e^{-\frac{1}{RC_0}t} \right) = 0$

에서 이 식을 만족하는 $t = t_c$는

$$t_c = C_0 R \log_e 2 = 0.693 RC_0 \text{ [sec]}$$

【답】④

40 그림과 같은 직렬 인버터 회로에서 $E = 300$ [V], $R = 3$ [Ω], $L = 40$ [μH], $C = 5$ [μF], 그리고 출력 주파수 f는 8,000 [Hz]이다. Q_2가 턴온(turn on)될 때의 콘덴서 전압은?

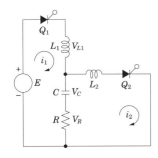

① 141.4 [V]

② 300 [V]

③ 348.9 [V]

④ 424.2 [V]

해설

$$V_{c2} = \frac{E e^{\zeta\pi / \omega_r}}{e^{\zeta\pi / \omega_r} - 1} \text{ [V]}$$

여기서, $\zeta = \dfrac{R}{2L} = \dfrac{3 \times 10^6}{2 \times 40} = 37.5 \times 10^3 \text{ [s}^{-1}\text{]}$

$$\omega_r = \sqrt{\frac{1}{LC} - \frac{R^2}{4L^2}} = \sqrt{\frac{10^{12}}{40 \times 5} - \frac{3^2 \times 10^{12}}{4 \times 40^2}}$$

$$= 59.95 \times 10^3 \text{ [rad/s]}$$

$$\therefore V_{c2} = 348.9 \text{ [V]}$$

【답】③

41 인버터의 주파수가 1,000 [Hz]가 되려면 온·오프 주기는 몇 [ms]인가?

① 0.5

② 1

③ 5

④ 10

해설

$$T = \frac{1}{f} = \frac{1}{1000} \text{ [sec]} = 1 \text{ [ms]}$$

【답】②

42 인버터(inverter)의 전력 변환은?

① 교류 → 직류로 변환

② 직류 → 직류로 변환

③ 교류 → 교류로 변환

④ 직류 → 교류로 변환

【답】④

43 전력용 반도체를 사용하여 직류 전압을 직접 제어하는 것은?

① 단상 인버터

② 3상 인버터

③ 초파형 인버터

④ 브리지형 인버터

【답】③

44 직류 초퍼 제어 방식에서 그 방식에 속하지 않는 것은?

① 펄스 주파수 제어

② 펄스폭 제어

③ 순시값 제어

④ 펄스 파고 제어

【답】④

교류 정류자기

교류 정류자기의 분류하면 다음과 같다.

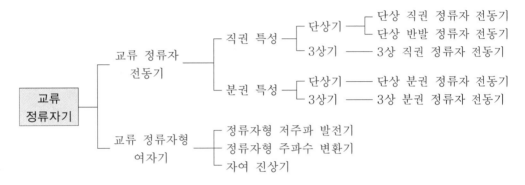

1. 단상 직권 정류자 전동기

직류와 교류를 모두 사용할 수 있는 전동기를 만능 전동기(universal motor)라고 하기도 한다. 이 전동기는 기동 토크가 크고 회전수가 크기 때문에 전기 드릴, 전기 청소기, 전기 믹서 등의 전동기로서 많이 사용된다.

직류 직권전동기의 전원의 방향이 바뀌면 계자와 전기자 극성이 모두 반대가 되어 회전방향이 변하지 않는다. 이러한 특성의 직권전동기에 교류 60[Hz]의 전원을 연결하는 것은 직류 전원의 접속이 1초에 60번 양·음이 번갈아 가면서 접속되는 것과 같은 의미를 가지게 되며 이러한 경우에도 회전방향은 바뀌지 않고 회전할 수 있다.

그러나 직류용의 직권전동기를 그대로 교류용으로 사용하면 철심이 가열되고 역률과 효율이 낮아지며, 정류가 좋지 않아서 전동기로서 적당하지 않기 때문에 직·교류 양용 전동기는 직류와 교류를 모두 사용할 수 있도록 구조 변경을 하여야 한다.

① 계자극의 자속이 정현적으로 교번하므로 철손을 줄이기 위하여 전기자뿐만 아니라 계자부분까지 성층 철심으로 한다.

② 전기자 및 계자권선의 리액턴스 강하 때문에 역률에 따라서 출력이 매우 저하한다. 그러므로 계자권선의 권수를 작게 하여 인덕턴스를 작게 한다.

③ 전기자 권선수를 크게 하면 전기자 반작용이 커지기 때문에 정류가 곤란해지고 전기자 리액턴스 강하가 커지면 역률에 따라 출력이 저하한다. 대책으로 보상권선을 설치한다.

④ 전기자 코일과 정류자편과의 사이의 접속에 고저항의 도선을 사용하여 단락전류를 제한한다.

그림 1 정류자전동기

예제문제 01

교류 정류자기의 전기자 기전력은 회전으로 발생하는 기전력으로서 속도 기전력이라고도 하는데 그 식은 다음 것 중 어느 것인가?

① $E = \dfrac{a}{p} Z \dfrac{N}{60} \phi$

② $E = \dfrac{1}{a} Z \dfrac{60}{N} \phi$

③ $E = \dfrac{p}{a} Z \dfrac{N}{60} \phi$

④ $E = \dfrac{p}{a} \times \dfrac{N}{60Z} \phi$

해설

속도 기전력 : $E = \dfrac{1}{\sqrt{2}} \dfrac{p}{a} Z n \phi_m = \dfrac{p}{a} Z \dfrac{N}{60} \phi$ [V]

답 : ③

예제문제 02

교류 정류자기에서 갭의 자속 분포가 정현파로 $\Phi_m = 0.14$ [Wb], $p = 2$, $a = 1$, $Z = 200$, $n = 20$ [rps]일 때 브러시축이 자극축과 $30°$ 일 때의 속도 기전력 E_s [V]는?

① 약 200

② 약 400

③ 약 600

④ 약 800

해설

속도 기전력 : $E_s = \dfrac{1}{\sqrt{2}} \cdot \dfrac{p}{a} Z n \phi_m \sin\theta$

$= \dfrac{1}{\sqrt{2}} \times \dfrac{2}{1} \times 200 \times 20 \times 0.14 \times \sin 30° = 396$ [V]

답 : ②

직류·교류 양용에 사용되는 만능 전동기는?

① 직권 정류자 전동기   ② 복권 전동기

③ 유도 전동기   ④ 동기 전동기

해설
단상 직권 정류자 전동기(단상 직권 전동기) : 교·직 양용으로 사용할 수 있으며 만능 전동기

답 : ①

교류 단상 직권 전동기의 구조를 설명하는 것 중 옳은 것은?

① 역률 개선을 위해 고정자와 회전자의 자로를 성층 철심으로 한다.
② 정류 개선을 위해 강계자 약전기자형으로 한다.
③ 전기자 반작용을 줄이기 위해 약계자 강전기자형으로 한다.
④ 역률 및 정류 개선을 위해 약계자 강전기자형으로 한다.

해설
역률을 좋게 하고 정류 개선을 위해 약계자 강전기자형으로 한다.

답 : ④

다음은 단상 정류자 전동기에서 보상 권선과 저항 도선의 작용을 설명한 것이다. 옳지 않은 것은?

① 저항 도선은 변압기 기전력에 의한 단락 전류를 작게 한다.
② 변압기 기전력을 크게 한다.
③ 역률을 좋게 한다.
④ 전기자 반작용을 제거해 준다.

해설
• 저항 도선 : 변압기 기전력에 의한 단락 전류를 작게 하여 정류를 좋게 한다.
• 보상 권선 : 전기자 반작용을 상쇄하여 역률을 좋게 하고 변압기 기전력을 작게 해서 정류 작용을 개선한다.

답 : ②

2. 단상 반발 전동기

• 반발 전동기는 회전자 권선을 브러시로 단락하고 고정자 권선을 전원에 접속해서 유도적으로 회전자에 전류를 공급하는 직권형의 교류 정류자 전동기이다.

- 브러시를 일정한 위치에 고정하고, 고정자에 보상권선과 계자권선과의 2권선을 설치한 것은 애트킨슨(atkinson)형 반발 전동기이다.
- 고정자에는 하나의 단상 권선만을 두고, 브러시축을 고정자 권선축에 대해서 이동하여 고정자 권선의 기자력의 일부로 보상권선을 작용시키고, 나머지로 계자권선을 작용시키는 것을 톰슨(thomson)형 반발 전동기라고 한다.
- 톰슨형 반발 전동기는 기동, 역전 및 속도제어를 브러시의 이동만으로 할 수 있다.

3. 3상 직권 정류자 전동기

고정자 권선과 회전자 권선 사이에 직렬로 중간 변압기를 사용하며 주요한 이유는 다음과 같다.

- 전원전압의 크기에 관계없이 정류에 알맞게 회전자 전압을 선택할 수 있다.
- 중간 변압기의 권수비를 바꾸어 전동기의 특성을 조정할 수 있다.
- 직권특성이기 때문에 경부하에서는 속도가 매우 상승하나 중간 변압기를 사용, 그 철심을 포화하도록 하면 그 속도상승을 제한할 수 있다.

예제문제 06

> 3상 직권 정류자 전동기에 중간(직렬)변압기가 쓰이고 있는 이유가 아닌 것은?
>
> ① 정류자 전압의 조정　　　　② 회전자 상수의 감소
> ③ 경부하때 속도의 이상 상승 방지　　④ 실효 권수비 선정 조정
>
> 해설
> 회전자 상수의 증가
>
> 답 : ②

4. 3상 분권 정류자 전동기

3상 분권 전동기에는 여러 종류가 있으나 그중 특성이 가장 좋아 많이 사용되고 있는 것은 슈라게 전동기(schrage motor)이다.
슈라게 전동기는 권선형 전동기로서 1차 및 2차의 두 권선과 정류자에 연결되어 있는 2차 여자용 3차 권선을 가지고 있으며 직류분권 전동기와 같이 정속도 및 가변속도 전동기로서, 브러시의 이동에 의하여 속도제어와 역률개선을 할 수 있다.

예제문제 07

교류 전동기에서 브러시 이동으로 속도변화가 편리한 것은?

① 시라게 전동기
② 농형 전동기
③ 동기 전동기
④ 2중 농형 전동기

해설
시라게 전동기는 브러시 이동으로 간단히 원활하게 속도 제어가 가능하다.

답 : ①

예제문제 08

시라게(Schrage) 전동기의 특성과 가장 비슷한 직류 전동기는?

① 분권 전동기
② 직권 전동기
③ 차동 복권 전동기
④ 가동 복권 전동기

해설
시라게 전동기 : 3상 분권 정류자 전동기이므로 직류 분권 전동기와 특성이 유사하다.

답 : ①

7 특수모터

1. 서보모터

서보모터(servo Motor)는 모터와 제어구동보드(적당한 제어 회로와 알고리즘)를 포함하는 것으로 모터자체만 가지고 서보모터라 하지 않으며 모터의 구동시스템까지 포함한다.

서보(servo)라는 용어는 추종한다. 혹은 따른다는 의미로서 명령을 따르는 모터를 서보모터라고 생각하면 쉽다. 공작기계, CCTV 카메라, 캠코더 등 자동제어 장치에 사용되는 모터처럼 명령에 따라 정확한 위치와 속도를 맞출 수 있는 모터를 서보모터라고 한다. 어떠한 종류의 모터라 하더라도 적당한 알고리즘과 회로를 가지는 구동시스템을 갖다 붙여서 위치와 속도를 추종할 수 있도록 만들면 서보시스템이 이루어지는 것으로 볼 수 있다.

서버모터는 DC모터, AC모터, BLDC모터, 리니어모터3) 같이 단순히 하나의 모터만으로 구성되면 서보모터라 하지 않으며 이들 모터를 사용하여 적절한 구동시스템을 연계하고 위치, 속도를 명령으로 제어, 추종시킨 경우를 부르고 있다.

- DC서보모터 : 브러시가 있는 DC모터로 서보시스템을 구축한 모터
- AC서보모터 : BLDC4)나 AC동기모터를 사용하여 서보시스템을 구축한 모터

그림 1 서보모터

---

3) 리니어모터는 직선으로 직접 구동되는 모터로서 회전형 모터를 잘라 펼쳐놓은 것과 같은 구조로, 일렬로 배열된 자석 사이에 위치한 코일에 전류를 흐르게 함으로써 힘을 얻도록 하는 구동장치를 말한다.
4) BLDC(Brushless DC)모터는 그 이름에서 알 수 있는 바와 같이 DC모터에서 브러시 구조를 없애고 정류를 전자적으로 수행하는 모터이다.

표 1 직류 서보 모터와 교류 2상 서보 모터의 비교

직류 서보 모터	교류 2상 서보 모터
브러시의 마찰에 의한 낭비시간(지연시간)이 있다.	마찰이 작다(베어링 마찰뿐이다).
정류자와 브러시의 손질이 필요하다.	튼튼하고 보수가 용이하다.
직류전원이 필요하고, 또 회로의 독립이 곤란하다.	회로는 절연 변압기에 의해서 용이하게 독립시킬 수 있다.
직류 서보 증폭기는 드리프트(drift)에 문제가 있다.	비교적 제어가 용이하다.
기동 토크는 교류식보다 월등히 크다.	토크는 직류에 비하여 떨어진다.
회전속도를 임의로 선정할 수 있다.	극수와 주파수로 회전수가 결정된다.
회전 증폭기, 제어 발전기의 조합으로 대용량의 것을 만들 수 있다.	대용량의 것은 2차 동손 때문에 온도상승에 대한 특별한 고려를 해야 한다.
전기자 및 계자에 의해서 제어할 수 있다.	전압 및 위상제어를 할 수 있다.
계자에 여러 종류의 제어권선을 병용할 수 있다.	제어전압의 임피던스가 특성에 영향을 미친다.

예제문제 | 01

자동 제어 장치에 쓰이는 서보 모터의 특성을 나타내는 것 중 옳지 않은 것은?

① 발생 토크는 입력 신호에 비례하고 그 비가 클 것
② 시동 토크는 크나, 회전부의 관성 모멘트가 작고 전기적 시정수가 짧을 것
③ 빈번한 시동, 정지, 역전 등의 가혹한 상태에 견디도록 견고하고 큰 돌입 전류에 견딜 것
④ 직류 서보 모터에 비하여 교류 서보 모터의 시동 토크가 매우 크다.

해설
직류 서보 모터 : 속응성을 높이기 위하여 일반 전동기에 비하여 전기자는 가늘고 길게 하며 공극의 자속 밀도를 크게 한 것으로 자동 제어 장치에 사용되는 특수 직류기이다.

답 : ④

2. 리니어모터

리니어모터는 직선으로 직접 구동되는 모터로서 회전형 모터를 잘라 펼쳐놓은 것과 같은 구조로, 일렬로 배열된 자석 사이에 위치한 코일에 전류를 흐르게 함으로써 힘을 얻도록 하는 구동장치를 말한다.

회전 운동력을 발생시켰던 기존의 일반형 모터와 비교하여 리니어 모터는 직선 방향으로 미는 추력을 발생 시키는 점이 다르나 구동원리는 동일하다. 리니어모터는 일반 회전형 모터에 비해 직선 구동력을 직접 발생시키는 특유의 장점이 있어 직선 구동력이 필요한 시스템에서 회전형에 비해 성능이 절대적으로 우세하다.

일반적으로 리니어 모터는 회전형 모터에 비해서 성능면 에서는 최소 2배 이상의 빠른 이송속도, 10배 이상의 강한 추력 5배 이상의 정밀한 위치제어가 가능하기 때문에 직선 운동이 필요한 모든 산업분야에 널리 사용되고 있다.

리니어 모터는 특수 모터로, 기어 등의 특별한 기계장치 없이 직접 직선구동력을 얻을 수 있어 다음과 같은 장점이 있다.

- 고속화
- 고정밀화
- 고추력화
- 청정성

2.1 리니어 유도 모터

리니어 유도 모터의 원리는 근본적으로 일반 회전형 유도전동기와 같다. 그러나 축을 중심으로 절단하여 펼쳐놓은 형태가 되며, 길이방향으로 입구단과 출구단의 제한이 있는 점이 다르다. 팔레트 반송장치, 스크류 프레스, 고속분쇄장치, 자동문개폐장치 등에 사용된다.

2.2 리니어 직류 모터

구동원리는 플레밍의 왼손법칙을 적용하며, 리니어 직류 모터의 장점으로는 구조가 간단하고 추력과 질량의 비가 크며 고속동작이 가능하다. 모터 자체적으로 위치결정 센서, 속도 센서와 결합하여 응용을 해야 하지만 이 경우 높은 전도의 위치결정 및 속도 제어가 가능하다. 직교좌표 로봇, 결함 검출용 센서 장치, 자기디스크 구동장치등에 사용된다.

2.3 리니어 펄스 모터

회전형 펄스 모터의 경우와 같이 디지털 제어기에 의해 공급되는 매 입력전류 펄스 신호에 대해 1스텝씩 직선운동을 하는 모터를 말한다. 리니어 펄스 모터는 스폿용접로봇, 프린터 및 인공심장용 액추에이터 등에 사용된다.

2.4 리니어 동기 모터

리니어 동기 모터는 회전형 동기 모터를 축방향으로 잘라 펼친 형태이므로 회전형 동기 모터의 구동원리와 동일하다. 자기부상열차와 같은 초고속 열차의 구동시스템에 응용 가능하다.

그림 2 리니어모터

3. BLDC 모터

BLDC(Brushless DC)모터는 그 이름에서 알 수 있는 바와 같이 DC모터에서 브러시 구조를 없애고 정류를 전자적으로 수행하는 모터를 말하며, 스핀들 모터5) 등에 사용된다. 장점은 다음과 같다.

- 브러시가 없으므로 전기적, 기계적 노이즈가 작다.
- 고속화가 용이하다.
- 신뢰성이 높고, 유지보수가 필요 없다.
- 기기의 소형화가 가능
- 일정속도제어, 가변속 제어가 가능하다.
- 모터 자체신호를 이용하므로 저가로 위치제어 속도제어가 가능하다.

단점은 다음과 같다.

- 로터에 영구자석을 사용하므로 저관성화에 제한이 있다.
- 일반적으로 페라이트 자석을 사용할 경우에는 체적당 토크가 작아진다. 이러한 결점을 보완하기 위하여 희토류계 자석을 사용하면 비용이 높아진다.
- 반도체 재료를 사용하므로 비용이 높아진다.

그림 3 Three coil high speed BLDC motor(3상 고속 브러시레스모터)

---

5) 하드디스크(HDD) 등의 회전모터에 사용된다.

심화학습문제

01 단상 직권 정류자 전동기의 회전 속도를 높이는 이유는?

① 리액턴스 강하를 크게 한다.
② 전기자에 유도되는 역기전력을 적게 한다.
③ 역률을 개선한다.
④ 토크를 증가시킨다.

해설
단상 직권 정류자 전동기 : 회전 속도에 비례하는 기전력이 전류와 동상으로 유기되어 속도가 증가할수록 역률이 개선되므로 회전속도를 증가시킨다.
【답】③

02 단상 정류자 전동기에서 전기자 권선수를 계자 권선수에 비하여 특히 크게 하는 이유는?

① 전기자 반작용을 작게 하기 위하여
② 리액턴스 전압을 작게 하기 위하여
③ 토크를 크게 하기 위하여
④ 역률을 좋게 하기 위하여

해설
약계자, 강전기자형으로 하여 역률을 좋게 하고 변압기 기전력을 작게 한다.
【답】④

03 단상 정류자 전동기에 보상 권선을 사용하는 가장 큰 이유는?

① 정류 개선　　② 기동 토크 조절
③ 속도 제어　　④ 역률 개선

해설
보상 권선 : 직류 직권 전동기와 달리 전기자 반작용으로 생기는 필요 없는 자속을 상쇄하도록 하여, 무효 전력의 증대에 의한 역률의 저하를 방지한다.
【답】④

03 다음은 직류 직권 전동기를 교류 단상 정류자 전동기로 사용하기 위하여 교류를 가했을 때 발생하는 문제점을 열거한 것이다. 옳지 않은 것은?

① 효율이 나빠진다.
② 역률이 떨어진다.
③ 정류가 불량하다.
④ 계자 권선이 필요 없다.

해설
직류 직권 전동기 : 교류 전원을 사용할 수 있으나 자극은 철 덩어리로 되어 있기 때문에 철손이 크고, 계자 권선 및 전기자 권선의 인덕턴스 때문에 역률이 나쁘며, 브러시에 의해 단락된 전기자 코일 내에 큰 기전력이 유기되어 정류가 불량하다.
【답】④

05 단상 정류자 전동기의 일종인 단상 반발 전동기에 해당되는 것은?

① 시라게 전동기
② 아트킨손형 전동기
③ 단상 직권 정류자 전동기
④ 반발 유도 전동기

해설
단상 반발 전동기 : 아트킨손형 전동기, 톰슨 전동기, 데리 전동기
【답】②

06 전부하시에 있어서의 전류가 0.88 [A], 역률이 89 [%], 속도가 7,000 [rpm]의 6,000 [cps], 115 [V], 2극 단상 직권 전동기가 있다. 회전자와 직권 계자 권선과의 실효 저항의 합은 58 [Ω]이다. 전부하시에 있어서의 속도 기전력을 구하시오. 단, 계자의 자속은 정현파 변화를 하고 브러시는 중성축에 놓여 있다.

① 41.5 [V] ② 51.4 [V]
③ 4.5 [V] ④ 45.1 [V]

해설

출력 : $P = VI\cos\theta - I^2(R_s + R_f)$
$= 115 \times 0.88 \times 0.89 - 0.88^2(58)$
$= 90.1 - 44.9 = 45.2 \text{ [W]}$

속도 기전력 : $E_s = \dfrac{P}{I} = \dfrac{45.2}{0.88} = 51.4 \text{ [V]}$

【답】②

07 도체수 Z, 내부 회로 대수 a인 교류 정류자 전동기의 1내부 회로의 유효 권수 w_a는? 단, 분포권 계수는 $2/\pi$라고 한다.

① $w_a = \dfrac{Z}{2a\pi}$ ② $w_a = \dfrac{Z}{4a\pi}$
③ $w_a = \dfrac{Z}{2a}$ ④ $w_a = \dfrac{aZ}{2}$

해설

1내부 회로의 권수 : $\dfrac{Z}{2a} \times \dfrac{1}{2} = \dfrac{Z}{4a}$
권선 계수(분포권 계수) : $2/\pi$
$\therefore w_a = \dfrac{2}{\pi} \times \dfrac{Z}{4a} = \dfrac{Z}{2a\pi}$

【답】①

08 다음은 직권 정류자 전동기의 브러시에 의하여 단락되는 코일 내의 변압기 전압(e_t)과 리액턴스 전압(e_r)의 크기가 부하 전류의

변화에 따라 어떻게 변화하는가를 설명한 것이다. 옳은 것은?

① e_t는 I가 증가하면 감소한다.
② e_t는 I가 증가하면 증가한다.
③ e_r는 I가 증가하면 감소한다.
④ e_r는 I가 증가하면 증가한다.

해설

변압기 전압 e_t는 자속 Φ, 즉 부하 전류 I의 증가와 함께 증가한다.
리액턴스 전압 e_r는 부하 전류 I에 관계없이 일정하다.

【답】②

09 다음 용도에서 단상 교류 정류자 전동기의 직권형이 가장 적합한 부하는?

① 전기 시계용 ② 선풍기용
③ 펌프용 ④ 전동 공구용

【답】④

10 교류 분권 정류자 전동기는 다음 중 어느 때에 가장 적당한 특성을 가지고 있는가?

① 속도의 연속 가감과 정속도 운전을 아울러 요하는 경우
② 속도를 여러 단으로 변화시킬 수 있고 각 단에서 정속도 운전을 요하는 경우
③ 부하 토크에 관계없이 완전 일정 속도를 요하는 경우
④ 무부하와 전부하의 속도 변화가 적고 거의 일정 속도를 요하는 경우

해설

교류 분권 정류자 전동기 : 토크의 변화에 대한 속도의 변화가 매우 작아 분권 특성의 정속도 전동기인 동시에 교류 가변 속도 전동기로서 사용된다.

【답】①

11 3상 직권 정류자 전동기의 효율, 역률이 가장 좋은 속도 영역은?

① 저속, 저속
② 동기 속도, 저속
③ 저속, 동기 속도 이상
④ 동기 속도, 동기 속도 이상

【답】④

12 분권 정류자 전동기의 전압 정류 개선법에 도움이 되지 않는 것은?

① 보상 권선　　② 보극 설
③ 저저항 리드　　④ 저항 브러시

【답】③

13 브러시의 위치를 바꾸어서 회전 방향을 바꿀 수 있는 전기 기계가 아닌 것은?

① 톰슨형 반발 전동기
② 3상 직권 정류자 전동기
③ 시라게 전동기
④ 정류자형 주파수 변환기

【답】④

14 스태핑 모터의 특징 중 잘못된 것은?

① 모터에 가동부분이 없으므로 보수가 용이하고 신뢰성이 높다.
② 피드백이 필요치 않아 제어계가 간단하고 염가이다.
③ 회전각 오차는 스태핑마다 누적되지 않는다.
④ 모터의 회전각과 속도는 펄스 수에 반비례한다.

해설
스태핑 모터 : 회전각과 속도는 펄스 수에 비례한다.

【답】④

15 다음 중 DC 서보 모터의 기계적 시정수를 나타낸 것은? 단, R은 권선의 저항, J는 관성 모멘트, K_e는 서보 유기 전압 정수, K_f는 서보 모터의 도체 정수이다.

① $\dfrac{K_e K_f}{JR}$　　② $\dfrac{JR}{K_e K_f}$

③ $\dfrac{K_e R}{J K_f}$　　④ $\dfrac{J K_f}{K_e R}$

【답】②

16 2상 서보 모터를 구동하는 데 필요한 2상 전압을 얻는 방법에서 일반적으로 널리 쓰이는 방법은?

① 여자 권선에 콘덴서를 삽입하는 방법
② 증폭기 내에서 위상을 조정하는 방법
③ T결선 변압기를 이용하는 방법
④ 2상 전원을 직접 이용하는 방법

【답】②

17 제어용 기기에 요구되는 일반적 조건으로 해당되지 않은 것은?

① 기동, 정지, 역전을 자유로이 할 수 있을 것
② 기동시에 전류와 토크를 조정할 수 있을 것
③ 회전 속도 및 토크를 조정할 수 있을 것
④ 경부하를 방지할 수 있을 것

【답】④

18 4극 60 [Hz]의 정류자 주파수 변환기가 1440 [rpm]으로 회전할 때의 주파수는 몇 [Hz]인가?

① 8　　② 10
③ 12　　④ 15

해설

동기속도 : $N_s = \dfrac{120f}{p} = \dfrac{120 \times 60}{4} = 1,800 \,[\text{rpm}]$

슬립 : $s = \dfrac{N_s - N}{N_s} = \dfrac{1800 - 1440}{1800} = 0.2$

$\therefore f_2 = sf_1 = 0.2 \times 60 = 12 \;[\text{Hz}]$

【답】③

19 정류자형 주파수 변환기의 설명 중 틀린 것은?

① 정류자 위에는 한 개의 자극마다 전기각 $\dfrac{2\pi}{3}$ 간격으로 3조의 브러시가 있다.
② 3차 권선을 설치하여 1차 권선과 조정권선을 회전자에, 2차 권선을 고정자에 설치하였다.
③ 3개의 슬립링은 회전자 권선을 3등분한 점에 각각 접속되어 있다.
④ 용량이 큰 것은 정류작용을 좋게 하기 위해 보상권선과 보극권선을 고정자에 설치한다.

해설

정류자형 주파수 변환기는 정류자와 3개의 슬립링을 가지고 있다.

【답】②

전기(산업)기사 · 전기공사(산업)기사
전기기기 ❸

定價 20,000원

저 자 김 대 호
발행인 이 종 권

2020年 7月 8日 초 판 발 행
2021年 1月 12日 2차개정발행
2022年 1月 20日 3차개정발행
2023年 1月 12日 4차개정발행

發行處 **(주) 한솔아카데미**

(우)06775 서울시 서초구 마방로10길 25 트윈타워 A동 2002호
TEL : (02)575-6144/5   FAX : (02)529-1130
〈1998. 2. 19 登錄 第16-1608號〉

※ 본 교재의 내용 중에서 오타, 오류 등은 발견되는 대로 한솔아
카데미 인터넷 홈페이지를 통해 공지하여 드리며 보다 완벽한
교재를 위해 끊임없이 최선의 노력을 다하겠습니다.

※ 파본은 구입하신 서점에서 교환해 드립니다.

www.inup.co.kr / www.bestbook.co.kr

ISBN 979-11-6654-218-3 13560

전기 5주완성 시리즈

전기기사 5주완성

전기기사수험연구회
1,680쪽 | 40,000원

전기산업기사 5주완성

전기산업기사수험연구회
1,556쪽 | 40,000원

전기공사기사 5주완성

전기공사기사수험연구회
1,608쪽 | 39,000원

전기공사산업기사 5주완성

전기공사산업기사수험연구회
1,606쪽 | 39,000원

전기(산업)기사 실기

대산전기수험연구회
1,166쪽 | 39,000원

전기기사실기 15개년 과년도

대산전기수험연구회
808쪽 | 34,000원

전기기사실기 16개년 과년도

김대호 저
1,446쪽 | 34,000원

전기기사 완벽대비 시리즈

정규시리즈①
전기자기학

전기기사수험연구회
4×6배판 | 반양장
404쪽 | 18,000원

정규시리즈②
전력공학

전기기사수험연구회
4×6배판 | 반양장
326쪽 | 18,000원

정규시리즈③
전기기기

전기기사수험연구회
4×6배판 | 반양장
432쪽 | 18,000원

정규시리즈④
회로이론

전기기사수험연구회
4×6배판 | 반양장
374쪽 | 18,000원

정규시리즈⑤
제어공학

전기기사수험연구회
4×6배판 | 반양장
246쪽 | 17,000원

정규시리즈⑥
전기설비기술기준

전기기사수험연구회
4×6배판 | 반양장
366쪽 | 18,000원

무료동영상 교재
전기시리즈①
전기자기학

김대호 저
4×6배판 | 반양장
20,000원

무료동영상 교재
전기시리즈②
전력공학

김대호 저
4×6배판 | 반양장
20,000원

무료동영상 교재
전기시리즈③
전기기기

김대호 저
4×6배판 | 반양장
20,000원

무료동영상 교재
전기시리즈④
회로이론

김대호 저
4×6배판 | 반양장
20,000원

무료동영상 교재
전기시리즈⑤
제어공학

김대호 저
4×6배판 | 반양장
19,000원

무료동영상 교재
전기시리즈⑥
전기설비기술기준

김대호 저
4×6배판 | 반양장
20,000원

전기/소방설비 기사·산업기사·기능사

**전기(산업)기사
실기 모의고사 100선**

김대호 저
4×6배판 | 반양장
296쪽 | 24,000원

온라인 무료동영상
전기기능사 3주완성

이승원, 김승철, 홍성민 공저
4×6배판 | 반양장
598쪽 | 24,000원

김흥준 · 윤중오 · 홍성민 교수의 **온라인 강의 무료제공**

**소방설비기사 필기
4주완성[전기분야]**

김흥준, 홍성민, 남재호
박래철 공저
4×6배판 | 반양장
948쪽 | 43,000원

**소방설비기사 필기
4주완성[기계분야]**

김흥준, 윤중오, 남재호
박래철, 한영동 공저
4×6배판 | 반양장
1,092쪽 | 45,000원

**소방설비기사 실기
단기완성[전기분야]**

※ 3월 출간 예정

**소방설비기사 실기
단기완성[기계분야]**

※ 3월 출간 예정